南方集体林区公益林政策对农户收入的影响及配套机制优化研究

NANFANG JITI LINQU GONGYILIN
ZHENGCE DUI NONGHU SHOURU DE YINGXIANG JI
PEITAO JIZHI YOUHUA YANJIU

徐 畅 程宝栋 著

U0213354

中国农业出版社
北 京

内 容 简 介

《南方集体林区公益林政策对农户收入的影响及配套机制优化研究》是一本深入研究南方集体林区公益林政策对农户收入影响的专著。该专著通过理论分析和实证检验，旨在揭示公益林政策对农户生产要素配置及收入的作用机理，并评估其短期和长期的增收效果。

作者首先对公益林政策相关文献进行了系统梳理，在此基础上提出了相关的理论分析框架，并通过实证检验验证了该框架的有效性。研究发现，兼业程度不同的农户在面对公益林政策的冲击时，会做出不同的生计调整行为，导致政策增收效果存在差异。对于纯林户，公益林政策会降低其林业收入，但通过发展林下经济可以弥补部分收入损失。对于兼业户，公益林政策有助于提高其总收入，但同时也减少了其林地自用工投入。对于非林户，公益林政策对收入影响不显著。

在揭示公益林政策对农户收入影响的基础上，作者进一步设计了五项支持政策，包括种苗购买补贴、化肥饲料购买补贴、种养技术支持、信贷支持和销售渠道支持，以促进农户发展林下经济。通过选择实验，作者实证检验了这些支持政策对农户发展林下经济的影响。研究结果表明，提供这些支持政策可以显著提高农户发展林下经济的意愿。

最后，基于研究结论，本专著提出了一系列政策建议，包括放宽公益林划界限制、完善劳动力就业市场和林地流转市场、制定合理的林下经济扶持政策等，旨在优化公益林政策的配套机制，提高农户收入水平，并保障公益林建设的可持续性。

本专著的研究结论对于把握当前社会背景下公益林政策的作用机理，合理设计配套机制，促进农民收入增长，具有重要的实践意义和政策借鉴价值。同时，该研究也为林业生态工程中平衡生态保护与农民收入的关系提供了参考。

当前，南方集体林区面临着公益林面积不断扩大、农户营林空间不断缩小的现实问题。林地是集体林区农户重要的生计来源，学界普遍认为林地被划为公益林后应当对农户实施损失性补偿，以弥补农户收入损失。但现实中实施公益林政策对农户收入存在着复杂的作用机理。公益林政策不仅会带来补偿收入的增加直接影响农户收入，而且该政策还将减少农户的商品林面积导致农户调整生产要素配置进而对收入产生影响。因此，探究公益林政策对农户生产要素配置及收入影响的作用机理是一个重要的科学问题。

然而，目前关于公益林政策对农户收入影响的作用机理并没有被学者很好地揭示。从现有文献看，大多数研究都普遍简化了公益林政策对农户收入影响作用路径和机理的分析。已有研究在分析森林生态补偿政策对农户生产要素配置决策的影响时，较少考虑生产要素配置决策间的关联性并探讨农户间的异质性。忽略了生产要素配置决策间的关联性，一方面会影响实证结果的可靠性，另一方面也无法详细地刻画政策冲击带来的经济效果。而忽略农户间的异质性将不足以对政策效果有一个全局性的认识与把控，也不利于相关配套措施的拟定与精准实施。

在系统梳理公益林政策相关文献的基础上，通过理论分析和实证检验，本研究揭示了公益林政策影响农户生产要素配置进而影响农户收入的效果和作用机理，评估了公益林政策的短期增收效果和长期增收效果，并科学研判未来中国公益林政策对不同兼业程度农户影响的异质性。进一步地，本研究使用选择实验考察相关配套支持政策的作用和实现机制，能为提高集体林区农户收入、优化公益林政策配套机制和保证公益林政策的可持续性提供决策支撑。

本研究发现兼业程度不同的农户在面对公益林政策的外生冲击时，会做出不同的生计调整行为使得政策增收效果存在差异，而制定合理的林下经济支持政策将有利于提高农户发展林下经济意愿，促进农户增收，进而能保证公益林政策的可持续性。

具体来看，对于纯林户，公益林政策使其增收能力下降。公益林政策会降低纯林户的营林积极性，纯林户通常不会流入林地或追加营林投入来应对政策冲击。纯林户会通过发展林下经济应对该政策对其收入的负面影响。但总的来讲，公益林政策仍然降低了纯林户的林业收入，只有在拥有公益林补偿收入的前提下才能保证总收入不被减少。

对于兼业户，公益林政策体现出强有力的增收作用。面对政策冲击，兼业户主要是通过优化劳动力配置，压缩林业生产规模提高非农就业时间来提高非农收入进而获得更高的家庭总收入。尽管该政策会降低林地自用工投入遮掩政策的增收效果，但是遮掩效应有限。总体来看该政策还是提高了兼业户的收入水平和增收能力。

对于非林户，公益林政策对收入没有显著性影响。非林户的生计来源不以林业生产为主，政策的实施进一步加剧了非林户的离林趋势，会提高非农就业人数进而增加非林户的收入。但是也会降低其营林投入继而遮掩公益林政策带来的增收效果。

鉴于实证研究表明发展林下经济能显著促进各类型农户增收，而且发展林下经济也能在保护和促进林木生长的基础上获得经济与生态的双收益，以及当前良好的政策实施环境，本研究将发展林下经济作为公益林政策配套支持政策。本研究根据调研实际设计了种苗购买补贴支持、化肥饲料购买补贴支持、种养技术支持、信贷支持和销售渠道支持五种支持政策，涵盖了农户发展林下经济的产前、产中和产后诸个环节。通过选择实验，实证检验了各类支持政策对农户发展林下养殖、林药模式和林菌模式意愿的影响。结果表明提供种苗购买补贴、化肥饲料购买补贴、种养技术支持和销售渠道支持等支持政策能显著提高农户发展各类林下经济的意愿。

根据上述研究结论，本研究建议公益林划界应在考虑农户生计差异的基础上放宽补进调出限制尊重农户选择；完善劳动力就业市场和加快发展林地流转市场，减少农户优化林业生产要素配置的交易成本；制定合理的林下经济扶持政策，支持公益林户发展林下经济；根据公益林质量确定补偿标准激励农户提高公益林质量，并提出相关具体政策建议。

作　者

2023 年 8 月

CONTENTS 目 录

前言

第一章 导 论

一、研究背景与意义

由于较低的补偿标准和相关支持政策的缺失，公益林政策的可持续性存在较大的隐患。2004 年中国正式建立了中央财政森林生态补偿基金，预算安排 20 亿元对 2 680 万公顷重点公益林进行补偿，补偿面积占全国森林面积的 13.86％，到 2017 年，补偿规模已占到全国森林面积的 44.46％。公益林政策作为全国覆盖范围最广的森林生态补偿政策，是落实我国生态文明体制改革的重要抓手，对生态环境的保护与改善发挥了重要作用（Dai et al.，2009；曹昌伟，2018）。随着中国生产性森林向生态性森林的转变，未来中国公益林补偿面积将会不断扩大。按照生态补偿理论，由于公益林保护对农户林业生产蕴藏着潜在的负向作用，政府能否提供相应的经济补偿是提高农户参与积极性的关键所在（吴伟光等，2008；刘璨，2018；程宝栋等，2021）。然而，自 2004 年中国正式实施公益林政策以来，中国公益林补偿一直是以政府公共财政为主导，补偿标准普遍较低，难以激励农户对公益林的营林、抚育和管护等，以充分、持续地发挥森林的生态效益，不利于公益林生态效益补偿制度的长远发展（姚顺波，2004；梁宝君等，2014；刘明明等，2018；靳乐山和朱凯宁，2020）。

研究公益林政策效果的可持续性，要深入理解公益林政策对农户生产要素配置和收入的影响。由于环境资源存在外部性，需采用财政转移支付或市场交易等生态补偿项目维系生态供给或保护者、受益者和破坏者之间的利益关联，为生态系统服务的供给或保护者提供激励，用以弥补其因保护生态环境所损失的经济利益（Wunder，2008；刘璨和张敏新，2019；林修凤和刘伟平，2021）。对集体林区的农户来说，林地作为农户重要的生产资料，将林地划归为公益林可能会压缩农户的营林生产空间，对其生计产生重要影响（孔凡斌和陈建成，2009；Dai et al.，2009；杨超等，2020）。当前国家重点公益林补偿最低标准已由最初的 5 元/（年·亩）提高到 15 元/（年·亩），但相对于近年来不断提高的林地流转租金仍然较低（廖文梅等，2019）。已有研究发现，在参与生态补偿项目后，农户的生计策略和收入来源会发生转变，进而会影响到农户收入水平（Pagiola et al.，2005；Sims and Alixgarcia，2017；田国双等，2017；Wu et al.，2019）。如果农户参与生态补偿项目后，给农户带来了负面的经济效益，且没有相关支持政策帮助农户减少转型成本以实现生计转型，那么该项政策的长期可持续性是值得怀疑的。

从当前的公益林政策来看，只对农户进行损失性补偿缺乏对农户生计转型的考虑。理论上讲，农户面对公益林政策的冲击，会相应调整其微观生计策略。在林业生产用地上，公益林与商品林存在竞争效应，农户公益林面积的增加会带来商品林地面积的减少。林地被划归公益林会使农户营林生产空间受到压缩，这将挤出原本用于公益林地上的生产要素，带来挤出效应。另一方面，农户公益林补偿收入的增加也会缓解农户的流动性约束。短期来看，由于公益林补偿金额普遍较低，农户收入可能会降低；从长期来看，面对公益林政策的外生冲击，农户可能会改变生计策略，调整其林业生产和非农就业行为，进而对其生产要素配置结构和收入产生影响。然而，无论农户做出何种微观生计调整策略，都要有调整的必要性并付出相应的机会成本。由于农户兼业程度的不同，农户对政策冲击做出的反应必然也会有所差别。因此，为优化当前公益林政策，要在考虑农户兼业化程度异质性的前提下，设计相关支持政策以保证参与公益林政策后，农户能够顺利实现生计转型。

中国正处于生态文明建设的关键时期和全面推进乡村振兴的关键阶段，研究如何保证公益林政策的可持续性显得尤为重要。公益林政策的实施对农户收入产生了何种影响，政策又是否具有可持续性，现有研究尚未给出明确的答案。在已有研究中，关于中国森林生态补偿对农户生计行为影响的文献虽然不缺乏，但主要集中在退耕还林政策（Uchida et al.，2007；Liu et al.，2014；Xu and Hedy，2019）。与退耕还林政策相比，公益林政策有其特殊性。退耕还林政策是对存在水土流失隐患的耕地统筹停耕，因地制宜地植树造林；而公益林政策则强调通过限制采伐从而对已有林地进行保护。然而，由于生态补偿的政策效应取决于政策的补偿机制、参与规模、农户收入来源的多样性及异质性（Zilberman et al.，2008；Arriagada et al.，2015；Sims and Alixgarcia，2017；刘璨和张敏新，2019），以及不同森林生态补偿政策本身存在的差异性，已有研究结论需要谨慎地外推到本研究所关注的问题上。因此，本研究将评估公益林政策效应并研究其补偿机制优化方案，这将有助于科学认识施行公益林政策对农户林业生产、农户收入带来的影响，进而对于政府在接下来的政策推进中因地制宜地调整公益林政策以及提供相关配套支持政策，以保证公益林建设的可持续性，具有重要的现实意义。

为此本研究提出以下科学问题：当前公益林政策的可持续性如何？对农户的短期和长期影响又存在何种差异？农户会如何调整其生产要素配置以应对公益林政策的外部冲击？农户兼业程度的异质性会导致生产要素配置的何种差异？这种差异会对公益林政策效果产生何种影响？未来应如何优化公益林政策配套机制？这些都是本研究亟待回答的问题。

二、研究目标、内容与拟解决的关键科学问题

（一）研究目标

在系统梳理公益林政策相关文献的基础上，通过理论分析和实证检验，揭示公益林政策影响农户生产要素配置进而影响农户收入的效果及作用机理，评估公益林政策的短期增收效果和长期增收效果，科学研判未来中国公益林政策对不同兼业程度农户影响的异质性。进一步地，使用选择实验考察相关配套支持政策的作用和实现机制，为提高集体林区农户收入、优化公益林政策配套机制和保证公益林政策的可持续性提供决策支撑。

（二）研究内容

为了完成本研究的研究目标，本研究将开展以下四个方面的研究。首先，通过内容一构建出公益林政策影响农户生产要素配置和收入效应的理论分析框架。然后，根据分析框架开展研究内容二和内容三，实证分析该政策

对农户生产要素配置和收入效应的影响，并检验不同兼业化程度农户的结果差异。由于目前公益林政策是"一刀切"的补偿政策，缺乏相关配套措施或支持政策，在前文内容厘清农户受到政策冲击做出的要素调整行为和收入效果的基础上，本研究将进一步思考如何保证农户顺利实现要素重新配置、提高农户收入，以期优化公益林政策配套机制，提高农户参与的积极性，保证公益林政策的可持续性。为此，内容四设计了相关配套支持政策的选择实验，用以分析农户对相关支持政策的响应。最后综合以上研究内容给出政策建议。具体研究内容如下：

研究内容一：构建公益林政策影响农户生产要素结构配置进而影响农户收入的理论分析框架。

公益林政策不仅对农户收入有直接影响，而且还能通过影响农户的生产要素结构配置进而影响农户收入效果，能否准确刻画两者之间的关联对于模型的构建十分重要。短期来看，农户放弃对林地的商业性采伐权利后，会获得相应的公益林补偿收入，从而提高农户的转移性收入进而影响农户总收入。而长期来看，参与公益林政策也挤出了农户的林业生产要素，也会导致农户调整其微观经济行为，进而会对农户的收入产生影响。

为此，本研究首先为理解公益林政策实施后农户生产要素配置的动因和其对农户收入影响的内在机理提供一个一般化的整体分析框架。然后，进行数理推导分析公益林政策的实施对农户非农就业和林业生产的具体影响，得出公益林政策产生的增收效果，并提出可供实证检验的研究假说。

研究内容二：评估公益林政策对农户收入的影响。

首先基于实际调查数据和统计数据对公益林政策实施后农户收入变化进行描述性分析，然后在内容一构建的理论分析框架基础上，使用 PSM－DID 方法实证检验公益林政策对农户产生的短期和长期增收效果，并甄别出公益林政策对纯林户、兼业户、非林户增收效果和收入结构变化影响的异质性。

其中，短期收入效果是指农户林地被划归为公益林后的收入状况与之前相比是否更高，选用包括公益林补偿的收入作为衡量短期效果的变量。而在不考虑公益林补偿收入的前提下，与划归公益林前相比，农户收入有无增长是确定政策长期效果的关键。为表征农户的创收能力，本研究选用不包括公益林补偿的收入作为评估公益林政策长期收入效果的变量。对于收入结构本研究将从林业收入和非农收入两个方面进行展开。

研究内容三：检验公益林政策对农户生产要素配置的影响。

为揭示公益林政策对农户收入的影响路径，本研究将实证检验公益林政策通过影响农户生产要素结构配置进而影响农户收入的路径。

首先，基于公益林政策对农户非农就业的理论分析，检验公益林政策对农户非农就业时间和数量的影响，然后进一步分析纯林户、兼业户、非林户间的异质性。其次，基于公益林政策对农户林地流转影响的理论分析，检验公益林政策对农户流入林地、流出林地的影响，然后进一步分析纯林户、兼业户、非林户间的异质性。最后，根据理论分析实证检验公益林政策对农户林业生产投入（包括雇工、肥药费和其他管理费用等）和发展林下经济投入的影响，然后进一步分析纯林户、兼业户、非林户间的异质性。

研究内容四：分析不同公益林配套支持政策的作用。

当前，公益林政策仅限于补偿金的发放，缺乏相关的配套措施。林地被划归为公益林的政策冲击，有可能一定程度上降低农户收入（如内容二），也有可能农户会选择调整生产要素配置以应对冲击（如内容三）。农户对林业生产的依赖性和转型成本存在差异，如果收入下降且难以转型的农户体量较大，那么政策的可持续性必然受到影响。因此什么样的配套支持措施可以提高农户生计转型意愿是需要进一步讨论的。在内容二、内容三的基础上，本研究重点关注支持农户发展公益林林下经济的配套支持措施①。为分析不同支持措施的潜在效果，拟使用选择实验的方法，分析实验组和控制组农户的响应，并探究不同兼业程度农户间的异质性，从而得出更具体的补偿机制优化策略。

（三）拟解决的关键科学问题

为完成上述内容，主要有以下三个关键科学问题需要解决：

科学问题一：系统性揭示公益林政策对农户收入影响的复杂路径。

公益林政策不仅对农户收入有直接影响，而且还能通过影响生产要素配置进而影响农户收入效果，能否准确刻画两者之间的关联对于模型的构建十

---

① 后文的实证结果表明发展林下经济对提高各类农户收入都有显著的促进作用。

分重要。现有研究忽略农户生产要素配置决策间的关联性，只从农户生产要素配置中的一个方面探究公益林政策影响农户收入的路径，可能只见树木不见森林，既会影响实证结果的可靠性，也无法详细地刻画政策冲击带来的经济效果。另外，对于山区农户而言，不同兼业程度的农户对林业收入的依赖不同，农户间的商品林规模、树龄和地理位置等家庭林地特征存在较大差异。在受到公益林政策的冲击后，会对政策冲击做出不同反应，并产生不同的政策效果。因此，如何厘清公益林政策影响农户收入的作用路径，是本研究的关键问题所在。

科学问题二：准确识别公益林政策对农户收入的因果效应。

现有生态补偿政策效果的评估方法多使用处理效应方法来构造反事实，即通过构造控制组和实验组来评估政策效果。但在确定比较组时通常会面临选择性偏误，组间的任何差异都可以归因于项目的影响或者事先存在的差异的影响。因此，使用传统的非实验性的方法评估公益林政策对农户生产要素配置、农户收入的影响可能无法得到无偏估计量。如何消除选择性偏误，准确地得到本研究所关心的公益林政策的处理效应是本研究的一个核心问题。

科学问题三：权衡公益林配套支持政策的施政方法和策略选择。

公益林政策不应局限于依靠现金补偿农户损失，维持农户生计。通过政策设计，刺激农户通过经济活动的改变，从而提高其增收能力，这是森林资源保护与利用能否可持续的关键所在。已有研究对公益林政策的完善措施进行了理论层面的探讨，但是针对不同的施政力度和配套支持策略选择，不同的农户会做出何种反应？哪些配套支持策略更能提高农户的参与意愿？这需要更多信息的支持。因此，如何确定农户对各种配套支持政策的参与意愿，从而权衡不同政策的施政方法和支持策略的选择，是本研究要着重解决的问题。

三、研究方法与数据收集

（一）研究方法

本研究根据不同研究内容的特点采用差异化的研究方法。

针对研究内容一：基于林业分类经营的现实背景，构建公益林政策通过影响农户要素配置进而影响其收入的整体分析框架，然后使用生产者理论分析考虑农户兼业程度异质性的要素配置行为形成的内在机理，提出相应研究假说。

针对研究内容二：在分析公益林政策对农户收入的影响时，首先，按照自然实验的思路，将公益林政策的实施看作一次政府实施的自然实验，并使用倾向得分匹配法（Propensity Score Matching，PSM）进行匹配再抽样使样本数据尽可能地接近理想随机实验数据；然后，参考已有文献根据农户林业收入占比将农户分为纯林户、兼业户和非林户；最后使用双重差分法（Differences‐in‐Differences，DID）解决不可观测变量的内生性问题得出政策处理效应，并探讨纯林户、兼业户和非林户的异质性。

针对研究内容三：在分析公益林政策对农户要素配置的影响时，基于内容二 PSM 后的共同域样本数据，考虑到个体决策是由两部分组成，使用双栏模型（Double‐Hurdle Model）进行估计，并探讨纯林户、兼业户和非林户的异质性。

针对研究内容四：为分析不同支持措施的可能效果，将农户随机分为控制组和实验组，对实验组提供发展林下经济的可能政策支持。询问农户发展不同模式林下经济的意愿，然后使用 mLogit 模型进行回归，并分析农户兼业程度的异质性，最后给出政策建议。

（二）数据来源

1. 宏观数据

本研究使用的宏观数据主要来自《中国统计年鉴》、《中国林业统计年鉴》和各地区统计年鉴、统计局网站，国家林业和草原局官方网站及各省份林业部门网站。

2. 微观数据

本研究选择浙江省龙泉市作为样本数据来源地，并于 2020 年 7—8 月借助龙泉市"公益林数字化管理信息平台"开展农户抽样。按照随机抽样抽取仅在 2015 年被扩面的实验组农户，抽取实验组农户共 140 户。然后，根据被抽取的实验组农户的家庭收入水平、林地总面积、林地特征、家庭人口数量、劳动力特征等信息，在实验组农户本村选择与之类似的 1～2 户从未拥有过公益林地的农户组成控制组，抽取控制组农户 200 户。本研究累计调研农户 340 户，通过农户回忆的方式收集了农户 2013 年和 2019 年两年的样本信息。最后，剔除出无效样本 21 户，获得有效农户样本 319 户。

本研究收集微观样本数据时，基于以下三个方面的考虑：

第一，样本地区选择尽量满足理论分析框架的前提假设。在按照理论推导过程中，本研究假定产品和要素市场都完善。为尽量满足该前提假设条件，南方集体林区中经济较为发达的浙江省是较好的选择。与其他省份不同，自 20 世纪 80 年代林业"三定"后，浙江省一直保持集体林家庭经营的稳定性（Xu et al.，2013）。浙江省也是中国市场经济发展比较迅速的省份之一，其劳动力转移比例和林地流转面积均高于福建、安徽、湖南、广西等集体林区省份。另外，从公益林补偿金额来看，自 2004 年中国全面实施森林生态补偿以来，浙江省省级及以上公益林历年最低补偿标准不断提高，由 2004 年的每亩 5 元提高到 2019 年的每亩 35 元，当前公益林最低补偿标准位居全国首位。

第二，样本数据需尽量保证农户政策参与的随机性，并不受其他政策的干扰。2004 年龙泉市启动森林生态补偿基金制度，纳入重点公益林补偿面积 123.45 万亩*。2009 年该市开展公益林扩面工作，增划面积为 39.01 万亩，2015 年龙泉市开展了公益林第二次扩面工作，增划面积为 9.01 万亩。其中农户部分面积 119 万亩，占公益林面积 69%。

尽管中央政府和浙江省政府都有下发公益林划界操作规程，但是调研发现，龙泉市公益林划界时由于时间紧、任务重，实际操作时，划界一般由乡镇林业站和市林业局直接完成，农户参与情况极少或选择权极小，并没有保证广大农户的参与权。因此，农户只是龙泉市公益林政策实施过程中的被动参与者，公益林政策可以看作是政府实施的一次自然实验。

另外，有学者研究发现，森林采伐限额的获取难度会对农户林业生产产生重要影响（朱文清和张莉琴，2019；谢芳婷等，2019），这可能会干扰本研究对公益林政策的评估。从森林采伐限额实施情况来看，调研发现龙泉市农户申请采伐限额手续简单，比较容易获得所需的采伐限额指标，因此，在

---

* 1 亩＝1/15 公顷。

实证分析时不必过于担心采伐限额对农户林业生产的影响。

第三，样本抽样要具有随机性和可行性，并且尽量符合自然实验的前提假设。2018年，龙泉市已将公益林地数据与二类调查数据形成林地落界"一张图"。龙泉市建立的"公益林数字化管理信息平台"有全市农户公益林林地的矢量数据，而且已对接农户林权证信息，本研究利用该平台进行随机抽样。

四、技术路线与章节安排

（一）技术路线

基于上述研究目标、研究内容，本研究将按以下技术路线开展研究。技术路线如图1-1所示：

1. 根据研究目标，对森林生态补偿、农户生产要素调整和农户收入相关的文献及其机理路径和研究方法进行系统梳理，给出本研究的研究方案。

2. 基于现实背景和文献综述，构建理论分析框架，从理论上探讨公益林政策影响农户收入的影响。

3. 依托理论分析框架制定识别策略，通过收集浙江省的农户调研数据，使用自然实验和PSM-DID等实证分析方法，构建中介效应模型，实证检验公益林政策通过农户调整生产要素配置进而影响农户收入的机理和路径。

4. 结合实证分析结果，得出研究结论，然后根据政策评估结果结合当前公益林政策的实施情况，给出公益林政策的配套机制优化方案并分析农户参与意愿与可能的政策效果，最后在此基础上提出优化公益林政策的政策建议。

（二）章节安排

本研究基于中介效应分析的逻辑设计核心实证章节。首先，在第五章检验公益林政策对农户收入的影响，得出政策的总效应和直接效应；然后，在第六、七、八、九章分别探讨公益林政策对各中介变量的影响，即详细刻画公益林政策对农户非农就业、林地流转、林地投入和发展林下经济投入的影响，得出政策的间接效应并进行中介效应检验；最后，在第十章检验发展公

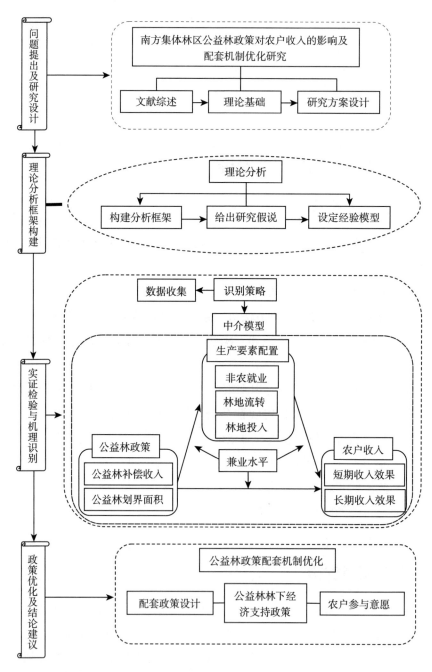

图 1-1 本研究的技术路线

益林林下经济配套支持政策的农户参与响应。

各章节的详细安排如下：

第一章：导论。本章基于公益林政策实施的现实背景，明确本研究的研究目标、内容及方法，随后给出本研究的技术路线及书稿结构安排，最后指出本研究的创新点和不足。

第二章：理论基础与文献综述。本章首先对本研究涉及的相关概念进行界定，然后对林业分类经营理论、农户模型理论和新劳动力迁移经济理论进行简单梳理，为下文建立分析框架及相应的理论模型提供思路；其次对森林生态补偿政策的观点、对农户收入的影响、非农就业和林业经营的影响进行综述，并作简要评述。

第三章：分析框架、模型设定与实证方法。本章首先依据已有理论与文献基础，构建本研究的理论分析框架并提出研究假说，然后给出本研究实证分析中的经验模型和模型估计时所使用的计量方法，最后介绍本研究实证研究中使用的变量和各章节使用的样本情况。

第四章：公益林政策的发展及样本区域基本情况。本章首先总结中国公益林政策的实践，然后介绍样本区域公益林政策的实施现状，最后通过调研数据的描述性统计分析描绘样本区域农户的生计情况变化。

第五章：公益林政策对农户收入的影响。本章首先介绍实证分析中样本处理方法，然后实证分析公益林政策对农户收入和收入结构的影响并根据农户兼业类型进行分组检验，最后进行稳健性检验。

第六章：公益林政策对农户非农就业行为的影响。本章首先实证检验公益林政策对农户非农就业时间和人数的影响，然后进行分组检验，最后检验公益林政策通过农户非农就业行为影响其收入的中介效应，并进行稳健性检验。

第七章：公益林政策对农户林地流转行为的影响。本章首先实证检验公益林政策对农户流入、流出林地的影响，然后进行分组检验，最后检验公益林政策通过农户林地流转行为影响其收入的中介效应，并进行稳健性检验。

第八章：公益林政策对农户林地投入行为的影响。本章首先实证分析公益林政策对农户林地投入自用工和资金的影响，然后进行分组检验，最后检验公益林政策通过农户林地投入行为影响其收入的中介效应，并进行稳健性检验。

第九章：公益林政策对农户林下经济投入行为的影响。本章首先实证检验公益林政策对农户发展林下经济投入自用工和资金的影响，然后进行分组检验，最后检验公益林政策通过农户林下经济投入行为影响其收入的中介效应，并进行稳健性检验。

第十章：农户对公益林配套发展林下经济支持政策的响应分析。本章首先给出实证分析中的样本说明，然后实证分析农户对林下经济支持政策的响应，并分析不同兼业程度农户对支持政策响应的组间差异，最后进行稳健性检验。

第十一章：研究结论与政策建议。本章首先概括性总结全书的研究结论，然后根据上文各章的研究结果提炼出政策建议。

五、可能的创新与不足

（一）创新之处

本研究可能的创新有以下三点：

1. 厘清公益林政策通过影响农户生产要素配置进而影响农户收入的复杂机理

本研究针对林业分类经营后对农户收入的影响展开理论与实证研究。从农户微观层面剖析公益林政策通过影响非农就业、林地流转、林地投入进而影响农户收入，为充实和完善林业分类经营理论提供了重要的补充。在分析公益林政策对农户收入的影响机理时，本研究还将深入揭示农户兼业化程度的不同所导致的公益林政策效果的差异，探讨公益林政策发挥不同政策效果的条件，保证了不同生产要素结构调整间的系统性和其与现实的吻合程度。

2. 采用自然实验的方法展开实证研究

在相关森林生态补偿政策效果评估的研究中，选择性偏误或内生性问题对实证结果准确性的影响一直没有得到较好解决。本研究在收集农户样本数据时，所选择样本地区的公益林划界的方式和公益林信息平台为本研究实现自然实验提供了可能。本研究基于自然实验进行抽样，在实证检验公益林政策对农户生产要素配置和农户收入的影响时，使用 PSM－DID 的方法进一步控制可能存在的内生性问题，提升了实证检验结果的准确性和可靠性。

3. 确定农户在不同政策情景下的响应以优化公益林政策

以往关于公益林政策的研究中，较少有研究考察不同政策设计情景下农户的响应。在系统性分析公益林政策对农户经济行为影响和其发挥政策效果条件的基础上，提出公益林政策的优化策略，并通过设计选择实验分析农户在配套支持政策不同情景下的农户响应。这能为后续相关配套支持政策的出台提供科学的决策支持，从而有助于保证公益林政策实施的可持续性。

（二）不足之处

本研究的不足之处主要体现在以下两个方面：

微观数据来源地较为单一。受疫情的影响，本研究只选择了浙江省龙泉市作为数据来源地，样本区域选择虽然具有一定的典型代表性和前瞻性，但是样本范围存在一定的局限性。对于全国其他地区，公益林补偿金额普遍低于浙江省，而且不同省份间劳动力转移、林地流转、林下经济发展情况均存在差异。如果扩大实证分析的样本范围，将能提高本研究研究结论的一般性。

缺乏对配套支持政策实施成本收益的比较。本研究设计了五种发展林下经济支持政策，但只分析了五种支持政策对农户发展林下经济意愿的影响，缺乏对配套支持政策投资收益的分析。探究五种支持政策对农户收入的边际影响，有利于进一步细化支持政策的细节调整。在未来的研究中，如果能对配套支持政策的成本收益进行分析将对政策优化更具指导意义。

第二章　理论基础与文献综述

本章分成三部分：首先对本研究所涉及重要概念进行说明并确定其在文中的适用范围，以方便更好地开展后面各章的内容。其次，对林业分类经营理论、农户模型理论和新劳动力迁移经济理论进行简要的介绍，为后文构建理论分析框架提供思路。最后，对与本研究主题相关的文献进行综述，包括关于森林生态补偿政策的标准及政策效应，森林生态补偿政策对农户收入的影响，对农户非农就业的影响和对农户林业经营的影响等，评述其研究不足和本研究可借鉴之处。

一、概念界定

（一）林地投入

本研究将林地投入定义为，农户为获得林产品或非木质林产品对林地开展的抚育采伐、肥力提升、森林防火、病虫害防治等林业生产行为所产生的劳动力和资金的投入。在本研究中，林地投入既包括对自留山、责任山的投入，也包括农户流入林地后对流入林地的投入。

（二）生产要素结构调整

农户生产要素包括劳动力、林地和资金，农户生产要素结构调整是指农户在非农就业与林业生产之间进行的劳动力分配，以及在林业生产中对林地利用、劳动时间、资金使用的调整。

（三）公益林政策

农户林地划归公益林后，禁止农户对公益林进行商业性采伐，但政府会给农户提供一定的损失性补偿。本研究中公益林政策是指，政府对农户所有的省级以上（即国家级和省级）公益林进行的商业性采伐限制并发放损失性补偿的政策措施。

二、理论基础

（一）林业分类经营理论

自 17 世纪森林永续利用理论建立以来，多功能森林理论、林业分工论、近自然林业理论、生态林业理论、森林可持续经营等理论相继而生，国内外对林业经营理论进行了大量的研究和探讨。作为制定林业发展模式的理论依据和实践准则（陈柳钦，2007），森林可持续经营理论指出应以某种方式和强度对森林资源进行管护和采伐，使其具备生产能力和更新能力，并具有长期发挥生态、社会和经济功能的能力（张鼎华和林卿，2000）。

然而，尽管森林具有生态功能、经济功能和社会功能等多种功能效益已成为共识，但是通常来讲采伐森林获得木材和让森林持续发挥生态效益存在矛盾，在同一片林地同时获得多种效益最大化不太现实。为解决该矛盾，传统的解决方案为：选择生态效益牺牲经济功能，或者选择经济效益牺牲生态功能，抑或是选择经济功能和生态功能低水平的协同（李荣玲，1999；Klooster，2000；张耀启，2003）。简单来看第三种模式似乎较为可行，但也仅在森林产品供给总量大于经济、生态需求量之和的前提下才可行，否则经济和生态效益无法协调的桎梏仍将重演（谢守鑫，2006）。若是能让一部分林地生产商品性林产品，以获得经济收益为主要目标；另一部分林地提供生态性林产品，以获得生态效益为主要目标，如此一来便可弱化整体森林经营功能的专一性，缓和经济收益和生态效益的对立面，继而实现"局部上分而治之，总体上合而为一"。

林业分类经营理论主张参照森林多功能利用的思路，将森林划分为公益林和商品林分别提供生态性和经济性林产品，并按照各自生产特性及成长规律经营的新型林业发展模式（雍文涛，1995）。而多目标、高效和可持续经营是衡量森林经营是否符合现代林业的主要标准（谢守鑫，2005）。为满足这一标准，在从技术层面根据森林功能合理划分公益林和商品林后，需从森林经营管护的角度对微观经营主体进行分类，并建立适用于两类森林的管理体制。通过优化与森林经营相关的各类要素配置，最大限度地发挥森林经营的总体效益，可实现林业分类经营的可持续性（侯元兆，1998）。

（二）农户模型理论

鉴于传统经济学理论仅可单方面地评价分析受市场价格影响的商品需求或供给的变化，农户经济学逐渐兴起（黄祖辉等，2005）。但是，越来越多的学者认为，农户的生产、消费和对闲暇的配置是相互制约的，家庭内部的各经济决策间关联紧密且复杂（郑旭媛，2015），而且在评估政府的政策效果时，不应忽略农户决策的这种特性。基于此，在探究农户生产、消费受市场价格影响时，不可使用传统的方法割裂二者间的联系，需考虑生产和消费决策间的关联性以及在相关部门所产生的溢出效应（张林秀，1996）。

同通常的经济学原理保持一致，农户模型是用来解释农户家庭各种要素配置决策的经济模型。该模型囊括了农户的生产函数、消费函数和劳动力供给函数等，并且将农户视为效用最大化的追求者，其决策的约束条件包括资本、土地、劳动力等生产要素并受其收入和闲暇等条件的影响（Becker，1993；Heckman，1976）。按农户家庭成员生产与消费决策间的关联性，单一农户模型可被分为两类：第一类是农户家庭生产与消费决策相分离的可分性模型；第二类是同时考虑农户家庭生产与消费决策的不可分性模型（宋春晓，2018）。

对于可分性模型，在产品市场与要素市场都完善的情况下，农户家庭生产决策和消费决策分开进行。首先构造农户家庭的效用函数和生产函数：

其中，农户的效用函数 U 如下：

$$U = U(X_a, X_m, X_L) \tag{2-1}$$

在式（2-1）中，X_a 为农户家庭所消费的自家生产的产品；X_m 代表农户家庭消费的购买的产品；X_L 是农户家庭的闲暇消费。

农户的生产函数 G 为：

$$G = G(Q_c, Q_a, V, L, K) \tag{2-2}$$

在式（2-2）中，Q_c 代表农户家庭用于销售的产品产量；Q_a 代表农户家庭用于自家消费的产品产量；L 代表农户家庭用于生产产品时劳动力总投入量；K 代表农户家庭用于生产产品时的资本投入量；V 代表农户家庭用于生产产品时的其他可变投入量。

给出农户家庭的收入、闲暇和生产的约束条件：

$$P_L T + P_c Q_c + P_a Q_a - P_L L - P_V V + E = P_L X_L + P_m X_m + P_a X_a$$

$$(2-3)$$

在式（2-3）中，P_L 代表劳动的市场价格，T 代表劳动力投入总时间，$P_L T$ 代表劳动力所获得的总收入；P_c 代表农户销售产品的价格，$P_c Q_c$ 代表农户销售产品的总额；P_a 代表农户消费自产产品的价格，$P_a Q_a$ 代表农户自家消费自产产品的总额。E 代表农户所获得的其他收入。对于等号的右边，$P_L X_L$ 代表农户家庭的闲暇总成本，$P_m X_m$ 代表农户家庭购买产品的总成本，$P_a X_a$ 为农户家庭所消费自家生产产品的总成本。

综合农户的效用函数、生产函数和约束条件，通过构建拉格朗日乘数可以求出各变量的最优解：

$$Max I = U(X_a, X_m, X_L) + G(Q_c, Q_a, V, L, K) + \lambda(P_L T +$$
$$P_c Q_c + P_a Q_a - P_L L - P_V V + E - P_L X_L - P_m X_m - P_a X_a)$$

$$(2-4)$$

令式（2-4）中各变量一阶偏导为 0，取其全微分的形式可以得出矩阵表达式，该矩阵表明农户生产和消费决策是可分的。当不假定完全市场时，农户生产与消费决策则不是独立的。与前者类似，农户家庭的效用函数和生产函数不变，但是其收入约束为：

$$P_c Q_c + P_a Q_a - P_V V + E - P_m X_m - P_a X_a = 0 \quad (2-5)$$

其技术约束为：

$$G(Q_c, Q_a, V, L, K) = 0 \quad (2-6)$$

其时间约束为：

$$T - X_L - L = 0 \quad (2-7)$$

同样应用与式（2-4）相同方法求解，即可得出农户的决策变化。农户模型对农户进行了较为全面地分析，目前该模型已在国内外得到了广泛的应用。

（三）新劳动迁移经济理论

农户模型可以用来分析由于政策冲击对农户生产要素配置的影响，但是劳动力作为农户家庭最为活跃的生产要素，其变化又会对农户农业生产产生何种作用？农户家庭成员的个人利益与家庭利益共生共长，农户劳动力转移也是劳动力转移者与家庭成员的共同决定。在经济发展尚不发达的国家，个人的收入普遍不高，面对不确定的风险冲击，家庭通常会成为个人防控风险、获得投资渠道的重要来源（Ellis，2003），因此家庭对个人决策的影响更为重要（Rubenstein，2010）。由此来看，新劳动迁移经济理论更加贴近发展中国家的劳动力转移的社会现实，为本研究提供了较好的研究思路借鉴。

与原有劳动力迁移理论假设决策主体为个人相比，新劳动迁移经济理论强调出于家庭的利润最大化，家庭会分配部分成员转移就业，并认为成员间的异质性特征（比如年龄、教育等）及其他因素都将作用于农户家庭的劳动力转移（Stark 和 Bloom，1985）。与传统解释劳动转移主要注重经济因素相比，该理论将社会因素纳入到农户劳动力转移的分析框架。

"风险转移"、"经济约束"和"相对贫困"是新劳动迁移经济理论的核心观点。对于"风险转移"，主要是指收入来源的多元化（Stark，1991）。家庭劳动力全部用于林业活动或是用于外出务工会存在风险，家庭成员将按投资组合原理将劳动力进行重新配置，以便追求最大化家庭效用。对于"经济约束"（Zimmerer，1993），个人非农就业是否成功需要家庭成员为其提供资金支持，家庭成员会为未来的非农就业者进行投资，以期未来能获得非农就业者的经济回报。通过家庭收益和非农收入的利益互换共享，家庭和个人都能获得最大化利润。对于"相对贫困"（Rigg，2006），这是农户对于其家庭收入水平与本村或本社区平均收入水平相比后的差别感受，如果农户认为家庭收入水平低于本村或社区内的平均收入水平，那么农户会产生非农就业行为以提高家庭收入，拉近或超越现有收入水平的相对位置。

（四）简要评述

本节通过梳理林业分类经营理论、农户模型理论和新劳动迁移经济理论，能为后文构建分析框架和进行模型推导提供思路借鉴，但是仍有一些难点无法理清。

鉴于同一块森林同时追求生态、经济效益最大化存在的矛盾，林业分类经营理论指出要对森林进行分而治之，最大限度发挥森林整体效益，实现森林多种功能的主导利用目标。当前，林业分类经营已成为中国等多数国家实现林业可持续发展的重要路径。但是，中国林改后农户已是林业经营主体，实行林业分类经营必然会对农户林业生产产生影响，了解实行林业分类经营后对农户林业生产的影响，将对中国制定相关政策实现林业可持续发展有重要意义。林业分类经营理论强调对以发挥经济效益为主的森林实行集约经营，以保证人类对林产品的需求，进而实现森林的发挥经济、社会效益的最佳结合。那么，林业分类经营后，对农户林业生产会产生什么影响，是否会按照分类经营理论预期的那样实行集约经营，又会对农户收入产生何种影响，林业分类经营理论没有回答这些问题。

而农户模型理论将农户的生产、消费和劳动力供给等决策行为关联在一起，为本研究分析农户林地被划为公益林后农户生产要素配置的变化提供了可供参考的分析框架。农户家庭决策实际上是规划求解问题，农户会根据外生变量和约束条件的变动做出不同的决策。由于公益林政策的实施，农户经营的林地规模会发生改变，农户的林业生产、非农就业等生计模式也会随之改变。

进一步地，农户发生非农就业后会对其生产决策产生何种影响？新劳动迁移经济理论针对非农就业与家庭决策的关系进行了详细分析。农户非农就业使得人力资本下降也会缓解资金流动性约束，进而给农户林业经营带来影响。另外，农业劳动数量的减少又可能导致农户采取劳动力节约策略，进而引致林业生产的非集约化或林地抛荒。潜在收入的增加也会改变农户的生计模式，减少林业生产活动，或者是增加收入获得更高效用缓和林业风险的负面影响，还可能通过增加对林地的资本投入而助力于林业生产。至于会产生哪种效果，据本研究目前所知，在已有文献中尚不能找到明确的证据。

三、文献综述

尽管已有理论基础对理解公益林政策如何影响农户收入具有指导作用，

但却无法阐明公益林政策实施后对农户生计及收入影响的现实情况。为此本节对现有文献进行梳理，以了解相关研究进展。

鉴于目前针对公益林政策的研究较少，本研究对森林生态补偿政策的相关文献展开综述，以期获得更多的研究启示。林业生产具有社会效益和经济效益，但社会效益通常具有公共物品的属性较难确定其价值，政府和社会各界为保护森林生态系统使其发挥社会生态效益，将森林生态补偿政策（Forest Ecological Compensation Program）视为重要手段（Fisher et al.，2009；Gomezbaggethun et al.，2010；吴强和张合平，2016；刘璨和张敏新，2019）。由于公益林政策（Ecological Welfare Forest Compensation Program 或 Ecological Public‑Benefit Forest Compensation Programme）禁止对公益林进行商业性采伐，但政府会给农户放弃木材采伐权提供一定的损失性补偿。因此，与退耕还林、天然林保护工程等类似，公益林政策本质上也是一个生态效益补偿政策（Dai et al.，2009；Ji et al.，2011；Zhang et al.，2018）。

下文将从以下四个方面进行文献综述：

第一部分是关于森林生态补偿的标准和该政策在经济和生态两方面取得的成效。第二部分是关于森林生态补偿政策对农户收入的影响。第三部分是关于森林生态补偿政策对农户劳动力转移的影响。第四部分为森林生态补偿对农户林地经营的影响，并从林地流转、林业生产投入和林下经济三方面展开。

（一）森林生态补偿政策的标准及政策效应

森林生态补偿标准是生态补偿的一个关键问题（李芬等，2010；李国志，2019；彭秀丽等，2019；靳乐山和朱凯宁，2020）。部分学者认为森林生态补偿标准要覆盖森林正外部性的全部价值，给予森林经营者最大的补偿（姚顺波，2004；Mantymaa et al.，2009；Pattanayak et al.，2010；Deng et al.，2011；杨浩等，2016；He et al.，2018）。而另一部分学者则认为应该以造林成本进行补偿，如 Macmillan 等（1998）、Kremen 等（2000）、Engel 等（2008）、陈钦等（2017），他们从可行性出发指出在设置森林生态补偿标准时应基于成本收益方法。在森林生态补偿模式方面可归纳为两种观点，一种主张以政府扶持和补偿为主的观点（Ferraro，2008；Muradian et al.，2010；Wang and Liu，2018；曹昌伟，2018；Pei et al.，2019），另一种强调发挥市场机制作用（Engel et al.，2008；Hannes，2008；Sattler and Matzdorf，2013；Katharine，2014；王雅敬等，2016）。

　　关于森林生态补偿政策的经济效益，部分学者研究发现该政策具有帮助穷人应对甚至摆脱贫困的潜力（Kerr，2002；Pagiola et al.，2005；Huang et al.，2009；李琪等，2016；刘滨等，2018；Wu et al.，2019），但这一观点并未受到学者们的广泛认可。Wunder（2008）认为，生态效益补偿政策对贫困的影响取决于生态效益提供者参与的条件，这取决于支付给生态效益提供者的租金（成本与付款之间的差额）和非货币性收益，另外 Wunder（2018）强调，生态系统服务还可以帮助贫困的非参与者，后者可能间接受益于区域环境服务的改善（例如贫困的城市用水者）。Zilberman 等（2008）进一步表明，生态效益补偿政策对穷人的影响取决于农场规模，财富的多样性和异质性以及任何一般的均衡效应（例如，由于生态效益补偿政策减少了耕地，从而增加了食品或土地价格）。在最近的实证研究中，Arriagada 等（2015）使用哥斯达黎加的住户调查分析了森林生态补偿政策对福利的影响，他们发现，参与森林生态补偿的家庭对收入和福利指标没有显著影响。与之类似的是，墨西哥的 Sims 和 Alixgarcia（2017）研究发现，森林生态补偿政策对减轻贫困影响不大；而 To 和 Dressler（2019）发现由于维持国家森林实体的管理不善和腐败行为，越南政府实施的国家生态系统服务付款政策则加剧了政策地区的贫困。总而言之，尽管概念模型表明，森林生态补偿政策可以在一定条件下减轻贫困（Wunder，2008；Ghazoul et al.，2009），但将收入的变化归因于森林生态补偿政策的定量和经验研究基础仍然有限。

　　关于森林生态补偿政策的环境效益，已有研究发现实施森林生态补偿会对环境产生正效应（Edmonds，2002；Jumbe and Angelsen，2006；Andam et al.，2008；Brouwer et al.，2011；仇晓璐等，2017），既保护了当地的森林资源（Arriagada et al.，2009；Sánchez et al.，2007；Costedoat et al.，2015；Meineri et al.，2015；黄斌斌等，2019；Chu et al.，2019），又对恢复当地的生物多样性有着重要的作用（Simon et al.，2007；Somanathan et al.，2009；Marie et al.，2013；Wunder，2013；Costedoat et al.，2015；高吉喜等，2019）。但是，生态补偿可能与不同的社会经济系

统产生作用进而产生多样化的生态有效性（Pagiola et al.，2002；刘璨和张敏新，2019，Adhikari and Boag，2013）。鉴于森林生态补偿政策实施过程中需要考虑交易成本和公平性问题，导致森林生态补偿的环境效益往往存在"外溢（或漏出）效应"和时滞性（Jack et al.，2008；Pattanayak et al.，2010；应宝根等，2011；Johannes et al.，2019；Wunder et al.，2018）。因此思考如何保证森林生态补偿政策实施的可持续性，学者们也已做了大量工作。学者们研究了包括社会经济、政治和环境因素对森林生态补偿政策可持续性的影响，如：Sattler 等（2013）对美国和德国；Ezzinedeblas 等（2016）对全球 55 个生态效益补偿计划；Zbindenm 和 Lee（2005）对哥斯达黎加；Kosoy 等（2008）、Izquierdotort 等（2019）对墨西哥；吴伟光等（2008）、应宝根等（2011）、李洁等（2016）、郭孝玉等（2017）、靳乐山和吴乐（2018）对中国。尽管这些影响研究和案例分析是否具有可比性尚不十分清楚，但是无一例外，森林生态补偿政策所带来的经济影响都是学者们研究森林生态补偿政策可持续性时关注的重点。

（二）森林生态补偿政策对农户收入影响的相关研究

对于森林生态补偿政策对农户收入的影响学者们做了大量的研究。尽管研究表明森林生态补偿对农户的农业经营性收入有一定的负面影响（陶然等，2004；易福金等，2006；袁梁等，2017；孔凡斌等，2019；Hegde and Bull，2011），但在多数情况下农户所获得收益远低于其机会成本（Mahanty et al.，2012）。通过改善现金流量，森林生态补偿政策使收入来源多样化和减少收入差异，更有效地在生态效益提供者之间产生经济增长，有助于经济社会环境的可持续发展（吴水荣和顾亚丽，2009；Pattanayak et al.，2010；Alix and Wolff，2014；李桦等，2015；李琪等，2016；时卫平等，2019；廖文梅等，2019）。

在森林生态补偿政策的研究主题中，由于退耕还林工程规模宏大，其经济效率、预期效果和可持续性获得了学者们的广泛关注。Uchida 等（2007）评估了中国退耕还林工程对收入的影响，发现该工程能通过畜牧活动收入和增加资产持有来使穷人受益，Liu 等（2010）的研究也得出了类似的结论。在 Liu 等（2014）的进一步研究中，他们分析了中国退耕还林工程、天然林保护工程和京津冀防风治沙等工程对农户收入的影响。结果表明三大工程实施初期对农户家庭收入，尤其是农业收入产生了负面影响，而退耕还林工程和京津冀防风治沙工程实施的后期会陆续增加收入，天然林保护工程则将不再具有负向影响。与之相比，也有部分学者认为退耕还林无法促进农民增收（Xu et al.，2006）。比如，易福金等（2006）和徐晋涛等（2004）使用甘肃省、陕西省和四川省的数据研究表明，退耕还林政策实施后农户较难从种植业以外谋得收入增加，该政策也没有起到改善农户收入结构的目标。除此之外，陶然等（2004）甚至认为，由于地方政府处理不当，比如克扣补偿款、补偿未及时发放等，部分退耕户收入有所下降。王庶和岳希明（2017）从样本选择、变量选取和实证方法选择的不同阐明了上述分歧产生的原因并进行了改进，结果发现退耕还林政策主要是通过补偿款提高农户收入，如若不计补偿收入，则该政策没有表现出明显的增收效果，而且退耕还林政策促进了农户生计转型。

作为已有研究的有力补充，中国公益林政策对农户收入影响的相关研究逐渐纳入学者们的研究视野。在目前据笔者所知已有的少量的几篇实证文献中，学者们研究了公益林政策对农户收入的影响。吴乐等（2018）基于2016年贵州省的实地调研数据，使用最小二乘法实证检验了退耕还林和公益林政策对农户收入的影响，研究发现，公益林项目对不同收入群体的家庭收入水平都没有显著的影响。与之类似的是，Zhang 等（2019）使用 2014年对安徽省 481 户家庭调查数据也同时分析了退耕还林和公益林政策对农户收入的影响。Zhang 等（2019）研究发现，公益林政策对农户的农业收入有显著的统计影响也有助于减少农业收入不平等。但是公益林政策对非农收入没有影响，并认为可能的原因是拥有大量公益林地的家庭（他们获得了更高的补贴收入）可以将现金用于农业投资，例如肥料和农用设备。Wang 等（2019）使用与 Zhang 等（2019）相同的数据源，基于可持续生计框架使用多项 Logistic 回归模型分析了退耕还林政策、农业补贴政策和公益林政策对农户家庭耕地使用决策的影响。结果表明公益林补偿收入对农户耕地决策有直接的重大影响，较高的公益林补偿会减弱退耕还林后土地抛荒的可能。原因是生活在海拔较高和偏远地区的家庭拥有更多的林地可以获得更多的公益林补偿，这些家庭往往较贫穷也很少有其他谋生手段（例如当地的非农工作）。因此尽管他们放弃了伐木特权以保护森林，但获得公益林补偿可以被视为重要的生计来源，可帮助他们稳定收入。另外，他们还通过构建交叉项衡量了三个农业环境政策之间的相互作用产生的影响，结果表明公益林政策会提高农业补贴政策对流入耕地的正向作用。

尽管在吴乐等（2018）、Zhang 等（2019）和 Wang 等（2019）的研究中他们已经关注了公益林政策，但他们并没有明确将公益林政策作为主要的研究对象。Zinda 等（2017）认为公益林政策会对退耕还林的政策实施效果产生重要影响。同时考虑退耕还林政策和公益林政策对农户生计的作用，难以识别出到底是哪项政策带来的结果，甚至会得出截然相反的结论。比如 Zhang 等（2018）发现公益林政策会提高土地抛荒的概率，而 Wang 等（2019）却认为公益林政策减少了土地抛荒。因此，更科学的做法是使用政策效应评估的方法进行检验，否则难以得到一致的结果。

在过去十多年中，随着发展中国家森林生态补偿政策的迅速增加，关于森林生态补偿政策的研究在学界和业界越来越受欢迎，政策参与农户的生计问题更是获得广泛关注（陈建铃等，2015；Börner et al.，2017；Liu and Kontoleon，2018；Blundocanto et al.，2018；李周，2018；洪燕真和戴永务，2019）。但就中国公益林政策的相关研究来看，当前仍有较大的研究空间可以弥补。在分析范式上，Ferraro 和 Pressey（2015）建议关于生态效益补偿政策对农户经济效益的影响研究应采用经济学的分析范式，探讨生态效益补偿政策对农户经济效益影响的因果机制。在计量方法上，需要控制不可观察的混杂因素，并解决可能存在自选择或内生性问题，以保证评估结果的准确性，这对有针对性地改进森林生态补偿机制参与者的认知具有重要实践意义和学术价值（Huang et al.，2018；刘璨和张敏新，2019）。

（三）森林生态补偿政策对农户非农就业影响的相关研究

学者们对森林生态补偿政策对农户非农就业影响展开了大量研究。多数学者认为森林生态补偿政策为农户非农就业提供了可能性，原因是森林生态补偿政策限制了林业生产，有利于农村产业结构优化和就业结构调整。比如，Yin 等（2014）对退耕还林后农户生计行为进行了研究，结果表明该工程加速了劳动力向非农业部门的转移，而家庭会通过增加农业生产投入来强化农业收入，使他们能够抵消耕地和农业劳动力使用减少带来的负面影响。在最近的研究中，Yin 等（2018）进一步验证了参加退耕还林工程通过刺激农业生产活动的结构调整，对农业收入产生了积极影响，还触发了非农活动的增加，从而增加了非农收入，该观点与王庶、岳希明（2017）的研究结论一致。Treacy 等（2018）也得出了类似的结果，研究发现退耕还林后农户会选择非农就业以应对农业收入的减少。也有学者发现退耕还林主要通过简单的劳动力替代效应而不是放松流动性或产出约束来影响非农就业（Uchida et al.，2007）。他们认为退耕还林政策促使农户进入非农部门，但也降低了农地的劳动生产率（Kelly and Huo，2013）。与上述观点相反，也有学者发现森林生态补偿政策促进农户非农就业增加需要一定的前提条件，比如非农就业市场的完善、人力资本的提高以及教育培训的普及，而且政策实施的不同时期、不同地域都会导致政策效果的差别（Song et al.，2018；Liu and Lan，2015；林修凤和刘伟平，2016；熊瑞祥和李辉文，2017；蒋欣和田治威，2020）。在最近的研究中，Zhang 等（2020）详细地分析了退耕还林政策实施后农户非农就业的距离差异，他们发现退耕还林会减少山西地区家庭的外地非农就业，原因是退耕还林后山西地区农户种植了经济林，而经济林通常需要大量的劳动力投入。

　　除了探讨森林生态补偿政策对农户非农就业的影响之外，国内外学者对中国农户非农就业影响因素这一问题展开了一系列研究。较早的文献侧重于研究农村劳动力转移的机理与原因，就二元经济理论、推拉理论对劳动力转移模式进行深入讨论，认为转出地因素、转入地因素、转移障碍与个人因素是影响劳动力转移的重要因素（Lewis，1954；Jorgenson，1961；Lee，1966；Fei and Ranis，1967；Todaro，1969）。已有研究多是基于以上分析框架展开研究，除了收入差距和区域发展不均衡等宏观因素（Zhao，1999；Taylor et al.，2003；Liu and Liu，2016；许泽宁等，2019），中国农村劳动力转移的微观影响因素可以概括为个人特征和家庭特征等因素（蔡昉，2017；曾旭晖和郑莉，2016；朱雅丽和张增鑫，2019；王春凯，2019）。值得一提的是，已有研究多认同了这样一种观点，即农户外出务工多依靠血缘和地缘关系，由相关部门组织外出的较少（Mullan et al.，2011；李宾和马九杰，2014；Hao and Tang，2015；许庆和陆钰凤，2018）。原因是关系网络能够有效缩减寻找外出就业的信息成本，并减少非农就业失业的可能性，进而促进农户非农就业（Du et al.，2005；张建华等，2015；陆益龙，2011；徐家鹏和孙养学，2017；叶敬忠和王维，2018）。而受教育程度是否显著影响外出就业的决定，文献中的研究结论也存在差别。多数文献表明教育程度越高则越倾向于非农就业（陈玉宇和邢春冰，2004；Chang et al.，2011；程名望和潘烜，2012；刘越和姚顺波，2016），但也有学者发现教育水平越高越倾向于留在农村（杨金风和史江涛，2006）。

（四）森林生态补偿政策对农户林业经营影响的相关研究

由于公益林政策的实施，农户从事林业生产的商品林地规模会减少，农户会根据各种要素的相对变动调整其生产要素配置，改变其非农就业、林业生产等生计模式。其中农户林业生产经营行为主要包括林地流转和林业投入两个方面，另外林下经济作为林业发展的新业态，在农户受到公益林政策的冲击时，也会考虑发展林下经济。

1. 森林生态补偿政策对农户林地流转的影响研究

当前关于森林生态补偿政策对土地流转影响的实证研究尚不多见，在相关研究中，Wang 等（2018）研究发现，退耕还林政策促进了农户流出林地，尤其是倾向于流出离家较远的土地（Wang et al.，2020）。除了探讨森林生态补偿政策对农户林地流转的影响之外，国内外学者对中国农户林地流转影响因素这一问题展开了一系列研究。公共管理森林的权力下放是 21 世纪初全球森林政策的一个中心议题，在中国实行集体林权改革之后，中国的权力下放比其他大多数国家都要深入（Siikamaki et al.，2015；Hyde and Yin，2019）。通过集体林权制度改革中国确定了农民作为林地承包经营权人的主体地位（Yin and Newman，1997；Yin et al.，2013；Yi et al.，2014），并在明晰产权、放活经营权等方面取得了成功效果（Xie et al.，2014；Siikamaki et al.，2015；Xu and Hedy，2019）。然而，根据平均主义原则进行的林地分配，造成了家庭生产能力与林地面积之间的不匹配（Xu et al.，2013；Xie et al.，2016；Liu et al.，2017；Zhu et al.，2019）。在针对中国集体林权改革的相关研究中，学者们多认为农户参与林地流转市场对提高林业生产效率具有积极意义（Xu et al.，2013；Zhang et al.，2017；Lu et al.，2018；徐秀英等，2018；Hyde，2019）。

农户的林地流转决策是较为理性的，会根据流转后的成本收益决定是否流转（洪炜杰和胡新艳，2019；申云等，2012）。关于户主年龄对林地流转的影响，相关学者多认为年龄越大越不愿意流入林地（Zhu et al.，2019）或者转出林地获得资金（张蕾等，2013）。但有学者认为户主年龄与外出经商或务工能力呈负相关，因此年龄越大的农户越依赖林业生产越不可能流出林地（Binkley，1981；冉陆荣等，2011）。也有学者认为年龄越大越厌恶风险，更不倾向于流转林地（王成军等，2010）。受教育水平在流入模型中研究结果较为趋同，多数学者们认为教育水平越高其流入林地的可能性越高（谢屹等，2009；严峻等，2013）。而对于劳动力数量，学者们认为林地是农村劳动力的就业场所（Jin and Deininger，2009；许凯等，2015；Awasthi and Kant，2014），劳动力越多越有可能流入林地（李朝柱等，2011；徐秀英等，2012；张蕾等，2013；林丽梅等，2016）。而对于劳动力数量不足的农户家庭来说，其从事大规模化经营林业较为困难，因此不参与流转或流出的可能性较大（Hyberg and Holthausen，1989；孔凡斌等，2011；刘延安等，2013）。

文献中用于反映农户林地资源禀赋特征的变量主要有林地面积和林地细碎化程度。林地面积较多的农户也更容易通过林地流转实现规模经营，林地面积少的家庭劳动力则有可能外出务工转出林地（徐秀英等，2012；李博等，2012；Hatcher et al.，2013；Che，2016；王团真等，2016）。拥有林地规模更大的农户，其在生产中投入人力、物力和财力也会更高，成本的增加降低了农户流入林地的可能性（司亚伟等，2016）。林地细碎化影响林地流转的观点较为趋同，学者们多认为林地细碎化越严重农户越倾向于流出林地而不流入林地（许凯等，2015；江晓敏等，2017；徐畅，2018）。

此外，还有学者认为农户家庭社会资本、关系网络等非正式制度可为林地流转提供较为有用的供求信息（Siikamaki et al.，2015；徐畅和徐秀英，2017；Zhang et al.，2017；徐秀英等，2018；Xu et al.，2021），从而有利于林地流转的发生。

2. 森林生态补偿政策对农户林地投入行为的影响研究

农户的林业收入直接取决于农户对林地的投入，因此森林生态补偿政策对农户林地投入行为的影响也是研究的重点内容。农户对林地的投入一般包括劳动力投入和资金投入（廖文梅等，2018），其中，劳动力要素投入一般包括家庭自用工数和雇工数（刘振滨等，2014；韦浩华和高岚，2016；杨仙艳等，2017）。资金投入包括种苗费、农药化肥使用费、林地租金、机械使用费、林木防火和其他经营管理费用等（廖文梅等，2014；柯水发等，2015；李寒滇等，2018）。在相关研究中，Zhang 等（2018）使用 2013 年安徽省 250 户的农户调查数据，分析了退耕还林工程和公益林政策下农地抛荒的时空趋势，使用 Logistic 回归模型检验表明公益林补偿的增加提高了农地抛荒的可能性，而且由于野生动植物的增加，越靠近公益林地的农地抛荒的可能性越大。支玲等（2019）探讨了林下经济发展政府行动与天保区农户响应，调查发现愿意发展林下经济的农户占到 43.3%。薛彩霞等（2013）研究了退耕还林农户经营林下经济产品的技术效率，研究发现农户经营林下经济可分为不同技术种别的主要原因是由于要素投入产出弹性的不同。

除了探讨森林生态补偿政策对农户林地投入的影响之外，国内外学者对中国农户林地投入行为影响因素这一问题展开了一系列研究。在已有研究中，林地投入的影响因素可以概括为农户家庭特征、林地资源禀赋特征和产权制度因素等。在农户家庭特征因素中，学者们关注的主要变量有年龄、教育和劳动力。研究表明，年龄较大的农户对林业生产的依赖性较强，因此他们经营林业的积极性也相对较高（Zhang and Owiedu，2007；曹畅等，2019；谢芳婷等，2019）。关于劳动力转移对林地投入影响的相关研究正在兴起（廖文梅等，2018；朱臻等，2019），就目前已有文献来看劳动力转移对林地投入的影响并不明确，部分研究发现劳动力转移程度对农户林地投入存在显著的负向影响（廖文梅等，2015；黄培锋等，2017；韩雅清等，2018），但考虑到劳动力转移获得的工资性收入又可降低其面临的资本约束（盖庆恩等，2014），张寒等（2017）使用倾向得分匹配法分析了中国 9 省份、1 772 个农户、跨度 10 年的连续监测数据分析得出劳动力转移提高了林地投入。

在林地资源禀赋特征中，学者们关注的主要变量有林地面积、林地地块数、林地质量等。土地的利用方式和使用强度会受到土地规模的影响，理论上讲，农户家庭土地规模变动对其土地投入的作用隶属于规模经济的研究范式（张寒，2017）。土地规模较小容易导致规模经济损失，加剧农民投资积极性下降（Hatcher et al.，2013）。有学者认为，适度规模经营是缓解由要素不可分带来的长期成本下降和生产绩效不高等问题的关键。适度规模经营可实现农户要素禀赋的优化配置，从而提高其对农业投入的积极性并降低其长期成本（胡初枝等，2007）。也有学者通过实证研究持有与之相反的观点，他们认为农业生产似乎并不存在规模经济，但规模较小的农户也未必效率低下（夏永祥，2002；李谷成等，2009；许庆和陆钰凤，2018）。在林地面积对林地投入作用的研究中，一个普遍的观点是，营林面积越大，农户对林地投入的积极性越高（Zhang and Flick，2001；Arano et al.，2006；曹畅等，2019；朱文清和张莉琴，2019；谢芳婷等，2019）。但是，也有部分文献得出农户林地面积的提高导致其营林积极性下降（Zhang et al.，2007；Joshi et al.，2009）。他们认为当农户的林地面积超过其最优的规模界限时，农户将无力承担与之对应的要素成本。在总结林地面积对林地投入的影响时，Amacher 等（2003）强调鉴于林业经营的特性，在判断二者的关系时需关注研究者使用的样本范围和具体方法，这多会带来异质性的检验结果。比如，在最近的文献中有研究发现，用材林面积的扩大不会提高林地投入，而经济林面积的扩大会显著提高农户林地投入的积极性（张寒等，2017）。另外，吉登艳等（2015）基于 2011 年和 2013 年两期调查数据，使用 Double - Hurdle 模型检验结果表明，地块面积对劳动力投入有负向影响，但对资本投入有正向影响。

林地地块数越多则表明林地细碎化越严重，这通常会降低对林地进行密集管理的动机和可能性（Haines et al.，2011；Hatcher et al.，2013；Xie et al.，2014；曹兰芳等，2015），多数学者认为地块数对林地投入有正向影响（夏春萍和韩来兴，2012；黄培锋等，2017；曹畅等，2019；谢芳婷等，2019）。林地的生产条件确定了林业生产支出的数量（Byiringiro and Reardon，1996；Assuncao and Braido，2007；Zhu et al.，2019），关于林地质量对林地投入的影响部分学者研究发现没有影响（于艳丽等，2017；杨铭等，2017），也有学者发现林地质量对资本投入有正向影响（吉登艳等，2015；曹畅等，2019），对劳动投入有负向影响（吉登艳等，2015）。也有学者研究了林地坡度对林地投入的影响，吉登艳等（2015）研究发现林地越陡峭，则投入越少；分林种来看，杨铭等（2017）研究发现经济林地坡度越低投入越少，用材林地坡度越低投入越大。

长期以来，学者们认为明确和安全的产权制度对经济发展至关重要（Demsetz，1974）。明晰的产权有利于减少交易成本（Brasselle et al.，2002；Robison et al.，2002），能够激发农户土地投资的积极性，提高土地价值，强化土地的"财产禀赋效应"（Godoy，1992；Besley，1993；Arnot et al.，2011；Beekman et al.，2012）。已有经验研究表明稳定的林地产权可以促进农户的营林投入，而不稳定的产权则会带来林地投资水平下降（Damnyag et al.，2012；Ping and Xu，2013；于艳丽等，2017；黄培锋等，2017；Liu et al.，2017；于艳丽等，2018；朱文清和张莉琴，2019）。目前已有大量的研究表明林改后，农户林地投入增加（张海鹏和徐晋涛，2009；Yi et al.，2014；张红等，2016；Liu et al.，2017）。另外，森林采伐限额作为集体林权改革的配套措施将提高农户营林投资的不确定性，使农户难以按最佳的轮伐期进行营林生产，降低农户造林投资的效益影响其林地投入积极性（夏春萍和韩来兴，2012；何文剑等，2016；朱文清和张莉琴，2019；谢芳婷等，2019）。

（五）简要评述

学者们已对森林生态补偿政策做了大量研究，尽管多数学者认为森林生态补偿政策有助于改善农户现金流量给农户带来正的经济效益，但同时他们也强调不同政策对不同生态效益供给者带来的异质性影响。而且从已有研究来看，较少见到采用经济学因果分析的范式使用政策效应评估的方法对森林生态补偿政策影响进行研究，关于公益林政策对农户生产要素结构调整影响的研究更是少见。因此，已有森林生态补偿政策的相关研究结论需要谨慎地推广到公益林政策上。从森林生态补偿政策对农户经济效益影响的已有文献来看，已有研究仍有多方面的缺陷可以完善：

综上所述，现有文献存在以下局限：

第一，现有文献对林业分类经营后农户所获得的经济效益研究有限，很少探究公益林政策对农户收入的影响，更没有揭示公益林政策对农户收入影响的作用路径和机理。

第二，忽略了农户各项经济决策间的关联性。农户模型理论认为，农户各种经济决策之间关联性紧密且复杂，其生产、消费以及劳动力供给等都是互相制约的。比如，在诸多关于农户生产要素配置决策的研究中，学者们发现劳动力转移与土地流转存在因果关系，这意味着退耕还林的政策冲击可能会通过多种路径来影响农户收入。忽略了经济决策间的关联性，一方面会影响实证结果的可靠性，另一方面也无法详细地刻画政策冲击带来的经济效果。

第三，选择性偏误仍未得到较好解决。尽管部分研究采用随机实验的思路进行研究，但不可忽略且至关重要的是参与退耕还林是农户的主观决策，即使使用 PSM 或 DID 的方法，仍然无法控制随时间变化的不可观测因素所带来的选择偏误问题。若不能解决选择偏误的问题，估计结果将是有偏的。

第四，参与农户间的异质性问题。农户在退耕后，其"还林"决策存在异质性。农户可以在退耕地上选择种植经济林、用材林或草地等，这必然会影响到农户所获得经济收益。另外，不同的林种间经营方式必然存在差异，由于农户家庭资源禀赋的异质性，即使是同一林种，也将会影响退耕还林后的经济收益。忽略农户异质性问题将不足以对政策实施效果有全局的认识和把控，也不利于有关配套政策的制定和精准实施。

第五，当前较少见到关于公益林政策配套机制优化的研究，尤其是缺乏使用选择实验法对不同配套政策优化情景下潜在效果的考察，这不利于科学制定配套政策优化措施。

已有文献对本研究的开展有诸多启示。在分析框架上，关于公益林政策对农户收入的影响研究可参考农户模型理论和新劳动迁移经济理论构建理论框架，考虑农户经济决策之间的关联性，探讨生态补偿政策对农户经济行为影响的因果机制。在计量方法上，本研究将采用自然实验法的思路控制不可观察的混杂因素，解决可能存在的选择性偏误，并探讨农户间异质性的影响，以保证评估结果的准确性。这对有针对性地改进公益林政策和科学地制定相关配套措施具有重要学术价值和实践意义。

第三章 分析框架、模型设定与实证方法

本章将系统介绍本研究的分析框架和研究方案。本章共分成三个部分：首先根据已有理论和现有文献构建本研究的分析框架，并进行理论分析给出研究假说。然后，给出为检验研究假说而设定的经验模型。最后，介绍估计经验模型所使用到的计量方法、数据收集过程以及相关变量的描述及变量相关性检验。

一、分析框架

（一）公益林政策对农户收入影响的理论框架

对南方集体林区来说，林业生产是农户重要的生计来源，集体林权制度改革后，农户对商品林经营有较大的经营自主权。在林业分类经营后，农户的森林资源可分成商品林和公益林，公益林包括特种用途林和防护林；商品林包括经济林、用材林和薪炭林。而农户林地被划为公益林后被严格限制商业性采伐，同时政府会为农户提供一定的损失性补贴。

在林业用地上，公益林与商品林存在竞争效应。农户公益林面积的增加必然会带来商品林地面积的减少，这将压缩集体林区农户的营林生产空间带来挤出效应，挤出原本附着在这部分林地上的生产要素；另外，补偿的增加也会带来投资效应，农户补偿收入增加会减少农户资金的流动性约束。这种商品林面积减少和补偿收入增加的政策冲击会促使农户调整其微观经济行为，简单来讲，在农户生产要素配置方面主要包括以下三种调整行为（图 3 - 1）：

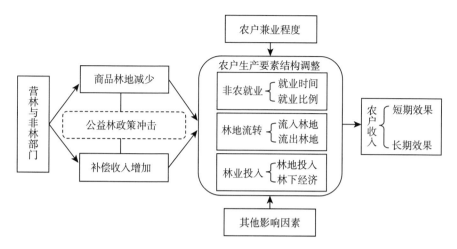

图 3-1 公益林政策的要素配置效应与收入效应逻辑分析框架图

一是调整劳动力就业结构。由于农户林地总面积给定不变，当农户公益林面积越多时，商品林面积便会减少，单位面积的劳动投入相对增加，劳动力的边际收益会减少，剩余劳动力便会增加。农户将根据家庭内部劳动力的比较优势（如教育、经验等）向非农业部门转移劳动力，这体现在劳动力非农就业时间或非农就业人数比例的增加。

二是调整林地经营规模。一般来说，林地细碎化对农户的林业生产有负向影响（Haines et al.，2011；Hatcher et al.，2013；Xie et al.，2014；Zhu et al.，2018），当林地被划为公益林时，会增加农户林地细碎化程度。如果农户继续从事林业生产的报酬降低，农户可能放弃林业生产，选择转出林地获得林地租金。然而，由于公益林补偿带来了额外的收入，农户也可以利用这部分资金转入林地扩大林地经营规模，增加林业生产收入。

三是调整对林业生产的投入。当农户商品林地面积减少后，为维持原有效用，农户可能会增加对林地的化肥、农药等投入实行集约经营或者发展林下经济。而生产支出的预算限制是决定生产性投入使用的关键因素（Cubbage et al.，2003），公益林补偿的增加会缓解农户的流动性约束，这也会对农户林业生产投入产生影响。

然而，以上三种结构性的调整会受到农户兼业化程度的影响。对于非林户而言，由于林业收入几乎对家庭收入没有影响，林地被划归公益林几乎不会对家庭生产要素配置和家庭收入有影响，其挤出效应和投资效应都会较小。对于兼业户来说，由于只有部分劳动力从事林业生产，林业收入仅占家庭收入的一部分，公益林政策的挤出效应通常会大于投资效应，农户的劳动力转移、林地流转和林业生产都会受到影响。而对于纯林户来说，林业收入是家庭收入的重要来源，挤出效应和投资效应的大小将取决于被划归公益林地比例的大小，林地被划归公益林后受到的影响也会大于非林户和兼业户。因此，农户兼业程度的不同会调节公益林政策对农户生产要素配置的影响，产生不同的政策效应。

综上所述，在农户生产要素配置调整后，农户的收入结构也会产生变化并对农户短期和长期增收效果产生影响，这也会受到农户兼业化程度的调节。基于此，提出本研究总的研究假说1：

假说1：公益林政策通过影响要素配置进而对农户收入产生影响。

（二）公益林政策对农户结构调整行为的理论分析与假说

在南方集体林区，公益林与商品林有着本质的差别。公益林以发挥生态效益为主，政府禁止对公益林的一切商业性采伐，只准进行抚育性采伐，并提供一定损失性补贴，而农户对商品林有较大的自主经营权力。因此，对于农户而言，农户的林业生产主要是针对商品林进行。由于样本地区"九山半水半分田"的地理特征，农业生产相对较少，其生产行为多围绕林地展开。为了便于讨论，本研究简化了农户决策行为，假设农户只进行林业生产和非农就业。本研究使用 K 表示农户家庭拥有的商品林，L 表示农户家庭林业劳动力投入，代表性农户家庭林业生产函数为：

$$Q = f(K, L) \qquad (3-1)$$

林业生产过程中所消耗的总成本为：

$$C = rK + wL \qquad (3-2)$$

式（3-2）中 r 表示单位林业经营中产生的投入成本，比如，购买种苗、化肥、农药和机械作业等。w 表示单位劳动力成本，即如果劳动力从事非农产业所能获得的工资。那么农户模型对应的利润函数可以写为：

$$\pi = PQ - rK - wL \qquad (3-3)$$

其中，π 为利润，P 为林业产品价格，Q 为林产品产量。为了保证利润最大化有解，假设生产函数满足式（3-4）和式（3-5）两个条件，即生产函数为严格凹的：

$$f_{KK} < 0, \, f_{LL} < 0 \tag{3-4}$$

和

$$\begin{vmatrix} f_{KK} & f_{KL} \\ f_{LK} & f_{LL} \end{vmatrix} = f_{KK}f_{LL} - f_{LK}f_{KL} > 0 \tag{3-5}$$

由于利润函数对劳动力和林地投入的一阶偏导等于 0 时即可实现利润最大化。求导可得式（3-6）和式（3-7）：

$$\frac{\partial \pi}{\partial K} = Pf'_K - r \tag{3-6}$$

$$\frac{\partial \pi}{\partial L} = Pf'_L - w \tag{3-7}$$

使式（3-6）和式（3-7）等于 0，化简可得：

$$Pf'_K = r \tag{3-8}$$

$$Pf'_L = w \tag{3-9}$$

f'_K 和 f'_L 分别为 K、L 的函数，因此对上两式求全微分，可得：

$$Pf''_{KK}dK + Pf''_{KL}dL + f'_K dP - dr = 0 \tag{3-10}$$

$$Pf''_{LK}dK + Pf''_{LL}dL + f'_L dP - dw = 0 \tag{3-11}$$

移项可得到：

$$Pf''_{KK}dK + Pf''_{KL}dL = -f'_K dP + dr \tag{3-12}$$

$$Pf''_{LK}dK + Pf''_{LL}dL = -f'_L dP + dw \tag{3-13}$$

将式（3-12）和式（3-13）写成线性方程组：

$$\begin{bmatrix} Pf''_{KK} & Pf''_{KL} \\ Pf''_{LK} & Pf''_{LL} \end{bmatrix} \begin{bmatrix} dK \\ dL \end{bmatrix} = \begin{bmatrix} -f'_K dP + dr \\ -f'_L dP + dw \end{bmatrix} \tag{3-14}$$

为了求解方程组，要求行列式：

$$|D| = f_{KK}f_{LL} - f_{KL}f_{LK} \neq 0 \tag{3-15}$$

应用克莱姆法则求解 dK 可得：

$$dK = \frac{\begin{vmatrix} -f'_K dP + dr & Pf''_{KL} \\ -f'_L dP + dw & Pf''_{LL} \end{vmatrix}}{|D|}$$

$$= \frac{-\left[(-f'_K \mathrm{d}P + \mathrm{d}r)Pf''_{LL} - (-f'_L \mathrm{d}P + \mathrm{d}w)Pf''_{KL}\right]}{|D|} \quad (3-16)$$

根据式（3-4）可知 $D>0$，化简可得：

$$\mathrm{d}K = \frac{1}{PD}\left[f''_{LL}\mathrm{d}r - f''_{KL}\mathrm{d}w + (f''_{KL}f'_L - f''_{LL}f'_K)\mathrm{d}P\right] \quad (3-17)$$

同样的，应用克莱姆法则求解 $\mathrm{d}L$ 并化简可得：

$$\mathrm{d}L = \frac{\begin{vmatrix} Pf''_{KK} & -f'_K\mathrm{d}P + \mathrm{d}r \\ Pf''_{LK} & -f'_L\mathrm{d}P + \mathrm{d}w \end{vmatrix}}{|D|}$$

$$= \frac{1}{PD}\left[f''_{KK}\mathrm{d}w - f''_{LK}\mathrm{d}r + (f''_{LK}f'_K - f''_{KK}f'_L)\mathrm{d}P\right] \quad (3-18)$$

假定农户林地被划为公益林是由政府随机决定的，且农户将公益林补偿金额用于林业生产。观察 r 对农户劳动力 L 的影响，令 $\mathrm{d}w = \mathrm{d}P = 0$，式（3-18）可写为：

$$\frac{\mathrm{d}L}{\mathrm{d}r} = -\frac{1}{PD}(f''_{LK}) \quad (3-19)$$

由于 P、D 均大于 0，可以看出式（3-19）的值取决于 f''_{LK}。如果 $f''_{LK} > 0$，则式（3-19）小于 0，说明 r 增加会导致林业劳动力投入的减少。如果 $f''_{LK} < 0$，则式（3-19）大于 0，说明 r 增加会导致林业劳动力投入的增加。如果 $f''_{LK} = 0$，则式（3-19）为 0，说明 r 增加与林业劳动力投入无关。

f''_{LK} 是衡量商品林面积变化 K 对劳动力 L 边际产品的影响，即测度了 K 和 L 两种要素之间的关系。$f''_{LK} > 0$ 意味着林地面积的增加则劳动力的边际产出提高，而 $f''_{LK} < 0$ 则意味着林地面积的增加则劳动力的边际产出降低。显然在林业生产上，$f''_{LK} > 0$ 更加符合现实情况，即当劳动力一定时，增加商品林面积将导致劳动力的边际产出增加（Zhu et al.，2019；Cheng et al.，2019）。由此可知，式（3-19）小于 0，即 r 增加会导致林业劳动力减少。由于商品林面积下降，这会使得劳动力的边际产出下降，林业劳动力的边际收益便会减少，此时农户家庭林业劳动力便会向非农业部门转移。

为了观察工资变化对农户家庭林业生产的劳动力投入的影响，令 $\mathrm{d}r = \mathrm{d}P = 0$，则得出式（3-20）。由于 $f''_{KK} < 0$，可知式（3-20）小于 0。即农户家庭林业生产的劳动力投入 L 与劳动力从事非农产业所能获得的工资 w

负相关，即农户从事非农就业所能获得报酬越高，农户投入林业生产的劳动力则会越少，转移的劳动力会越多。

$$\frac{\mathrm{d}L}{\mathrm{d}w} = \frac{1}{PD}(f''_{KK}) \qquad (3-20)$$

然而，能否获得更高的非农工资与农户本身特征有关。学者们研究发现，在工资回报中存在"干中学"和"经验增薪"的效应，即由于工作经验的提高以及非农就业过程中能获得更多的非农就业信息，农户非农就业经验有助于提高农户非农工资（程名望和潘烜，2012；Kelly，2013；蔡昉，2017）。对于长期以林业生产为主的纯林户而言，工作经验难以带来非农工资增长，而且由于较少参与非农就业，获得的非农就业信息也会相对有限，较难获得拥有较高非农工资的就业机会。而对于兼业程度比较高的农户他们更具有非农就业的比较优势，当公益林政策实施导致林地细碎化进而降低林业生产的收益时，他们可能会增加非农就业以应对政策冲击。基于上述论证，提出本研究的假说2：

假说2：公益林政策对兼业户和非林户的非农就业行为有正向影响。

根据式（3-6），K 对家庭利润的影响取决于 Pf'_K 和 r 的大小，即取决于商品林边际收益与投入成本的大小。公益林政策的外生冲击会强制性地减少农户商品林面积。由于农户商品林面积的减少，农户的林业生产的收益也会随之发生改变。如果继续经营的林地边际收益小于林地流转租金，农户可能流出林地以获取租金。农户对商品林的流转决策还取决于农户兼业情况。观察 w 对农户商品林面积 K 的影响，令 $\mathrm{d}r = \mathrm{d}P = 0$，可得出式（3-21）。

$$\frac{\mathrm{d}K}{\mathrm{d}w} = -\frac{1}{PD}(f''_{KL}) \qquad (3-21)$$

与式（3-19）类似，式（3-21）同样小于0，这说明非农就业工资的上升会导致商品林经营面积的减少。前文分析认为不同兼业程度的农户获得工资的水平不同，因此不同兼业程度农户流转林地的情况也存在差异。对于对林业生产依赖较大的农户而言他们可能流出经营收益较差的林地，调整林地规模以提高收入；对于兼业经营的兼业户和非林户，他们由于能获得更高非农工资的就业机会，更可能会流出林地。为此，提出本研究的假说3：

假说3：公益林政策对农户流出林地有正向影响。

此外，农户生产要素结构调整除了非农就业和流转林地以外，还可以具体地表现为对林地自用工、资金的投入或者发展林下经济自用工、资金的投入。

一般来讲，农户对森林抚育行为的增加，比如抚育采伐，补种，人工促更新，除灌、草等辅助作业，都会在一定程度上改善林地生产力和林木生长量提高林地产出（孔凡斌和廖文梅，2011）。但可供经营的商品林地面积减少，较小的商品林地投资收益较小，这会降低农户营林积极性（廖文梅等，2018；李寒滇等，2018）。而纯林户对林业生产的依赖较高，劳动力非农就业的流动性又弱于兼业户和非林户，他们会保持林地投入水平；对于兼业户和非林户，他们对林业生产的依赖有限，公益林政策对林业生产的负面冲击会加剧他们的离林趋势，降低其对林业生产的投入。基于此，本研究提出假说4：

假说4：公益林政策对兼业户和非林户林地投入行为有负向影响。

相较于农户受公益林政策冲击后的其他生计调整策略，发展林下经济对农户的要求较为苛刻。发展林下经济需要特定的林地条件，比如林地的坡度、林木的郁闭度等，这制约了农户林下经济发展模式的选择。而且发展林下经济也对农户有一定的技术要求，在发展林下经济初期也需要大量的劳动力投入。兼业户和非林户往往不具备上述条件，他们更可能会转向非农就业，公益林政策对其发展林下经济没有显著影响。而对于纯林户，在非农就业受限和可经营的林地面积减少时，发展林下经济是解决公益林政策所挤出原本林业生产要素的重要出口，因此纯林户会增加对发展林下经济的投入。基于此，本研究提出假说5：

假说5：公益林政策对纯林户发展林下经济有正向影响。

公益林政策影响农户要素结构配置后，会随之作用于农户收入。由于该政策对促进纯林户非农就业的作用不大，而且会相对恶化纯林户的林业生产条件，尽管纯林户可以通过发展林下经济来应对政策冲击，但是已有文献关于发展林下经济对农户收入增长作用尚无定论（薛彩霞和姚顺波，2018；徐玮和包庆丰，2017；张超群等，2017；曹玉昆等，2014；方威等，2020）。因此，总的来讲如果不考虑公益林补偿收入，纯林户的收入会下降。

公益林政策会提高兼业户的非农就业而降低其林业生产行为，但是通常来讲，兼业户通过转向非农就业所获得的收入，一般会高于放弃林业生产的损失（徐秀英等，2020；张耀启和沈月琴，2020）。因此，无论考虑公益林补偿收入与否，兼业户的收入都会增加。然而对非林户来说，尽管公益林政策会提高非林户的非农就业，也会对其林业生产带来负面冲击。但是非林户主要的收入来源不来自林业生产，林业相关政策的冲击对其作用也相对有限。因此，公益林政策对非林户收入影响作用不显著。基于此，提出研究假说6：

假说6：公益林政策对纯林户长期收入有负向影响，对兼业户收入有正向影响。

综上所述，鉴于公益林政策对不同兼业程度农户收入影响的异质性，目前公益林政策对整体农户收入可能没有显著影响。

二、模型设定

为验证本研究的假说1，即公益林政策通过影响要素配置进而对农户收入产生影响，本研究使用中介效应检验的思路设计了实证章节。

首先，在第五章检验公益林政策对农户收入影响的总效应和直接效应，具体对应了假说6。

然后，分析公益林政策对中介变量（农户各种要素调整策略）的影响并检验间接效应是否显著，具体在第六章、第七章、第八章和第九章中展开，分别对应了假说2、假说3、假说4和假说5。

最后，中介效应检验完成。由于本研究对农户异质性进行了分析，若假说2至假说6均得到验证，本研究即可得出各类农户假说1被验证的具体情形。

接下来，本节给出了本研究实证章节中用于检验各研究假说以及分析农户对支持政策响应的具体经验模型。

（一）公益林政策对农户收入影响的模型设定

在第五章，为验证假说6，检验公益林政策对农户收入影响的总效应和直接效应，本研究首先以包含公益林补偿收入的农户家庭总收入为被解释变量，分析公益林政策对农户短期收入（Inc_S）的影响：

$$Inc_S = \beta_1 D \times T + \beta_2 D + \beta_3 T + \gamma X + \varepsilon \qquad (3-22)$$

式（3-22）中，D 是政策虚拟变量（$D=1$ 表示样本农户有公益林，而 $D=0$ 表示样本农户没有公益林），T 是时间虚拟变量（公益林政策实施之前，T_t 取 1；否则为 0）。交叉项 $D \times T$ 的系数 β_1 即为双重差分估计量。β_2 为实验组与控制组间的本质差异，β_3 为实验组、控制组的时间趋势。X 是用于控制其他可能影响农户收入的一组控制变量，根据前文文献综述，本研究将从农户家庭特征和林地家庭特征两个方面选取。其中，农户家庭特征包括年龄、教育、党员和劳动力数量，农户家庭林地特征变量包括林地面积、地块数、用材林面积占比、经济林面积占比、竹林面积占比、林地平均质量、林地离家距离和林地平均坡度。γ 是一组待估参数。ε 是随机项。

在没有公益林补偿的情况下，农户能否获得与划归公益林前相比更高的收入是衡量长期增收效果的关键。本研究使用不包含公益林补偿收入的农户家庭总收入来衡量农户的长期收入（Inc_L），并作为被解释变量，分析公益林政策对农户长期收入的作用：

$$Inc_L = \beta_1 D \times T + \beta_2 D + \beta_3 T + \gamma X + \varepsilon \qquad (3-23)$$

为了分析农户要素结构调整对其短期收入（Inc_S）的影响，得出公益林政策的直接效应，在式（3-22）的基础上，加入一组农户生计调整变量 L。L 包括衡量农户劳动力转移、林地流转、林地投入和林下经济的变量。λ 为各 L 的一组待估参数，得出式（3-24）：

$$Inc_S = \beta_1 D \times T + \beta_2 D + \beta_3 T + \lambda L + \gamma X + \varepsilon \qquad (3-24)$$

与式（3-24）类似，为了分析农户要素结构调整对其长期收入（Inc_L）的影响，在式（3-23）的基础上，加入一组农户生计调整变量 L，得出式（3-25）：

$$Inc_L = \beta_1 D \times T + \beta_2 D + \beta_3 T + \lambda L + \gamma X + \varepsilon \qquad (3-25)$$

此外，在第五章本研究还探究了公益林政策对农户收入结构的冲击，主要关注公益林政策对农户林业收入和非农收入的影响。使用农户家庭林业收入（Inc_F）作为被解释变量，得出式（3-26）：

$$Inc_F = \beta_1 D \times T + \beta_2 D + \beta_3 T + \gamma X + \varepsilon \qquad (3-26)$$

为了分析公益林政策对农户非农收入的影响，本研究使用农户家庭非农收入（Inc_W）作为被解释变量，得出式（3-27）：

$$Inc_W = \beta_1 D \times T + \beta_2 D + \beta_3 T + \gamma X + \varepsilon \qquad (3-27)$$

为了分析要素结构调整对农户家庭林业收入（Inc_F）的影响，得出公益林政策对农户收入结构影响的直接效应，在式（3-26）的基础上，加入一组农户生计调整变量 L，得出式（3-28）：

$$Inc_F = \beta_1 D \times T + \beta_2 D + \beta_3 T + \lambda L + \gamma X + \varepsilon \qquad (3-28)$$

同样的，为了分析要素结构调整对农户家庭非农收入（Inc_W）的影响，加入一组农户生计调整变量 L 后，得出：

$$Inc_W = \beta_1 D \times T + \beta_2 D + \beta_3 T + \lambda L + \gamma X + \varepsilon \qquad (3-29)$$

需要指出的是，对于本节的各经验方程，除了使用全样本农户进行估计外，还将根据农户兼业类型进行分组回归。

（二）公益林政策对农户要素结构调整的模型设定

在评估公益林政策对农户家庭收入及收入结构影响的基础上，进一步检验公益林政策对农户要素结构调整的影响。根据理论分析，农户的要素结构调整具体体现在非农户就业、林地流转、林地投入和发展林下经济投入四个方面。

本研究将农户非农就业分为非农就业时间和非农就业人数两个方面。为了检验假说2，首先分析政策对农户非农就业时间（Nae_{pop}）的影响，给出式（3-30）：

$$Nae_{pop} = \beta_1 D \times T + \beta_2 D + \beta_3 T + \gamma X + \varepsilon \qquad (3-30)$$

式（3-30）中，各解释变量与式（3-22）相同。使用农户非农就业人数（Nae_{mom}）作为被解释变量，得出式（3-31）：

$$Nae_{mom} = \beta_1 D \times T + \beta_2 D + \beta_3 T + \gamma X + \varepsilon \qquad (3-31)$$

由于林地流转包括林地流入和林地流出两个方面，因此本研究使用两个回归方程表达。为分析政策对农户林地流入（Ftr_{in}）的影响检验假说3，首先给出式（3-32）：

$$Ftr_{in} = \beta_1 D \times T + \beta_2 D + \beta_3 T + \gamma X + \varepsilon \qquad (3-32)$$

分析公益林政策对农户林地流出（Ftr_{out}）的影响，给出式（3-33）：

$$Ftr_{out} = \beta_1 D \times T + \beta_2 D + \beta_3 T + \gamma X + \varepsilon \qquad (3-33)$$

鉴于农户林地投入可分为林地自用工投入和林地资金投入两个方面，本研究使用两个回归方程进行分析。为分析政策对农户林地自用工投入

（Fpr_{lab}）的影响检验假说 4，给出式（3 - 34）：

$$Fpr_{lab} = \beta_1 D \times T + \beta_2 D + \beta_3 T + \gamma X + \varepsilon \qquad (3 - 34)$$

为分析公益林政策对农户林地资金投入（Fpr_{cas}）的影响，给出式（3 - 35）：

$$Fpr_{cas} = \beta_1 D \times T + \beta_2 D + \beta_3 T + \gamma X + \varepsilon \qquad (3 - 35)$$

与农户林地投入类似，本研究将农户发展林下经济投入分为林下自用工投入和林下资金投入两个方面。为检验假说 5，首先分析政策对农户林下自用工投入（Fec_{lab}）的影响，给出式（3 - 36）：

$$Fec_{lab} = \beta_1 D \times T + \beta_2 D + \beta_3 T + \gamma X + \varepsilon \qquad (3 - 36)$$

为分析公益林政策对农户林地资金投入（Fec_{cas}）的影响，给出式（3 - 37）：

$$Fec_{cas} = \beta_1 D \times T + \beta_2 D + \beta_3 T + \gamma X + \varepsilon \qquad (3 - 37)$$

需要说明的是，对于本节的各经验方程，除了使用全样本农户进行估计外，也将根据农户兼业类型进行分组回归。

（三）农户对公益林林下经济支持响应的模型设定

在分析林下经济支持政策对农户发展林下经济意愿的影响，本研究将农户林下经济的发展意愿（W_{tot}）作为被解释变量，P 代表是否有支持政策，S 代表农户的兼业类型，α 和 δ 为待估参数，其他解释变量与式（3 - 22）相同。给出式（3 - 38）：

$$W_{tot} = \alpha P + \delta S + \gamma X + \varepsilon \qquad (3 - 38)$$

为分析林下经济支持政策对公益林户发展林下经济意愿的影响，只使用公益林户作为样本进行估计，得出式（3 - 39）：

$$W_{eco} = \alpha P + \delta S + \gamma X + \varepsilon \qquad (3 - 39)$$

三、实证分析方法

本研究在进行实证检验时主要涉及如下五种方法：自然实验、PSM - DID、双栏模型、广义中介分析、mLogit。基于自然实验思路收集的农户微观样本数据，首先使用 PSM 进行匹配再抽样，使样本数据尽可能地接近随机实验数据。然后通过构建双重差分项，使用 DID 的方法评估公益林政策的政策效应。而在分析存在两步决策的因变量时，使用双栏模型展开估计。

在检验公益林政策影响农户收入的作用路径时，使用广义中介分析。最后，为了分析不同支持政策下农户对不同林下经济发展模式的选择意愿，使用 mLogit 模型进行估计。

（一）自然实验

随机对照实验（Randomized Controlled Trial，RCT）能对单个或多个因素进行实验，被看作因果推断的黄金标准。但是在政策评估领域，进行 RCT 通常需要高昂的成本，因此多采用自然实验（Natural Experiment）的方法（易红梅，2019；杨少瑞，2018）。自然实验的一个主要突破是通过随机分配得到因果效应的无偏估计量（Imben and Wooldridge，2010）。

下面介绍本研究采用的自然实验方法进行因果效应估计的基本原理。首先，将农户是否参与公益林政策描述为一个二值随机变量 $D_i = \{0, 1\}$，使用 Y_i 表示实际观察到农户 i 的收入。农户 i 的收入 Y_i 为：

$$Y_i = \begin{cases} Y_{i1} & \text{if } D = 1 \\ Y_{i0} & \text{if } D = 0 \end{cases} = Y_{i0} + (Y_{i1} - Y_{i0})D_i \qquad (3-40)$$

式（3-40）中，Y_{i1} 表示参与公益林政策农户 i 的收入，Y_{i0} 表示未参与公益林政策农户 i 的收入。但就同一个农户来说，只能观察到 Y_{i1} 或 Y_{i0} 中的一个结果，因此通常不会直接计算 $Y_{i1} - Y_{i0}$，而是求出平均处理效应（Average Treatment Effect，ATE），即 $E(Y_{i1} - Y_{i0})$。

对于大样本，可对比有公益林农户与无公益林农户的平均结果（Intention To Treat Estimate，ITT），即 $E[Y_i | D_i = 1] - E[Y_i | D_i = 0]$，可表示为：

$$E[Y_i | D_i = 1] - E[Y_i | D_i = 0] = E[Y_{i1} | D_i = 1] -$$
$$E[Y_{i0} | D_i = 1] + E[Y_{i0} | D_i = 1] - E[Y_{i0} | D_i = 0] \qquad (3-41)$$

其中，$E[Y_{i1} | D_i = 1]$ 为实验组农户受到公益林政策冲击的期望结果，$E[Y_{i0} | D_i = 1]$ 为实验组农户但未受到公益林政策冲击的期望结果。因此，式（3-41）中平均因果效应（Average Treatment Effect on the Treated，ATT）可表示为 $E[Y_{i1} | D_i = 1] - E[Y_{i0} | D_i = 1] = E[Y_{i1} - Y_{i0} | D_i = 1]$。$E[Y_{i0} | D_i = 1] - E[Y_{i0} | D_i = 0]$ 是选择偏误，意味着实验组和控制组的农户若未受到公益林政策冲击时期望结果的差别。由于 $E[Y_{i0} | D_i = 1]$ 意味

着农户有公益林地，但是没有限制农户对公益林地的采伐也没给予其公益林补偿，这种情况在现实中不存在。

为解决该问题，可利用随机分配来消除随机偏误，通过将农户随机分配到实验组和控制组使是否参与公益林政策 D_i 与农户家庭特征不相关。在 D_i 与 Y_{i0} 相互独立时，则有 $\mathrm{E}[Y_{i0}|D_i=1]=\mathrm{E}[Y_{i0}|D_i=0]$，即随机偏误为 0，可得：

$$\mathrm{E}[Y_i|D_i=1]-\mathrm{E}[Y_i|D_i=0]=\mathrm{E}[Y_{i1}-Y_{i0}|D_i=1]$$

$$(3-42)$$

使农户潜在结果与其处理状态无关，也同其他农户处理状态无关，满足 SUTVA（Stable Unit Treatment Value Assumption）假定（Rubin，1978），表示为：

$$\mathrm{E}[Y_i|D_i=1]-\mathrm{E}[Y_i|D_i=0]=\mathrm{E}[Y_{i1}-Y_{i0}|D_i=1]$$
$$=\mathrm{E}[Y_{i1}-Y_{i0}] \qquad (3-43)$$

式（3-43）表示受政策冲击农户考虑因果效应等同于随机分配农户受政策冲击得出的因果效应。由此可以得出公益林政策冲击 ATE 的有效估计。

给出相应一元回归分析方程：

$$Y_i=\alpha+\beta D_i+\varepsilon_i \qquad (3-44)$$

式（3-44）中，α 为常数项，ε_i 为随机误差项，按照 D_i 取值的差别，可得：

$$\mathrm{E}[Y_i|D_i=1]=\alpha+\beta+\mathrm{E}[\varepsilon_i|D_i=1] \qquad (3-45)$$

$$\mathrm{E}[Y_i|D_i=1]=\alpha+\mathrm{E}[\varepsilon_i|D_i=1] \qquad (3-46)$$

两式相减可得：

$$\mathrm{E}[Y_i|D_i=1]-\mathrm{E}[\varepsilon_i|D_i=0]=\beta+\mathrm{E}[\varepsilon_i|D_i=1]-\mathrm{E}[\varepsilon_i|D_i=0]$$

$$(3-47)$$

选择性偏误是指 ε_i 和 D_i 相关，而随机分配则可消除偏误。即 $\beta=\mathrm{E}[Y_i|D_i=1]-\mathrm{E}[Y_i|D_i=0]$，而 Y_i 关于 D_i 回归的系数就是本研究所关心的因果效应。

通过上述分析，可以知道如果公益林政策是一项自然实验，农户将被随机地分到实验组和控制组，即可得出消除选择性偏误后的因果识别结果。

对于本研究，政府最初在划定公益林时部分地区实行了"一刀切"，缺少农户参与，农户的选择权极小，因此公益林政策可以看作是政府实施的自然实验。在评估公益林政策的政策效果时，可通过加入其他解释变量（如农户劳动力特征、林地特征等农户家庭特征）提高模型解释力。将式（3-44）改写：

$$Y_i = \alpha + \beta D_i + \gamma X + \varepsilon_i \qquad (3-48)$$

在式（3-48）中，X 为一组控制变量，γ 为变量 X 的待估参数，其他解释变量与式（3-44）相同。

需要指出的是，由于公益林划界时也遵循了"生态优先、集中连片"的原则，因此尽管农户没有选择权，但是农户的林地是否会被划归公益林还是会受到可观测的林地特征的影响。对于这一影响本研究将使用 PSM-DID 的方法解决，以期使对公益林政策效果的评估更等同于设计自然实验后获得分析结果。

同样的，为了分析农户对不同发展林下经济支持政策的响应，本研究将设计自然实验展开研究。首先设置不同的发展林下经济支持政策方案来代替上文中的公益林政策 D_i，所关心的 Y_i 是农户对发展林下经济的参与意愿。在具体实验操作时，从农户个体层面随机安排干预措施。由于将农户随机分配到控制组和实验组，可以在一定程度上克服样本选择的偏误以得出优化政策的平均处理效应。

（二）PSM-DID

考虑到公益林划界与农户林地特征相关联，如果农户林地特征是随机决定的，那么公益林政策仍可被视为自然实验。然而已有文献对农户在"三定"或林改获得林地时是否完全随机存在争论，有学者认为当时为了公平分配可能每个农户都有一定数量的"差地"。但是无论如何忽略这种非随机性可能会影响到估计结果。比如，农户的林地立地条件较差，被划入公益林后对农户的收入影响与被划入区位、质量较好的林地存在较大差别。另外，部分村干部可能与市、乡镇林业站联系紧密，在划界时存在"托关系"的可能，村民的政治身份、关系网络可能会影响到在"分山"、公益林划界上的区别。尽管目前尚未有文献表明这种差别的存在，但在相关研究中，学者们已经认识到在集体林区村民政治身份、关系网络对农户生产生活的重要影响（申云等，2012；徐秀英等，2018；徐畅等，2019）。尽管目前无法确定农户林地特征和家庭特征所带来随机偏误的大小，但是可以确定的是可观测的林地特征和家庭特征是导致随机偏误项不为0的来源。综上所述，农户的林地特征或家庭特征可能会影响到公益林政策的随机性，这可能会使得随机偏误项不为零。

对于由可观测变量所引起的非随机化带来的选择偏误问题，本研究将使用倾向得分匹配法（PSM）构造与实验组在可观测变量上无统计差异的控制组以消除偏误。使用DID可以控制住不随时间变化而变化的不可观测的农户林地特征或家庭特征，这样可以避免对不可观测变量的遗漏。而且基于随机化实验的数据将PSM和DID结合使用，还能满足选用DID模型需要满足平行趋势假定和随机分配假定。通过上述操作，本研究将在非完全随机化的实验中，使用最小二乘法估计公益林政策的实施对农户收入的影响，回归结果将是最佳线性无偏估计，这对提高公益林政策效用评估的准确性有重要意义。

为便于说理引入协变量 X_i，受公益林政策冲击的实验组与未受公益林政策冲击的控制组在结果变量上的差值如下：

$$E[Y_i | X_i, D_i = 1] - E[Y_i | X_i, D_i = 0]$$
$$= E[Y_{i1} | X_i, D_i = 1] - E[Y_{i0} | X_i, D_i = 1] +$$
$$E[Y_{i0} | X_i, D_i = 1] - E[Y_{i0} | X_i, D_i = 0] \tag{3-49}$$

对于非实验数据，实验组和非实验组有着本质差异使得选择偏误不为0，因此只对比实验组和控制组结果变量的差值 $E[Y_i | X_i, D_i = 1] - E[Y_i | X_i, D_i = 0]$ 不等于真实的政策冲击效果 $E[Y_{i1} | X_i, D_i = 1] - E[Y_{i0} | X_i, D_i = 1]$。若在给定 X_i 情况下，农户的收入变量（Y_{i1}，Y_{i0}）独立于处理分组变量 D_i，即：

$$Y_{i1}, Y_{i0} \perp D_i | X_i \tag{3-50}$$

由于完全随机化的存在，条件独立假设在自然实验中是满足的，那么式（3-50）中的选择偏误将被消除，进而 $E[Y_i | X_i, D_i = 1] - E[Y_i | X_i, D_i = 0]$ 就等于真实的公益林政策实施后的干预效果。Rosenbaum 和 Rubin（1983）提出了使用 PSM 控制协变量的方法。令 $p(X_i) = Pr[D_i = 1_i | X_i]$

表示被试农户 i 在 X_i 参与公益林政策的概率，若式（3-50）成立，则：

$$Y_{i1}, Y_{i0} \perp D_i | p(X_i) \qquad (3-51)$$

若控制组和实验组在 $p(X_i)$ 下有重叠部分，以 $p(X_i)$ 为前提亦可消除选择偏误，因此，$\mathrm{E}[Y_i | p(X_i), D_i = 1] - \mathrm{E}[Y_i | p(X_i), D_i = 0]$ 也能得到一致的估计量。通常而言，X_i 是多维变量，而 $p(X_i)$ 是个标量，所以计算 $\mathrm{E}[Y_i | p(X_i), D_i = 1]$ 更为容易（Dehejia and Wahba，1999；Angrist and Hahn，2004；杨少瑞，2018）。当 PSM 的前提假设无法满足时，Heckman 等（1997）给出了 PSM 的扩展形式（PSM-DID）。在使用 DID 进行估计时，实验组农户与控制组农户间的差异可能源自二者间的本质差异。这就需要保证在公益林政策实施前，实验组和控制组有相同的时间发展趋势，即满足平行趋势假设，实验组和控制组间的差异才能看作是由公益林政策冲击导致的。

DID 的回归方程如式（3-52）所示。其中，Y_{it} 代表农户收入，D_i 为虚拟变量（$D_i = 1$ 意味着农户有公益林；$D_i = 0$ 意味着农户没有公益林），T_t 为时间虚拟变量（$T_t = 1$ 代表公益林政策实施之后；$T_t = 0$ 代表公益林政策实施之前）。交叉项 $D_i \times T_t$ 的系数 β_1 即为双重差分估计量，当且仅当农户 i 在林地被划为公益林之后，交叉项才为 1。β_2 表示实验组与控制组间的本质差异，β_3 表示实验组与控制组间的时间趋势。α 是常数项，ε_{it} 是随机项。

$$Y_{it} = \beta_0 + \beta_1 D_i \times T_t + \beta_2 D_i + \beta_3 T_t + \varepsilon_{it} \qquad (3-52)$$

在政策发生后，实验组差异可以表述为：

$$\mathrm{E}[Y_{it} | D_i = 1] = \mathrm{E}[Y_{it} | D_i = 1, T_t = 1] - \mathrm{E}[Y_{it} | D_i = 1, T_t = 0]$$
$$= (\beta_0 + \beta_1 + \beta_2 + \beta_3 + \mathrm{E}[\varepsilon_{it} | D_i = 1, T_t = 1]) - (\beta_0 + \beta_2 +$$
$$\mathrm{E}[\varepsilon_{it} | D_i = 1, T_t = 0])$$
$$= \beta_1 + \beta_3 + \mathrm{E}[\varepsilon_{it} | D_i = 1, T_t = 1] - \mathrm{E}[\varepsilon_{it} | D_i = 1, T_t = 0] \qquad (3-53)$$

而控制组的差异可以表述为：

$$\mathrm{E}[Y_{it} | D_i = 0] = \mathrm{E}[Y_{it} | D_i = 0, T_t = 1] - \mathrm{E}[Y_{it} | D_i = 0, T_t = 0]$$
$$= \beta_3 + \mathrm{E}[\varepsilon_{it} | D_i = 0, T_t = 1] - \mathrm{E}[\varepsilon_i | D_i = 0, T_t = 0] \qquad (3-54)$$

将式（3-53）和式（3-54）相减：

$$\mathrm{E}[Y_{it} | D_i = 1] - \mathrm{E}[Y_{it} | D_i = 0]$$

$$= \beta_1 + E[\varepsilon_{it}|D_i = 1, T_t = 1] - E[\varepsilon_i|D_i = 1, T_t = 0] +$$

$$E[\varepsilon_{it}|D_i = 0, T_t = 1] - E[\varepsilon_i|D_i = 0, T_t = 0] \qquad (3-55)$$

这里涉及 DID 需要满足的第二个假设，即实验组农户是否参加公益林政策和何时加入公益林政策是随机确定的，即：

$$\hat{\beta}_1 = E[Y_{it}|D_i = 1] - E[Y_{it}|D_i = 0] \qquad (3-56)$$

当满足随机性假设时，使用以上方法即可得出公益林政策的真实政策干预效应。

（三）双栏模型

当作为因变量的观测值受限于零时，使用普通最小二乘法进行估计将出现估计参数不一致的问题（Bruno，2013）。对于这种零值的处理通常是使用 Tobin（1958）提出的应用于受限因变量的 Tobit 模型。然而 Tobit 模型假定因变量为 0 或正数的决定机制是一样的，但更普遍的情况是个体决策可分为两个阶段，而且每个阶段可拥有不同的决定机制。为此，Cragg（1971）提出了一种更灵活的替代方法，即双栏模型（Double - Hurdle Model）。该模型认为个体参与活动的决策是由两步组成，第一步决定个体是否参与活动，第二步是在个体参与活动的基础上，决定其活动的参与程度。双栏模型将零观测值分成两种，其一是无论相关变量如何变化个体选择都为零，其二是个体有非零选择但相关变量导致其为零。因此，除包括自然零值外，双栏模型也包含个体决定的零值。

根据 Tobin（1958），Tobit 模型的似然函数为：

$$f(y|x_1) = [1 - \Phi(x_1\beta/\sigma)]^{1(y=0)} \left\{ (2\pi)^{-\frac{1}{2}} \sigma^{-1} \right.$$

$$\left. \exp[-(y - x_1\beta)^2/2\sigma^2] \right\}^{1(y>0)} \qquad (3-57)$$

其中 Φ 是标准正态累积分布函数，指数指标函数是 1（$y=0$）和 1（$y>0$）。拟合 Tobit 模型后，可得出 y 为零的概率 $P(y_i=0|x_i)$；y 为正的概率 $P(y_i>0|x_i)$；y 的期望值，条件是 y 为正，$E(y_i|y_i>0, x_i)$；y 的"无条件"期望值 $E(y_i|x_i)$。

Cragg（1971）提出使用 Probit 模型确定 $y>0$ 的概率，将式（3-57）扩展为：

$$f(w, y|x_1, x_2) = [1 - \Phi(x_1\gamma)]^{1(w=0)} \left\{ \Phi(x_1\gamma)(2\pi)^{-\frac{1}{2}}\sigma^{-1} \right.$$

$$\left. \exp[-(y - x_2\beta)^2/2\sigma^2]/\Phi(x_2\beta/\sigma) \right\}^{1(w=1)}$$

$$(3-58)$$

其中 w 是一个二元变量，如果 y 为正，则等于1，反之为0。在式（3-58）中，$y>0$ 的概率和给定 $y>0$ 的 y 值现在由不同的机制（分别为向量 γ 和 β）确定。此外，对 x_1 和 x_2 没有任何限制，这意味着每个决定甚至可以完全由自变量的不同向量确定。另外，Cragg（1971）提出的双栏模式实际上包含 Tobit 模型，因为若 $x_1 = x_2$ 且 $\gamma = \beta/\sigma$，则两个模型将完全相同。

关于 y 是否为正的概率为：

$$P(y_i = 0|x_{1i}) = 1 - \Phi(x_{1i}\gamma) \qquad (3-59)$$

$$P(y_i > 0|x_{1i}) = \Phi(x_{1i}\gamma) \qquad (3-60)$$

以 $y>0$ 为条件 y 的期望值为：

$$E(y_i|y_i > 0, x_{2i}) = x_{2i}\beta + \sigma\lambda(x_{2i}\beta/\sigma) \qquad (3-61)$$

其中 $\lambda(c)$ 为逆米尔斯比率：

$$\lambda(c) = \varphi(c)/\Phi(c) \qquad (3-62)$$

其中 φ 是标准正态概率分布函数。最后，y 的"无条件"期望值为：

$$E(y_i|x_{1i}, x_{2i}) = \Phi(x_{1i}\gamma)[x_{2i}\beta + \sigma\lambda(x_{2i}\beta/\sigma)] \qquad (3-63)$$

对于给定的样本，$y>0$ 时自变量 x_j 的局部效应为：

$$\frac{\partial P(y > 0|x_1)}{\partial x_j} = \gamma_j\varphi(x_1\gamma) \qquad (3-64)$$

给定 $y>0$，独立 x_j 对 y 的期望值的局部效应为：

$$\frac{\partial E(y_i|y_i > 0, x_{2i})}{\partial x_j} = \beta_j[1 - \lambda(x_2\beta/\sigma)\{x_2\beta/\sigma + \lambda(x_2\beta/\sigma)\}]$$

$$(3-65)$$

若 x_j 属于向量 x_1, x_2，独立 x_j 对 y 的"无条件"期望值局部效应为：

$$\frac{\partial E(y|x_i, x_2)}{\partial x_j} = \gamma_j\varphi(x_1\gamma)[x_2\beta + \sigma\lambda(x_2\beta/\sigma)] +$$

$$\Phi(x_1\gamma)\beta_j\{1 - \lambda(x_2\beta/\sigma)[x_2\beta/\sigma + \lambda(x_2\beta/\sigma)]\} \quad \text{if}$$

$$x_j \in x_1, x_2 \qquad (3-66)$$

若 x_j 仅确定 $y>0$ 的概率，则 $\beta_j = 0$，并且将式（3-66）右边的第二项取消。若 x_j 仅确定 y 的值，则假定 $y>0$，则 $\gamma_j = 0$，并且取消了式（3 - 66）中的第一个右侧项。在后一种情况下，边际效应仍将是回归的两个层次中参数和解释变量的函数。

（四）广义中介分析

为检验公益林政策对农户收入影响的路径和机制，本研究采用广义中介分析进行检验，这一模型旨在验证解释变量通过影响中介变量进而对被解释变量发生作用。常见的中介效应分析多以总效应显著为前提（Baron and Kenny，1999），但是当间接效应和直接效应的影响方向相反时会出现遮掩效应，使得总效应不显著（Kenny et al.，2003；MacKinnon and Fairchild，2009；Shrout and Bolger，2002）。温忠麟等（2012）将总效应不显著的情形称为广义中介分析，以体现出与通常中介分析的不同。

具体到本研究，公益林政策将通过影响农户生产要素配置进而影响到农户收入。为检验中介效应的大小，参考温忠麟和叶宝娟（2014）的做法，本研究的分析步骤如下：

（1）检验不包含农户生产要素结构调整变量的公益林政策对农户收入回归方程中双重差分估计量（总效应，简记为 c）是否显著。若显著则说明可能存在中介效应，反之则说明可能存在遮掩效应。

（2）检验公益林政策对农户生产要素结构调整变量中双重差分估计量（简记为 a）是否显著，以及包含农户生计调整变量的公益林政策对农户收入的回归方程中农户生计调整变量的回归系数（简记为 b）是否显著。如果两个都显著则说明间接效应显著，即公益林政策能通过生计调整变量影响到农户收入，跳至第四步。如果至少有一个不显著则进行接下来的第三步。

（3）使用 Bootstrap 法检验 H_0：$ab=0$，若不显著，表明间接效应不显著，即公益林政策无法能通过生计调整变量影响到农户收入；若显著，则间接效应显著，然后开始第四步。

（4）比较包含农户生计调整变量的公益林对农户收入的回归方程中双重差分估计量（直接效应，简记为 c'）和 ab 的符号，若二者异号则为遮掩效应，反之则为中介效应，并报告间接效应与总效应的比值 ab/c。

（五）mLogit

假定农户 i 选择公益林政策配套支持政策 j 所能带来的效用为 U_{ij}，即：

$$U_{ij} = x_i'\beta_j + \varepsilon_{ij} \quad (i=1, \cdots, n; \ j=1, \cdots, J) \quad (3-67)$$

解释变量 x_i 只随农户 i 变化不随方案 j 变化。选择某一配套政策的概率为：

$$
\begin{aligned}
P(y_i = j | x_i) &= P(U_{ij} \geqslant U_{ik}, \ \forall k \neq j) \\
&= P(\varepsilon_{ik} - \varepsilon_{ij} \leqslant x_i'\beta_j - x_i'\beta_k, \ \forall k \neq j) \quad (3-68)
\end{aligned}
$$

假设 ε_{ij} 为独立同分布且服从 I 型极值分布，则可证明：

$$P(y_i = j | x_i) = \frac{\exp(x_i'\beta_j)}{\sum_{k=1}^{J} \exp(x_i'\beta_k)} \quad (3-69)$$

显然选择各配套政策的概率之和为 1，即 $\sum_{j=1}^{J} P(y_i = j | x_i) = 1$。将某个配套政策定为参照方案并将其系数设定为 0，农户 i 选择配套政策 j 的概率可写为：

$$
P(y_i = j | x_i) =
\begin{cases}
\dfrac{1}{1 + \sum_{k=2}^{J} \exp(x_i'\beta_k)} & (j=1) \\[3mm]
\dfrac{\exp(x_i'\beta_j)}{1 + \sum_{k=2}^{J} \exp(x_i'\beta_k)} & (j=2, \cdots, J)
\end{cases}
\quad (3-70)
$$

式（3-70）中将 $j=1$ 定义为参照方案，该模型即 mLogit 模型（Multinomial Logit），使用极大释然法估计，农户 i 的 Log Likelihood 为：

$$\ln L_i(\beta_1, \cdots, \beta_J) = \sum_{j=1}^{J} 1(y_i = j) \ln P(y_i = j | x_i) \quad (3-71)$$

式（3-71）中 1(·) 是示性函数，取值为 0 或 1。将农户的 Log Likelihood 求和后最大化，便可得出系数估计值。

四、变量描述和各章样本使用情况

（一）变量描述及相关性检验

本研究的农户样本数据来自 2020 年对龙泉市农户进行的微观调研，收集了龙泉市 319 个样本农户两年的调查数据（数据收集过程见前文第一章），样本量总计为 638 个。基于理论分析、模型设定和已有文献，本研究所选取的各变量信息如表 3-1 所示。

表 3-1　实证模型中的变量解释及描述

变量名称	变量解释	均值	标准差
短期收入	农户家庭总收入（千元）	59.28	57.13
长期收入	不含公益林补偿收入的农户家庭总收入（千元）	58.24	56.40
林业收入	农户家庭林业总收入（千元）	12.82	24.78
非农收入	农户家庭非农就业总收入（千元）	39.02	45.54
非农就业时间	家庭成员参与非农就业的总时间（月）	12.59	10.65
非农就业人数	家庭成员参与非农就业的总人数（人）	2.22	1.70
是否流转	农户是否有林地流转行为（是=1；否=0）	0.22	0.47
流入面积	农户流入林地面积（亩）	65.40	285.60
流出面积	农户流出林地面积（亩）	2.37	15.21
林地自用工投入	对林地投入自用工数（日）	25.36	42.59
林地资金投入	对林地雇工、化肥、农药、机械等花费（千元）	11.98	24.17
是否发展林下经济	有无发展林下经济（是=1；无=0）	0.19	0.39
林下自用工投入	对林下经济投入自用工数（日）	6.89	19.41
林下资金投入	发展林下经济雇工、化肥、农药、机械等花费（千元）	1.21	17.83
公益林面积	农户拥有的公益林面积（亩）	29.92	111.21
公益林补偿金额	农户获得的公益林补偿金额（千元）	1.05	3.89
did	双重差分项（公益林×*year*）	0.21	0.41
公益林	处理变量（有公益林=1；无公益林=0）	0.43	0.49
year	实验期虚拟变量（2019 年=1；2013 年=0）	0.50	0.50
年龄	户主年龄（岁）	54.17	9.68
教育	家庭成员的平均教育水平（年）	7.19	2.36
党员	家庭成员中有无党员（有=1；无=0）	0.23	0.42
总劳动力	家庭劳动力总数量（人）	2.99	1.18
林地面积	家庭林地总面积（亩）	111.33	240.93
地块数	家庭林地总块数（块）	3.61	2.31
用材林占比	用材林地占总林地面积的比值	0.42	0.40
经济林占比	经济林地占总林地面积的比值	0.11	0.25
竹林占比	竹林地占总林地面积的比值	0.28	0.34
林地质量	地块的加权平均质量（好=3；中=2；差=1）	0.77	1.08
林地距离	林地地块离家的加权平均距离（公里）	3.85	4.69
林地坡度	林地地块的加权平均坡度（度）	27.16	14.63

　　为避免多重共线性对实证结果的影响，本研究给出了实证模型中变量的相关系数矩阵，如表3-2所示。通过表3-2可以看出每个变量的相关系数均在合理范围内，回归时不用过于担心变量之间可能存在的共线性问题。

表 3-2 变量相关系数矩阵

变量	did	公益林	year	年龄	教育	党员	总劳动力	林地面积	地块数
did	1.00								
公益林	0.60	1.00							
year	0.52	0.00	1.00						
年龄	0.16	0.01	0.28	1.00					
教育	−0.04	−0.07	0.00	−0.38	1.00				
党员	−0.03	−0.06	0.00	−0.02	0.17	1.00			
总劳动力	−0.04	−0.08	−0.02	0.00	0.11	0.26	1.00		
林地面积	0.11	0.17	0.00	−0.06	0.05	−0.03	−0.01	1.00	
地块数	0.06	0.08	0.01	0.02	0.04	0.01	0.01	0.11	1.00
用材林占比	0.13	0.21	−0.01	−0.03	0.05	0.16	0.04	−0.03	0.00
经济林占比	−0.10	−0.18	0.01	−0.08	0.05	−0.02	0.02	0.01	−0.06
竹林占比	−0.08	−0.13	0.00	0.03	−0.01	−0.04	−0.02	−0.01	−0.01
林地质量	0.01	0.01	0.00	−0.11	−0.03	0.42	−0.02	0.12	−0.06
林地距离	0.12	0.20	0.00	−0.10	0.04	0.13	0.00	0.15	0.10
林地坡度	−0.04	−0.06	0.00	0.01	0.11	−0.02	−0.10	−0.05	−0.01

变量	用材林占比	经济林占比	竹林占比	林地质量	林地距离	林地坡度
用材林占比	1.00					
经济林占比	−0.39	1.00				
竹林占比	−0.48	−0.11	1.00			
林地质量	0.18	−0.02	0.03	1.00		
林地距离	0.09	−0.08	−0.10	0.13	1.00	
林地坡度	0.06	−0.02	−0.01	−0.13	−0.04	1.00

（二）各章样本使用情况介绍

　　基于后文各实证章节使用的具体方法以及对农户兼业程度的分组讨论，本研究各章各模型的样本数据有所不同。

在第五章，本研究首先利用未进行公益林划界前 2013 年一期的 319 个样本数据，使用 PSM 求出共同域样本，得出的共同域样本量为 304 个（PSM 的具体过程见第五章）。然后对共同域样本使用 DID 的方法进行回归，由于本研究的 DID 是使用两期数据，因此使用 DID 的样本量是 608 个。

对于农户的分组讨论，本研究参考已有文献（陈晓红，2006；梁流涛等，2008；张忠明、钱文荣，2014；张炜、张兴，2018；杨志海等，2015；臧俊梅等，2020），将林业收入占总收入在 5％以下的界定为非林户；林业收入占比在 5％～50％的为兼业户，50％以上的为纯林户。共同域内的两期数据中，纯林户样本量共计 212 个，兼业户样本量共计 172 个，非林户样本量共计 224 个。

在农户要素调整的中介效应检验章节，即第六章到第九章，均使用 PSM 后的共同域样本数据进行实证检验。实证中使用的样本量与第五章的处理方式保持一致。

对于第十章，本研究将使用全体农户样本展开分析，由于无需使用 PSM－DID 的方法，因此只使用了一期的样本量，共计 319 个。

第四章 公益林政策的发展及 样本区域基本情况

基于上文的理论分析，本章将对研究对象和样本区域进行介绍，并进行初步的统计性分析。为此，本章设计了三部分内容：首先总结中国公益林政策的发展历程，将其归纳为四个阶段，并介绍中国公益林和商品林的时空变化、所有权结构、龄组和树种结构。其次，介绍本研究所关注的样本区域的概况，包括样本区域的社会经济发展情况及公益林政策的开展过程。最后，从调研样本农户的收入、非农就业和林业生产等生计情况进行描述性统计分析。

一、中国公益林政策的实践

（一）公益林政策的发展历程

1. 萌芽阶段

这一阶段的特点是林业侧重于提供木材以满足社会经济发展的需要，但在林业分类经营形式上有了相应的分类。1956年中国开始建设自然保护区，对保护区内的林木实行保护，森林分类经营的思想初见端倪。随后，在1958年颁布的《中华人民共和国国有林经理规程》提出将森林资源按照在国民经济中的作用分为五大林种：①用材林，用于供应生产生活所需之木材、竹材；②特用经济林，用于采集林木果实、种子等制作经济发展需要的其他产品；③防护林，包括水土保持林、防风固沙林、护田林、护路林、绿化林等；④薪炭林，用于烧柴和烧炭的森林；⑤具有其他专门作用的森林，包括古树名木、科研林和国防林等。尽管这一时期有了森林分类经营的初步思想，但由于国家建设对木材采伐的刚性需求，该时期森林资源仍是以木材开发利用为主，"越采越多，越采越好，青山常在，永续利用"的目标未能实现。

2. 形成阶段

在这一阶段林业分类经营管理制度逐步确立。1984 年《中华人民共和国森林法》经第六届全国人民代表大会常务委员会通过，规定将中国森林分成经济林、防护林、用材林、特种用途林和薪炭林等五种，并且对部分防护林和特种用途林的采伐规则进行了限制（徐永飞，2007）。这标志着中国林业分类经营管理制度初步形成。

由于木材的过量采伐，中国的生态环境问题日益严重，学者们对中国林业发展道路问题展开积极探索。雍文涛提出"林业分工论"（中国林业发展道路课题组，1992），并出版了《林业分工论：中国林业发展道路的研究》（雍文涛，1992）一书。雍文涛（1992）强调"森林多种功能主导利用"将林业划分为商品林、兼容性林和公益林，这为推进中国林业分类经营起到了极为重要的积极作用。

1995 年原体改委和林业部下发《林业经济体制改革总体纲要》指出将森林分为公益林和商品林，并将经济林、用材林和薪炭林归为商品林，特种用途林和防护林归为公益林。随后《关于开展林业分类经营改革试点工作的通知》要求实施执行公益林和商品林具体落实到山头地块的森林分类区划界定试点工作。但对于与林业分类经营相配套的公益林建设管理办法和投入补偿政策等还并没有明确的文件。

在 1998 年特大洪水后，中国生态环境治理迫在眉睫，中国政府陆续启动了各大森林生态保护建设工程。在 1998 年《中华人民共和国森林法》修改时，进一步规定了商品林和公益林采取不同的采伐和流转制度，为管护公益林提出中央设立森林生态效益补偿基金。然而，清晰的公益林划界是林业分类经营实施的基础和关键，为此《关于开展全国森林分类区划界定工作的通知》指出对森林进行分类划界，从政策层面已肯定了林业分类经营的观念做法，为林业分类经营成熟后写入法律留出空间（国家林业和草原局办公室，2020）。

3. 试点阶段

在这一阶段政府制订了较为详细的公益林划界认定办法和补偿办法。《中华人民共和国森林法实施条例》（2000）规定公益林有获得生态效益补偿的权利。随后原林业部与财政部围绕补偿基金来源问题进行了多次磋商，提出从政府性基金中提取补偿金，向水库、森林公园等公益林受益者收取补偿金，由财政预算安排补偿金等方案（梁宝君等，2014），但补偿基金来源这一关键问题并未有效地解决。

2001 年 3 月原国家林业局为了推进林业分类经营，根据《中华人民共和国森林法》、《中华人民共和国森林法实施条例》（2000）制定了《国家公益林认定办法》以加强对公益林的保护和管理。明确了国家公益林划界范围包括：江河源头、干流；重要湖泊、大型水库；国铁、国道；人文遗产地；国家级自然保护区及周边；天然林保护工程区等周边的林地。同时，为让中国林业分类经营走上科学化的道路引导公益林及生态工程建设提质增效，原国家技术监督局制定《生态公益林建设》标准。随后财政部发布《森林生态效益补助资金管理办法》，根据《中华人民共和国森林法》、《中华人民共和国森林法实施条例》（2000）和有关规定设立森林生态效益补助金用于保护和管理公益林，将森林生态补偿纳入政府年度财政预算。

2001 年 11 月中国森林生态效益补助资金试点开始启动，中央财政出资 10 亿元在浙江、福建、山东、黑龙江等 11 省份开展生态效益补助试点面积 0.13 亿公顷，补助标准为每公顷 75 元，有效地促进了试点重点公益林的管护工作（表 4-1）。森林生态效益补助资金试点的启动标志着中国已跻身有偿使用森林资源的新阶段，终结了无偿使用森林资源的历史（梁宝君等，2014）。

表 4-1　2001 年试点省份实施森林生态效益补助资金面积

单位：万公顷

省份	浙江	湖南	福建	河北	新疆	山东	安徽	黑龙江	江西	广西	辽宁
面积	63.3	200	86.7	126.7	100	53.3	80	191.4	126.7	233.3	140

数据来源：根据各省份林业局统计资料整理。

4. 推进阶段

2003 年随着《关于加快林业发展的决定》（以下简称《决定》）的发布，集体林权制度改革开始推行，确定了林业改革与发展的大政方针。《决定》明确指出将中国森林区分为公益林和商品林两部分，并且对林业分类经营进行具体规定，是现阶段和今后继续推进林业分类经营的指导方针。

经过 3 年的试点工作，2004 年《重点生态公益林区划界定办法》和《中央森林生态效益补偿基金管理办法》的发布，正式确立了森林生态效益补偿基金制度并全面施行。在 2.67 亿公顷林地中划出国家重点公益林 1.04 亿公顷，并选择 0.27 亿公顷实施生态效益补偿（张蕾，2007），每亩平均补助为 5 元，中央财政补偿基金规模总共达到 20 亿元。2005 年国家级公益林补偿标准由每年每亩 5 元涨到 10 元，各省也根据《国家级公益林区划界定办法》的规定对国家级公益林进行了补充划界。2009 年，新修订的《中央财政森林生态效益补偿基金管理办法》、《国家级公益林区划界定办法》相继发布，将补偿面积划定到 0.7 亿公顷，并强化了对直接管护责任者的补助力度。到 2012 年，全国已区划界定的 1.24 亿公顷国家级公益林，其中国家所有 0.71 亿公顷，集体和个人所有 0.53 亿公顷。到 2013 年国家追加了对集体和个人的公益林补偿金额，将标准提高到每年 15 元/亩（刘璨，2018）。目前，全国已经有 29 个省份建立了地方生态补偿制度，但各省份补偿金额有所差异。比如 2013 年，江西省级以上公益林补偿标准为 17.5 元/亩，福建省级以上公益林补偿标准为 17 元/亩，浙江省级以上公益林补偿标准提高到 25 元（仇晓璐等，2017）。

在 2019 年修订《中华人民共和国森林法》时，将"对公益林和商品林实行分类经营管理"、"建立森林生态效益补偿制度，加大公益林保护支持力度"作为基本制度在"总则"中予以明确，并确立了要对公益林实行严格保护（国家林业和草原局办公室，2020）。新修订的《中华人民共和国森林法》也对公益林的规划界定办法、保护方式和采伐做了规定，并指出在不影响生态功能和符合生态区位保护要求的前提下，允许发展林下经济和森林旅游妥善利用公益林资源。

（二）公益林和商品林的特征分析

1. 公益林和商品林的时空变化

根据第九次中国森林资源清查报告（2014—2018 年），当前中国公益林面积已达 12 362.32 万公顷，商品林面积为 9 459.73 万公顷。从公益林和商品林面积变化来看（图 4-1），公益林面积在第五次森林资源清查到第七次森林资源清查期间上升明显，而商品林面积明显下降。在第八次森林资源清查时，公益林面积已大于商品林面积。

当前中国公益林蓄积量已达 1 143 649.95 万立方米，占森林面积的

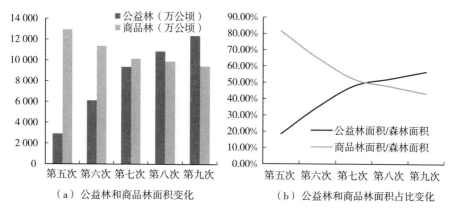

（a）公益林和商品林面积变化　　　（b）公益林和商品林面积占比变化

图 4 - 1　中国公益林和商品林面积变化（森林资源清查第五次至第九次）

67.04％。商品林蓄积量为 562 169.64 万立方米，占森林面积的 32.96％。从公益林和商品林蓄积量变化来看（图 4 - 2），公益林蓄积量自第五次森林资源清查以来不断增加，在第六次森林资源清查时，公益林蓄积量已大于商品林蓄积量。而商品林蓄积量明显在第五次森林资源清查后不断下降，到第七次森林资源清查后，商品林蓄积量较为平稳。

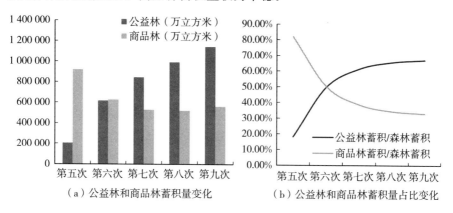

（a）公益林和商品林蓄积量变化　　　（b）公益林和商品林蓄积量占比变化

图 4 - 2　中国公益林和商品林蓄积量变化（森林资源清查第五次至第九次）

2. 公益林和商品林的起源及所有权结构

根据第九次中国森林资源清查报告（2014—2018 年）的数据，图 4 - 3 给出了中国公益林和商品林的起源。从图 4 - 3 中可以看出，尽管公益林中以天然林为主，但其中也存在着一定量的人工林。具体而言，从森林面积来看，中国公益林面积主要来源于天然林，其中，天然林占所有公益林的 78.57％，人工林占所有公益林的 21.43％，天然林面积为人工林面积的 3.67 倍。而中国商品林面积主要来源于人工林，其中，人工林占所有商品林的 56.08%，天然林占所有商品林的 43.92%。从森林蓄积量来看，天然林蓄积量占 88.66%，人工林蓄积量占 11.34%，天然林蓄积为人工林蓄积量的 7.82 倍。商品林蓄积量中，天然林蓄积量占 62.81%，人工林蓄积量占 37.19%。从单位面积的森林蓄积量来看，来源于天然林的公益林单位面积蓄积量最高，其次为来源于天然林的商品林蓄积量，来源于人工林的商品林蓄积量最低。

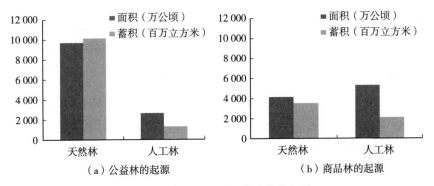

图 4-3　中国公益林和商品林的起源

根据第九次中国森林资源清查报告（2014—2018 年）的数据，图 4-4给出了中国公益林和商品林的所有权结构。从图 4-4 中可以看出，公益林中以国有林地为主，但其中也存在着大量的个人和集体林。具体而言，从森林面积来看，国有林地占公益林面积的 52.62%，集体林地占公益林面积的20.33%，个人林地占公益林面积的 27.05%。这说明中国公益林面积主要来源于国有林地，但是个人和集体部分已经占到总公益林面积的 47.38%。而中国商品林面积主要来源于个人林地，其中，国有林地占商品林的 18.70%，

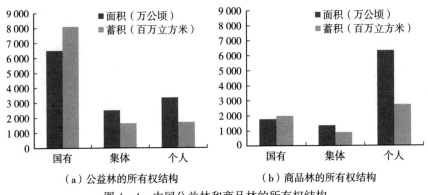

图 4-4　中国公益林和商品林的所有权结构

集体林地占商品林的 14.38%，个人林地占商品林的 66.92%。从森林蓄积来看，中国公益林蓄积量中，国有林地占 70.69%，集体林地占 14.48%，个人林地占 14.83%。商品林蓄积量中，国有林地占 35.34%，集体林地占 15.85%，个人林地占 48.81%。从单位面积的森林蓄积量来看，无论是公益林还是商品林，国有林地的单位面积蓄积量最高，其次为集体林地，个人林地的单位面积蓄积量最低。

3. 公益林和商品林的龄组及树种结构

根据第九次中国森林资源清查报告（2014—2018 年）的数据，图 4-5 给出了中国公益林和商品林中乔木的龄组结构。从森林面积来看，中国公益林中乔木的中龄林所占比例最大，但是成熟林、过熟林已占到公益林面积的 23.87%。而中国商品林面积中乔木的龄组以幼龄林为主，成熟林、过熟林占 15.18%。其中，幼龄林占商品林中乔木面积的 36.65%，中龄林占商品林中乔木面积的 32.72%，近熟林占商品林面积的 15.44%，成熟林占商品林中乔木面积的 11.75%，过熟林占商品林中乔木面积的 3.44%。

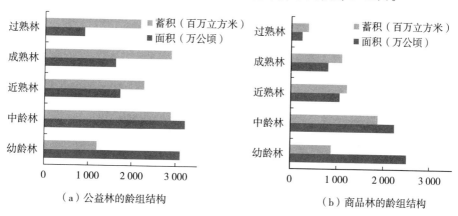

（a）公益林的龄组结构　　　　（b）商品林的龄组结构

图 4-5　中国公益林和商品林的龄组结构（乔木）

从森林蓄积量来看，公益林中乔木中龄林和成熟林的蓄积量相对较大，而商品林中乔木中龄林的蓄积量相对较大。从单位面积的森林蓄积量来看，尽管公益林中乔木各龄组的单位蓄积量均大于商品林，而公益林中乔木过熟林的单位面积蓄积量为每公顷 241.49 立方米远大于商品林中乔木过熟林的每公顷 158.19 立方米。

根据第九次中国森林资源清查报告（2014—2018 年）的数据，图 4-6

给出了中国公益林和商品林的树种结构。按优势树种（组）归类，全国分优势树种（组）乔木公益林面积中，针叶林占 33.19％，针阔混交林占 7.04％，阔叶林占 59.77％。全国乔木公益林蓄积中，针叶林占 42.90％，针阔混交林占 6.21％，阔叶林占 50.89％。排名居前 10 位的为栎树林、落叶松林、桦木林、杨树林、云杉林、马尾松林、冷杉林、杉木林、柏木林、云南松林，占乔木公益林面积的 44.54％，蓄积合计占全国乔木公益林蓄积的 50.29％。全国分优势树种（组）的乔木用材林面积中，针叶林占 39.26％，针阔混交林占 9.86％，阔叶林占 50.88％。全国乔木用材林蓄积中，针叶林占 42.77％，针阔混交林占 9.79％，阔叶林占 47.44％。排名居前 10 位的为杉木林、桉树林、马尾松林、杨树林、落叶松林、栎树林、桦木林、云南松林、柏木林、湿地松林，蓄积合计占乔木用材林蓄积的 50.65％，面积合计占 53.55％。

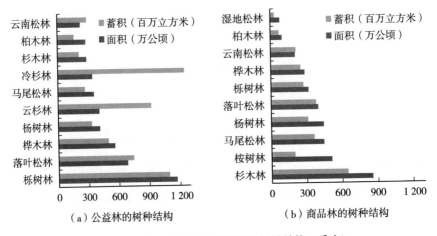

图 4-6　中国公益林和商品林的树种结构（乔木）

二、样本区域概况

（一）样本区域社会经济发展情况

1. 样本区域的农民收入及收入结构

图 4-7 给出了南方集体林区省份和龙泉市农村人均可支配收入结构的变化。2013 年南方集体林区 10 省份（安徽省、浙江省、福建省、广东省、

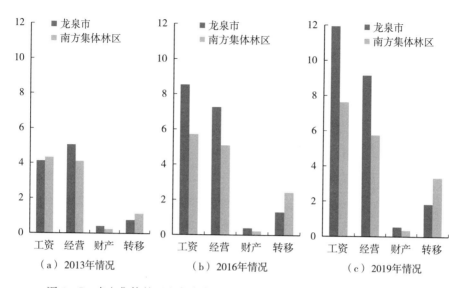

图 4-7　南方集体林区和龙泉市人均可支配收入结构情况（单位：千元）

广西壮族自治区、贵州省、湖南省、湖北省、海南省和江西省）的农村人均
可支配收入平均为 9 818 元，龙泉市的农村人均可支配收入为 10 368 元，龙
泉市略高于南方集体林的平均水平。从该年的收入结构看，龙泉市工资性
收入略低于南方集体林区，而经营性收入高于南方集体林区。2016 年南方
集体林区农村人均可支配收入达到 13 497 元，龙泉市农村人均可支配收入
达到 17 497 元，龙泉市的农村人均可支配收入和上涨幅度大于南方集体林
区。从收入结构来看，龙泉市的工资性收入和经营性收入要高于南方集体林
区的平均水平，而转移性收入低于南方集体林区的平均水平，财产性收入二
者相差不大。到 2019 年，南方集体林区和龙泉市的农村人均可支配收入继
续上涨，南方集体林区农村人均可支配收入达到 17 081 元，龙泉市达到
23 459元。龙泉市的农村人均可支配收入仍然高于南方集体林区的平均水
平。观察二者在 2019 年收入结构的变化，对于农村人均可支配收入中工资
性收入和经营性收入，龙泉市都要高于南方集体林区的平均水平，而转移
性收入龙泉市都要低于南方集体林区的平均水平。观察在 2013 年到 2019
年的收入结构变动还可以看出，二者的经营性收入占人均可支配收入的比
例都在不断下降。龙泉市的工资性收入占比大幅上升，由 39.84％上升到
50.87％；而南方集体林区的工资性收入占比略有上升，由 44.29％上升

到 44.62%。

2. 样本区域的林业生产情况

图 4-8 给出了南方集体林区和龙泉市人均木材采伐量和人均林业产值情况。从图 4-8 中可以看出龙泉市的人均木材采伐量和人均林业产值均高于南方集体林区的平均水平。对于人均木材采伐量，龙泉市 2013 年到 2019 年上涨明显，到 2019 年，龙泉市人均木材采伐量达到 1.23 立方米。而南方集体林区人均木材采伐量整体增长较为缓慢，由 2013 年的 0.11 立方米上涨至 2019 年的 0.13 立方米。对于人均林业产值，尽管二者涨幅均不明显，但龙泉市要高于集体林区的平均水平。

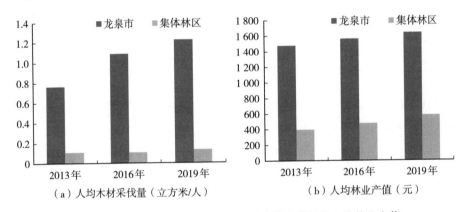

（a）人均木材采伐量（立方米/人）　　（b）人均林业产值（元）

图 4-8　南方集体林区和龙泉市人均木材采伐量和人均林业产值

3. 样本区域公益林建设情况

图 4-9 给出了南方集体林区和龙泉市人均森林面积及覆盖率情况。从图 4-9 中可以看出，龙泉市的人均森林面积一直远高于南方集体林区的平均水平。在三次森林资源清查期间（2004—2018 年），龙泉市人均森林面积为 0.90 公顷，南方集体林区的人均森林面积为 0.15 公顷。从森林覆盖率来看，龙泉市的森林覆盖率也要高于集体林区的平均水平，目前第九次森林资源清查期间龙泉市的森林覆盖率为 86.84%，而南方集体林区的森林覆盖率为 52.25%，这与龙泉市存在较大差距。

图 4-10 给出了南方集体林区及龙泉市的公益林面积变化情况。从图 4-10 中可以看出，龙泉市公益林面积变化与南方集体林区的面积在第七到九次中国森林资源清查期间都呈增加趋势，而南方集体林区整体的公益林

面积增长幅度略大于龙泉市。而从公益林面积占森林面积的比例来看，龙泉市公益林面积所占森林面积的比例要略高于南方集体林区。

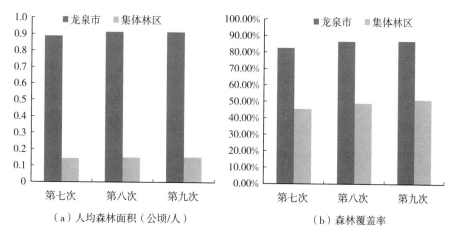

（a）人均森林面积（公顷/人）　　（b）森林覆盖率

图4-9　南方集体林区和龙泉市人均森林面积及覆盖率

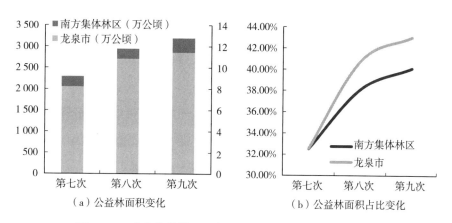

（a）公益林面积变化　　（b）公益林面积占比变化

图4-10　南方集体林区和龙泉市的公益林面积及占比变化

（二）龙泉市公益林政策开展过程

龙泉市隶属于浙江省丽水市，故有"九山半水半分田"之说，位于浙江省西南部与福建省接壤，境内盛产青瓷、宝剑和灵芝，也是世界香菇栽培发源地。目前龙泉市已形成毛竹、香榧、油茶、石蛙、苗木等林业产业体系（郑玉贤和陈操，2018；浙江省林业局，2018）。截至2018年底，龙泉市农民人均林业纯收入增加到15 142元，累计林权流转111.4万亩，流转率达

28%，占全省 13%（浙江省人民政府，2019）。

1999 年 1 月，龙泉市作为浙江省生态公益林试点建设单位出台了《生态公益林建设总体规划》，开始着手公益林规划建设。2000 年 3 月份，丽水市"国家级生态示范区建设暨龙泉市百万亩生态公益林"正式启动，并列入龙泉市 2000 年度"十件大事"来抓，部署和落实生态公益林的规划实施工作正式开展，龙泉市各乡镇与村委会签订了龙泉市生态公益林建设合同（章秋林等，2008）。在 2001 年 10 月至 2002 年 2 月，龙泉市进行了森林分类区划界定工作，并签订了生态公益林现场界定书，龙泉市初步界定公益林面积132.9 万亩。到 2003 年对原区划界定的公益林进行完善，规划的公益林面积达 135.3 万亩。随后，在 2004 年 6 月，龙泉市在 2003 年区划界定完善工作的基础上，完成国家级、省级重点公益林的区划界定工作，最终确定规划公益林 123.45 万亩。同年，在中央政府的要求下，浙江省全面启动森林生态效益补偿基金制度，龙泉市规划的 123.45 万亩公益林全部纳入公益林补偿范围。在 2009 年龙泉市开展了公益林扩面工作，增划面积约 50 万亩，全市公益林面积达 162.46 万亩。到 2015 年龙泉市开展了公益林第二次扩面工作，增划面积为 9.01 万亩，全市公益林面积达 171.47 万亩，占全市林地总面积 398.46 万亩的 43.03%。

在龙泉市公益林中，国家级公益林 97.7 万亩，主要分布在凤阳山保护区、紧水滩库区沿岸、瓯江源头汇水区和瓯江两侧的林地；省级公益林73.8 万亩，主要分布在省道第一层山脊线以内的林地，乌溪江流域，闽江源头汇水区，瓯江一、二级支流源头汇水区和两岸第一层山脊以内的林地。目前龙泉市公益林面积位列浙江省前四，公益林涉及全市 15 个乡镇、4 个街道和 4 个国有单位，318 个集体单位，2.51 万个农户。其中集体部分面积52.5 万亩，占公益林面积 31%，农户部分面积 119 万亩，占公益林面积69%，单户平均面积 66 亩，户均补偿 2 310 元。

对于龙泉市公益林中最具经济价值的杉木林，龙泉市共有省级以上公益林中成片杉木林 35.37 万亩。其中面积按林龄分：幼龄林 1.27 万亩，中龄林 4.30 万亩，近熟林 6.92 万亩，成熟林、过熟林 22.88 万亩。蓄积按林龄分：近熟林 25.670 万立方米，成熟林、过熟林 163.11 万立方米。造林投资形式分：个人部分 30.39 万亩，村集体 2.05 万亩，其他 2.93 万亩。

三、样本农户生计现状分析

（一）农户收入情况

图 4-11 给出了农户家庭总收入、林业收入以及非农收入的情况。整体而言，样本农户以非农收入为主要来源，且家庭总收入和非农收入均存在明显的时间增长趋势。无公益林地农户收入的增加来源于非农收入和林业收入两个方面，而且非农收入提高的程度大于林业收入。有公益林地农户总收入提高程度要大于无公益林农户，但是林业收入在萎缩，非农收入增长较快且大于无公益林林地农户的非农收入增长幅度。从公益林政策的影响来看，公益林政策的实施略微提高了农户的总收入，并且冲击了农户的收入结构。本节得出的初步结论将在下文进行严格的计量检验以得出公益林政策的净效应。

从箱线图 4-11（a）中可以看出，相较于 2013 年，农户在 2019 年的收入有了显著的增长，而且数据的波动变大。对比有公益林地和没有公益林在 2013 年的收入情况可以看出，2013 年无公益林地家庭总收入中位数为 3.12 万元；有公益林地农户家庭总收入中位数为 2.87 万元。无公益林地农户的家庭总收入略高于有公益林地的农户。观察 2019 年有、无公益林地农户家庭总收入发生的变化可以发现，2019 年无公益林地家庭总收入中位数为 5.18 万元；有公益林地农户家庭总收入中位数为 6.23 万元。无公益林地农户的家庭总收入低于有公益林地的农户。以上信息意味着农户家庭总收入存在明显的时间趋势，而且公益林政策相对提高了农户的家庭总收入，但是数据的波动也相对变大。至于公益林政策能否提高农户收入水平，后文将进行严格的计量检验。

从农户收入结构来看，如图 4-11（b）所示，样本农户的非农总收入均远大于农户的林业收入，说明非农收入是样本农户的主要收入来源。自 2013 年到 2019 年无论农户是否受到公益林政策冲击，农户的非农收入均明显增长。在 2013 年，无公益林地农户的非农收入中位数为 2.04 万元；有公益林地农户的非农收入中位数为 2.02 万元。无公益林地农户的非农收入高于有公益林地的农户。在 2019 年，无公益林地农户的非农收入中位数为

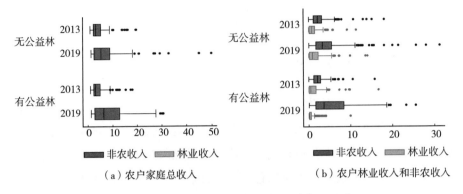

（a）农户家庭总收入　　　　　　　（b）农户林业收入和非农收入

图 4 - 11　农户家庭总收入和结构（单位：万元）

3.27 万元；有公益林地农户的非农收入中位数为 3.55 万元。无公益林地农户的收入低于有公益林地的农户。以上信息意味着农户非农收入的变动存在明显的时间趋势，而且公益林政策相对提高了农户的非农收入，但是数据的波动也相对变大。至于公益林政策能否提高农户非农收入水平，后文将进行严格的计量检验。

对于农户的林业收入，如图 4 - 11（b）所示，有无公益林农户林业收入的变动存在一定的组间差异。在 2013 年，无公益林地农户的林业收入中位数为 0.71 万元，有公益林地农户的林业收入中位数为 0.45 万元。无公益林地农户的林业收入中位数高于有公益林地的农户。在 2019 年，无公益林地农户的林业收入中位数为 0.93 万元，有公益林地农户的林业收入中位数为 0.32 万元。无公益林地农户林业收入的中位数高于有公益林地的农户。以上信息意味着无公益林地农户林业收入的变动存在明显的时间趋势，但是公益林政策相对减少了有公益林地农户的林业收入。至于公益林政策到底会对农户林业收入水平带来何种影响，后文将进行严格的计量检验。

（二）农户家庭非农就业参与情况

表 4 - 2 给出了农户非农就业参与时间和参与人数的情况。整体而言，样本农户非农就业时间和非农就业参与人数均存在明显的时间增长趋势。从公益林政策的影响来看，公益林政策的实施提高了农户的非农就业时间和非农就业参与人数。本节得出的初步结论将在下文进行严格的计量检验。

表 4 - 2 农户非农就业的差异

户别	年份	非农就业总时间（月）			非农就业总人数（人）		
		Mean	diff	T - value	Mean	diff	T - value
无公益林户	2013	9.54			1.79		
	2019	15.93	6.39	5.91	2.92	1.13	6.33
有公益林户	2013	8.18			1.41		
	2019	16.62	8.43	7.25	2.67	1.25	7.38

从表 4 - 2 中可以看出，相较于 2013 年，农户在 2019 年的非农就业时间有了显著的增长。对比有公益林地和没有公益林在 2013 年农户非农就业时间情况可以看出，2013 年无公益林地非农就业时间的均值为 9.54 个月；有公益林地农户非农就业时间均值为 8.18 个月。无公益林地农户的非农就业时间略高于有公益林地的农户。观察 2019 年有、无公益林地农户家庭非农就业时间发生的变化可以发现，2019 年无公益林地家庭非农就业时间的均值为 15.93 个月；有公益林地农户家庭非农就业时间的均值为 16.62 个月。无公益林地农户的非农就业时间略低于有公益林地的农户。以上信息意味着农户非农就业时间存在明显的时间趋势，而且公益林政策相对提高了有公益林地农户的非农就业时间。至于公益林政策能否提高农户非农就业时间，后文将进行严格的计量检验。

对于农户非农就业的参与数量，如表 4 - 2 所示，有、无公益林农户非农就业参与人数的变动也存在一定的组间差异。在 2013 年，无公益林地农户非农就业参与人数的均值为 1.79 人，有公益林地农户的非农就业参与人数均值为 1.41 人。无公益林地农户的非农就业参与人数均值高于有公益林地的农户。在 2019 年，无公益林地农户非农就业参与人数均值为 2.92 人，有公益林地农户非农就业参与人数均值为 2.67 人。无公益林地农户非农就业参与人数的中位数、均值均高于有公益林地的农户。以上信息意味着无公益林地农户非农就业参与人数的变动存在明显的时间趋势，尽管不同年份间无公益林地农户的非农就业参与人数均高于有公益林地的农户，但是公益林政策相对提高了有公益林地农户的非农就业参与人数。至于公益林政策能否带来农户非农就业参与人数的提高，后文将进行严格的计量检验。

（三）农户林地经营面积情况

表4-3给出了农户商品林经营面积与林地流转情况。公益林政策导致有公益林农户经营的商品林面积下降，从公益林政策对农户林地流转的影响来看，该政策提高了农户流出林地的面积。本节得出的初步结论将在下文进行严格的计量检验。

表4-3 农户商品林面积与流转情况

单位：公顷

户别	年份	商品林面积			流入面积			流出面积		
		Mean	diff	T-value	Mean	diff	T-value	Mean	diff	T-value
无公益林户	2013	7.23	4.91	1.95	1.88	3.12	2.26	0.16	-0.08	0.79
	2019	12.14			4.99			0.08		
有公益林户	2013	15.28	-3.58	2.53	5.07	1.06	0.35	0.06	0.29	2.21
	2019	11.70			6.13			0.35		

观察无公益林地农户的林地经营情况可以看出，如表4-3所示，2019年商品林面积相较于2013年略有增加。2013年无公益林地的农户商品林面积均值为7.23公顷，到2019年无公益林地的农户商品林面积均值为12.14公顷。而对于有公益林地的农户来说，2013年有公益林地的农户商品林面积均值为15.28公顷，2019年有公益林地的农户商品林面积均值为11.70公顷。2019年有公益林地农户商品林面积相较于2013年有显著的减少，原因是2015年公益林政策的实施将有公益林地农户的部分商品林地划归为公益林。

进一步观察无公益林地农户的林地流入情况，2019年无公益林地的农户流入林地面积相较于2013年有所增加。对于有公益林户，尽管2019年林地流入面积大于无公益林户，但是从增长幅度来看小于无公益林户。对比二者在2013年的林地流入情况，可以发现有公益林户的林地流入面积大于无公益林户。可能的原因是在公益林政策实施前，有公益林户拥有的林地面积更多，更容易通过流入林地实现规模经营，因此流入面积较多。

对于农户的林地流出情况，2019年无公益林的农户流出林面积相较于2013年有所减少。2013年无公益林地的农户林地流出面积均值为0.16公顷，到2019年无公益林地的农户商品林面积均值为0.08公顷。而2019年有公益林的农户林地流出面积相较于 2013 年有所增加。2013 年有公益林的农户林地流出面积均值为 0.06 公顷，2019 年均值为 0.35 公顷。可以看出公益林政策相对提高了有公益林户的林地流出面积。

（四）农户林地劳动力和资金投入情况

表 4-4 给出了农户林地投入自用工数量与资金金额的情况。整体而言，在公益林政策实施后，相对降低了有公益林地农户的林地投入自用工数量和资金金额。本节得出的初步结论将在下文进行严格的计量检验。

对比有公益林地和没有公益林地在 2013 年农户的林地自用工投入情况可以看出，如表 4-4 所示，2013 年无公益林地农户的林地自用工投入数量的均值高于有公益林地的农户。可能的原因是 2013 年有公益林地的农户拥有更多的用材林地，因此林地投入的自用工较少。观察 2019 年有、无公益林地农户林地投入自用工数量发生的变化可以发现，2019 年无公益林地农户林地自用工投入数量也明显高于有公益林地的农户。进一步观察各类农户 2013 年和 2019 年投入自用工数量的变化还可以看出，无公益林地的农户自用工投入数量明显上升，而有公益林地农户投入自用工数量明显下降。以上信息意味着公益林政策的实施相对降低了有公益林地农户的自用工投入数量。至于公益林政策是否降低了农户的林地自用工投入数量，后文将进行严格的计量检验。

表 4-4　农户林地投入情况

户别	年份	林地自用工投入（日）			林地资金投入（千元）		
		Mean	diff	T-value	Mean	diff	T-value
无公益林户	2013	24.13	16.71	3.48	10.94	3.12	1.21
	2019	40.84			14.05		
有公益林户	2013	18.99	-6.41	1.55	8.48	5.64	1.98
	2019	12.57			14.12		

对于农户林地资金投入数量，如表 4-4 所示，有、无公益林农户林地资金投入额的变动也存在一定的组间差异。在 2013 年，无公益林地农户林地资金投入额的均值为 10 940 元，有公益林地农户林地资金投入额的中位

数为 8 480 元。无公益林地农户的林地资金投入额要高于有公益林地的农户。这与林地自用工投入类似，有公益林地的农户拥有更多的用材林，投入的林地资金相对较少。而在 2019 年，无公益林地农户林地资金投入额的中位数为 14 050 元，有公益林地农户林地资金投入额的中位数为 14 120 元。有公益林地农户的林地资金投入额高于无公益林地的农户。以上信息意味着公益林政策相对提高了有公益林地农户的林地资金投入额。至于公益林政策对农户的林地资金投入额有何影响，后文将进行严格的计量检验。

（五）农户林下经济经营情况

对比有公益林地和无公益林地在 2013 年农户林下经济经营面积的情况，如图 4 - 12（a）所示，结合样本数据进行统计发现，2013 年无公益林地农户的林下经济经营面积低于有公益林地的农户。对比 2019 年有、无公益林地农户林下经济经营面积发生的变化，2019 年无公益林地农户林下经济经营面积也低于有公益林地的农户。可能的原因是有公益林的农户用材林较多，而用材林的生产周期普遍较长，因此农户会选择经营林下经济增加收入。进一步观察各类农户 2013 年和 2019 年林下经济经营面积的变化还可以看出，农户林下经济经营面积存在时间增长趋势，2019 年的林下经济经营面积均大于 2013 年。

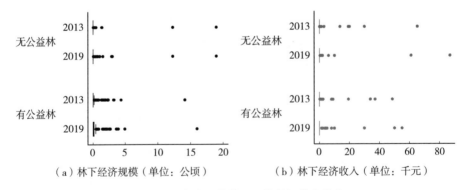

（a）林下经济规模（单位：公顷）　　（b）林下经济收入（单位：千元）

图 4 - 12　农户经营林下经济的规模和收入

对比有公益林地和无公益林地在 2013 年农户的林下经济收入情况，如图 4 - 12（b），结合样本数据的统计情况，在 2013 年，无公益林地农户林下经济收入的均值为 845.52 元；有公益林地农户林下经济收入的均值为

1 184.04 元。无公益林地农户的林下经济收入均值低于有公益林地的农户。而在 2019 年，无公益林地农户林下经济收入的均值为 3 111.47 元；有公益林地林下经济收入的均值为 2 347.06 元。无公益林地农户的林下经济收入均值高于有公益林地的农户。进一步观察各类农户 2013 年和 2019 年林下经济收入的变化还可以看出，有、无公益林地的林下经济收入的均值均明显上升。以上信息意味着农户林下经济收入存在时间增长趋势，公益林政策相对降低了有公益林地农户的林下经济收入增长趋势。

对于农户林下经济自用工的投入数量，如表 4-5 所示，有、无公益林农户林下经济自用工投入数量的变动也存在一定的差异。在 2013 年，无公益林地农户林下经济自用工投入数量均值为 5.12 工日；有公益林地农户林下经济自用工投入数量均值为 6.67 工日。无公益林地农户的林下经济自用工投入数量要低于有公益林地的农户。在 2019 年，无公益林地农户林下经济自用工投入数量均值为 6.59 工日；有公益林地农户林下经济自用工投入数量均值为 9.92 工日。无公益林地农户林下经济自用工投入数量均值低于有公益林地的农户。以上信息意味着尽管农户林下经济自用工投入数量存在时间增长效应，但是公益林政策相对提高了有公益林地农户的林下经济自用工投入数量。至于公益林政策对农户的林下经济自用工投入数量有何影响，后文将进行严格的计量检验。

表 4-5　农户经营林下经济投入情况

户别	年份	林下经济自用工投入（日）			林下经济资金投入（千元）		
		Mean	diff	T-value	Mean	diff	T-value
无公益林户	2013	5.12	1.47	0.79	0.17	0.71	1.74
	2019	6.59			0.88		
有公益林户	2013	6.67	3.25	1.26	0.69	−0.10	0.23
	2019	9.92			0.59		

对于农户林下经济资金投入额，如表 4-5 所示，对比有公益林地和无公益林地在 2013 年农户林下经济资金投入的情况，发现无公益林地农户的林下经济资金投入低于有公益林地的农户。对比 2019 年有、无公益林地农户林下经济资金投入发生的变化，发现无公益林地农户林下经济资金投入高

于有公益林地的农户。以上信息意味着公益林政策相对降低了有公益林地农户的林下经济资金投入额。至于公益林政策对农户的林下经济资金投入额有何影响，后文将进行严格的计量检验。

四、本章结论

实施公益林政策对转变林业经营思想，实现林业分类经营具有深远的历史意义和重要的现实意义。首先，本章介绍了中国公益林政策的实践。通过梳理中国公益林政策的发展历程，根据政策实践的改革深度、广度、范围和特征，将中国公益林政策的演变过程归纳为四个阶段：萌芽阶段、形成阶段、补偿试点阶段和全面推广阶段。本研究认为公益林政策的实施，保护了中国森林资源，强化了森林的生态作用，结束了中国森林生态效益无偿使用的历史。使用第五次到第九次中国森林资源清查数据（1994—2018 年）对中国公益林和商品林的特征进行分析发现，中国公益林面积和蓄积量在不断提高，目前公益林的面积和蓄积已高于商品林。从公益林的起源来看，公益林主要起源于天然林，但也存在一定量的人工林。从所有权结构来看，中国公益林面积主要来源于国有林地，但是个人和集体部分已经占到总公益林面积的 47.38％。从公益林的龄组结构来看，中国公益林中乔木多进入或即将进入采伐期，成熟林、过熟林已占到公益林面积的 23.87％。而且公益林中不乏大量的速生树种，比如杨树、杉木、马尾松等。

然后，本章描述了样本区域社会经济发展和公益林政策实施现状。从收入结构来看，农村人均可支配收入中工资性收入和经营性收入都有大幅增长，但是随着农村劳动力转移的加快，工资性收入增长幅度要高于经营性收入。对比龙泉市和南方集体林区的差异可以发现，龙泉市的工资性收入和经营性收入都大于南方集体林区。龙泉市位于经济较为发达的浙江省，因此其经济发展水平和劳动力转移幅度高于南方集体林区的平均水平。从林业生产情况来看，相较于南方集体林区，龙泉市从 2013 年到 2019 年人均木材采伐量相对较高且增加幅度较大，而且人均林业产值也要高于集体林区的平均水平。从森林情况来看，龙泉市人均森林面积和森林覆盖率要高于集体林区，而且公益林面积占森林面积的比例也略高于南方集体林区。自 2000 年启动公益林划界以来，2015 年龙泉市开展了公益林第二次扩面工作，目前全市省级以上公益林已占到林地面积的 43.03%，农户部分户均面积 66 亩，户均年补偿总额为 2 310 元，最低补偿标准位于南方集体林区前列。

最后，本章使用调研数据进行了描述性统计分析，从公益林政策的影响来看，公益林政策的实施提高了总收入，并且冲击了农户的收入结构。有公益林地农户总收入提高程度高于无公益林农户，但是有公益林地农户林业收入相对萎缩，而非农收入增长较快且大于无公益林林地农户。从非农就业参与情况来看，公益林政策实施后农户的非农就业时间和非农就业参与人数相对提高。从农户林业经营情况来看，有公益林农户的商品林面积相对减少，而流出林地面积相对增加。而且公益林政策相对降低了有公益林地农户的林地投入自用工数量，但提高了林地资金投入额。从农户林下经济经营情况来看，有公益林地农户的林下经济经营面积相对较高，但是林下经济收入的增幅小于无公益林地农户。从农户林下经济投入情况来看，公益林政策相对提高了有公益林地农户的林下经济自用工投入数量，却降低了有公益林地农户的林下经济资金投入额。以上分析结果初步意味着公益林政策对农户收入和生计调整策略可能存在一定影响，本研究将在后文对公益林政策的政策效应做进一步的分析和实证检验。

第五章 公益林政策对农户收入的影响

随着林业生态功能的进一步强化，未来中国公益林面积将会不断扩大，集体林区农户的营林生产空间会进一步缩小。如果公益林政策对农户收入产生了负面影响，那么该政策的可持续性必然会存在隐患。已有文献尚未给出公益林政策如何影响农户收入的具体答案，而且相关文献的研究结论难以外推到本研究所关注的问题。为此，本章基于南方集体林区公益林划界的自然实验，收集浙江省龙泉市公益林划界前后的农户调研数据，首先使用 PSM - DID 的方法评估了公益林政策对农户收入的影响；然后探讨了公益林政策对农户收入影响的异质性，基于已有文献将农户划分为纯林户、兼业户和非林户，并进行分组检验；最后，本章进一步分析了公益林政策对农户收入结构的影响。

本章节对已有研究的边际贡献体现在以下三个方面：一是在研究内容上弥补了已有研究对公益林政策评估的关注不足。二是使用 PSM - DID 的方法解决了已有相关研究中存在的内生性问题。三是探讨了公益林政策对不同兼业类型农户收入影响的异质性。

一、基于 PSM 对实证分析中样本数据的确定

如前文所述（见第三章），鉴于由可观测变量所引起的非随机化带来的选择偏误问题，本研究将使用倾向得分匹配法（PSM）利用协变量来构造与实验组在可观察变量上无统计差异的控制组消除偏误（Dehejia and Wahba，1999；Angrist and Hahn，2004）。在 PSM 中本研究控制了可能影响农户公益林划界的农户家庭特征和林地特征，进而确定满足共同区域假定的观测

值。其中，农户家庭特征包括的变量有：年龄、教育、村干部、党员、劳动力总数、家庭总人口；农户林地特征包括：林地面积、林地地块数、用材林占比、经济林占比、竹林占比、林地质量、林地离家距离、林地平均坡度。在 PSM 中使用的样本仍然是使用未进行公益林划界前 2013 年的调查数据。

采用 Rosenbaum 和 Rubin（1983）提出的倾向得分匹配法，借鉴 Heckman（1997）的研究思路，利用 Logit 或 Probit 模型估计在给定农户家庭特征和林地特征的条件下，农户林地被划为公益林的条件概率拟合值，以确定本研究最终使用的共同域样本。表 5-1 给出了使用 Logit 和 Probit 模型估计公益林划界影响因素的回归结果，可以看出，林地面积、用材林占比和林地距离对农户是否有林地被划归公益林有显著的正向影响，而经济林占比对农户是否有林地被划归公益林有显著的负向影响。

表 5-1　农户林地公益林划界影响因素的回归结果

变量名称	(1) Logit	(2) Probit
年龄	−0.002 4 (0.014 3)	−0.001 2 (0.008 9)
教育	−0.055 7 (0.060 1)	−0.034 0 (0.036 8)
村干部	−0.050 9 (0.335 1)	−0.015 9 (0.203 7)
党员	−0.282 1 (0.369 4)	−0.202 9 (0.226 1)
总劳动力	−0.188 1 (0.152 7)	−0.112 9 (0.093 6)
总人口	0.035 2 (0.101 5)	0.018 9 (0.062 4)
林地面积	0.001 1** (0.000 5)	0.000 7** (0.000 3)
地块数	0.031 5 (0.052 7)	0.019 9 (0.032 0)
用材林占比	0.803 8* (0.413 7)	0.497 0* (0.254 6)
经济林占比	−1.195 4* (0.653 0)	−0.690 5* (0.371 5)

（续）

变量名称	(1) Logit	(2) Probit
竹林占比	−0.374 1	−0.229 4
	(0.443 5)	(0.271 6)
林地质量	−0.141 1	−0.082 6
	(0.146 7)	(0.088 9)
林地距离	0.095 1***	0.054 8***
	(0.036 8)	(0.020 3)
林地坡度	−0.010 5	−0.006 2
	(0.008 7)	(0.005 3)
Constant	0.432 1	0.246 0
	(1.153 7)	(0.708 6)
Pseudo R^2	0.475 5	0.486 0
Prob>chi2	0.000 0	0.000 0
Observations	319	319

注：括号内数字为标准误。＊、＊＊、＊＊＊分别表示在10％、5％、1％的水平上显著。

具体而言，林地面积对农户是否有林地被划归公益林的回归系数为正数，且均通过5％水平的显著性检验，说明在其他条件不变的情况下，林地面积对农户是否有林地被划归公益林有显著的正向影响。即农户的林地总面积越大，林地被划归公益林的概率越大。用材林占比对是否有林地被划归公益林的回归系数为正数，且均通过10％水平的显著性检验，说明在其他条件不变的情况下，用材林占比对农户是否有林地被划归公益林有显著的正向影响。即农户的用材林面积占比越多，林地被划归公益林的概率越大。与之相反，经济林占比对是否有林地被划归公益林的回归系数显著为负数，说明经济林占比对农户是否有林地被划归公益林有显著的负向影响。即农户的经济林面积占比越多，林地被划归公益林的概率越小。原因是公益林区划界定办法规定经济林不应被划归公益林，因此用材林越多林地被划为公益林的可能性越大，而经济林越多林地被划归公益林的可能性越小。林地距离对农户是否有林地被划归公益林的回归系数显著为正数，说明农户的林地离家越远被划归公益林的可能性越大。可能的原因是一般河流干线两侧、水库沿岸的林地会被划归公益林，这些地方通常离村落较远，因此林地离家越远被划归公益林的可能性越大。

通过表5-1还可以看出，农户家庭特征对公益林划界影响不大，其原因可能如前文所述，公益林划界时由于时间紧任务重，政策执行并未受到个人因素的干扰。

本研究分别使用有放回的一对一近邻匹配、一对四匹配、核匹配和局部线性回归匹配，匹配结果较为一致。共同域样本具体情况如表5-2所示。观察表5-2可以发现，在总共的319个观测值中，在2015年林地被划为公益林的实验组农户有136个，林地未被划为公益林的控制组农户有183个。控制组共有10个不在共同取值范围中，剩余控制组样本量为173个。实验组有5个不在共同取值范围中，剩余控制组样本量为131个。因此，本研究最终确定的共同域内样本量总计为304个。

表5-2　匹配后的共同域样本情况

	共同域外样本量	共同域内样本量	总样本量
控制组	10	173	183
实验组	5	131	136
匹配后样本量	15	304	319

为了更直观地观察倾向匹配得分的共同取值范围，本研究在图5-1给出了倾向匹配得分的共同取值范围直方图（以核匹配为例）。从图5-1中可

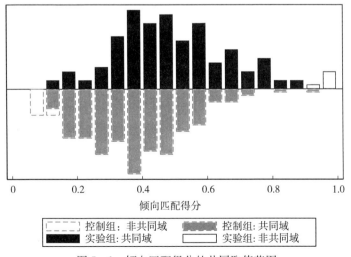

图5-1　倾向匹配得分的共同取值范围

以直观看出本研究共同域样本剔除了较少样本。

为了确保匹配的质量，更有效地运行 DID，本研究检验了匹配后各变量实验组和控制组是否变得平衡。即检验实验组和控制组的解释变量的均值再匹配后是否具有显著性差异，如果不存在差异则支持使用 PSM - DID 的方法。为此，本研究进行了平衡性检验。

表 5 - 3 是平衡性检验结果，匹配后仅个别变量在一对一匹配和局部线性回归匹配下标准化偏差大于 10%，而且实验组与控制组无系统差异。

表 5 - 3　匹配前后变量平衡性检验

变量名称	匹配前/后	%bias			
		一对一匹配	一对四匹配	核匹配	局部线性回归匹配
年龄	前	−1.8	−1.8	−1.8	−1.8
	后	−6.1	−2.5	−0.3	−4.5
教育	前	−9.4	−13.8	−13.8	−13.8
	后	20.8*	−1.2	−2.1	5.5*
村干部	前	−13.8	−9.4	−9.4	−9.4
	后	6.8	−0.4	0.2	20.8
党员	前	−11.4	−11.4	−11.4	−11.4
	后	9.2	5.5	7.1	7.3
总劳动力	前	−20.9	−20.9	−20.9	−20.9
	后	2.0	−5.2	−6.4	2.0
总人口	前	−7.0	−7.0	−7.0	−7.0
	后	6.1	1.3	−2.0	5.2
林地面积	前	32.9*	32.9*	32.9*	32.9*
	后	6.8*	2.4	−2.5	8.4*
地块数	前	14.8*	14.8*	14.8*	14.8*
	后	−0.3*	−1.6*	−0.8*	−1.0*
用材林占比	前	42.4	42.4	42.4	42.4
	后	−6.4	−2.5	−1.2	−6.4
经济林占比	前	−36.7*	−36.7*	−36.7*	−36.7*
	后	2.8*	−0.0	−0.7	2.8*

（续）

变量名称	匹配前/后	%bias			
		一对一匹配	一对四匹配	核匹配	局部线性回归匹配
竹林占比	前	−28.4	−28.4	−28.4	−28.4
	后	0.4	2.7	3.6	0.3
林地质量	前	0.9	0.9	0.9	0.9
	后	10.4	7.2	2.5	9.0
林地距离	前	40.1*	40.1*	40.1*	40.1*
	后	14.9*	6.0	5.4	10.8
林地坡度	前	−12.8	−12.8	−12.8	−12.8
	后	12.3	3.1	−0.4	12.4

注：*、**、***分别表示在10%、5%、1%的水平上显著。

表5-4主要汇报了匹配前后偏差绝对值的分布特征。由表5-4可知，匹配后的 Pseudo - R^2 值大幅减小，从匹配前的0.109下降到0.004～0.027，匹配后的 LR 统计量显著下降，从匹配前的47.65下降到1.42～9.82，整体偏误和偏差中位数在匹配后也均变小，说明本研究样本匹配质量较好。

表5-4　匹配前后偏差绝对值的分布特征

	Ps R^2	LR chi2	$p>$chi2	MeanBias	MedBias
匹配前	0.109	47.65	0.000	19.5	14.3
一对一匹配	0.027	9.82	0.775	7.5	6.5
一对四匹配	0.004	1.42	1.000	3.0	2.5
核匹配	0.004	1.46	1.000	2.5	2.1
局部线性回归匹配	0.023	8.26	0.875	6.9	6.0

本研究进一步给出了各变量的标准化偏差如图5-2所示，以核匹配为例，结果表明除林地质量这一变量外，其他变量的标准化偏差均变小。

综上所述，本研究使用 PSM 后样本匹配结果稳健且质量较高。因此，本研究接下来的实证分析将基于匹配后共同取值域内的304位农户两年的样本数据。

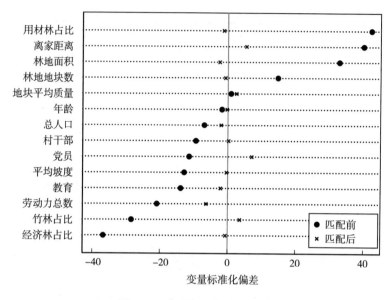

图 5-2　各变量的标准化偏差

二、公益林政策对农户收入影响的实证检验

（一）公益林政策对收入影响的实证结果

表 5-5 给出了公益林政策对农户收入影响的 OLS 回归结果，为了避免异方差对回归结果的影响，本研究计算了稳健标准误。表 5-5 中第（1）列是没有控制农户生计调整的农户短期收入的回归结果；第（2）列是没有控制农户生计调整的农户长期收入的回归结果；第（3）列是在加入农户生计调整变量，包括是否非农就业、是否流转林地、林地资金投入、是否有林下经济，农户短期收入的回归结果；第（4）列是在加入农户生计调整变量后农户长期收入的回归结果。各列的样本均为匹配后的共同域样本，样本量为 608 个，各回归结果的 R 方及模型的联合显著性检验均在合理范围内。观察表 5-5 中各列的模型整体拟合结果还可以看出，在加入农户生计调整变量后模型的 R 方明显上升，因此对于本章节控制变量（即农户家庭特征变量和林地特征变量）的结果解释重点关注第（3）和第（4）两列。

通过观察 did 在各列中的短期收入回归结果可以发现，did 在（1）、

（3）两列中的回归系数均为正数，但都没有通过显著性检验。说明在其他条件不变的情况下，公益林政策对农户的短期收入没有产生显著的影响。观察长期收入的回归结果，*did* 的回归系数均为正，如（2）、（4）两列，但都没有通过显著性检验。说明在其他条件不变的情况下，公益林政策对农户的长期收入没有产生显著的影响，即公益林政策没有提高农户的增收能力。公益林对农户收入的回归系数均为正数，但也都没有通过显著性检验。说明在其他条件不变的情况下，有公益林农户的收入与没有公益林农户的收入不存在显著差异。而时间虚拟变量 *year* 的回归系数在各列中均为正数，且均达到 1% 的显著性水平，说明在其他条件不变的情况下，农户短期、长期收入都存在随时间增长而增长的趋势，即使没有公益林政策，农户 2019 年的收入也要高于 2013 年。

根据前文的理论分析，本研究认为在公益林政策实施后，农户的要素结构调整可能会导致收入发生变化。因此本研究在第（1）、（2）列的基础上，在（3）、（4）列加入了农户要素配置结构调整的相关变量。可以发现农户要素调整的相关变量均通过了显著性检验且影响方向为正，而 *did* 的回归系数均变小但仍不显著，这意味着 *did* 系数不显著的原因可能是农户要素调整策略遮掩了公益林政策对农户短期、长期收入的影响。

具体观察每个生计调整变量的回归结果，如表 5 - 5 的第（3）和第（4）列，可以看出非农就业、是否流转林地、林地资金投入和林下经济都有显著的正向影响。具体而言，农户非农就业时间对农户短期、长期收入都有显著的正向影响，即农户非农就业时间的增加会提高农户的短期和长期收入。农户林地流转行为对农户短期、长期收入有显著的正向影响，即农户林地流转行为的发生能显著提高农户的短期和长期收入。农户林地资金投入对农户短期、长期收入的回归系数均都为正数，且均通过 1% 水平的显著性检验，说明在其他条件不变的情况下，农户林地资金投入对农户短期、长期收入有显著的正向影响，即林地资金投入越多农户收入越高。是否发展林下经济对农户短期、长期收入的回归系数均都为正数，且均通过 1% 水平的显著性检验，说明在其他条件不变的情况下，农户发展林下经济对农户短期、长期收入有显著的正向影响，即发展林下经济能提高农户的短期和长期收入。

表 5-5 公益林政策对农户收入的影响

变量名称	(1) ln 短期收入	(2) ln 长期收入	(3) ln 短期收入	(4) ln 长期收入
did	0.171 8 (0.105 5)	0.074 9 (0.109 0)	0.153 2 (0.099 9)	0.055 5 (0.103 4)
公益林	0.014 3 (0.063 5)	0.023 7 (0.063 9)	0.019 2 (0.061 6)	0.028 9 (0.062 2)
year	0.418 7*** (0.071 0)	0.418 8*** (0.071 0)	0.248 6*** (0.071 5)	0.244 4*** (0.071 7)
非农就业时间			0.015 4*** (0.003 0)	0.016 1*** (0.003 0)
是否流转林地			0.194 3** (0.075 2)	0.189 8** (0.077 4)
ln 林地资金投入			0.025 4*** (0.007 5)	0.025 7*** (0.007 7)
是否林下经济			0.223 6*** (0.069 6)	0.222 6*** (0.071 6)
年龄	−0.005 5 (0.003 4)	−0.005 5 (0.003 4)	−0.004 7 (0.003 2)	−0.004 7 (0.003 3)
教育	0.027 0* (0.013 9)	0.029 1** (0.014 1)	0.009 8 (0.013 9)	0.011 8 (0.014 1)
党员	0.171 3** (0.076 6)	0.169 2** (0.078 1)	0.178 7** (0.073 9)	0.175 4** (0.075 3)
总劳动力	0.171 4*** (0.022 3)	0.178 0*** (0.023 0)	0.100 2*** (0.023 3)	0.104 3*** (0.023 7)
林地面积	0.000 6*** (0.000 1)	0.000 5*** (0.000 1)	0.000 4*** (0.000 1)	0.000 3*** (0.000 1)
地块数	0.022 9* (0.012 6)	0.023 0* (0.012 8)	0.019 3 (0.015 3)	0.019 3 (0.015 4)
用材林占比	−0.332 3*** (0.092 4)	−0.342 3*** (0.095 2)	−0.207 6* (0.107 5)	−0.219 2* (0.111 7)
经济林占比	0.004 3 (0.150 5)	0.021 4 (0.151 8)	−0.119 6 (0.149 1)	−0.102 8 (0.150 7)
竹林占比	−0.229 0** (0.093 0)	−0.228 4** (0.095 3)	−0.073 0 (0.112 0)	−0.072 8 (0.115 3)
林地质量	0.020 3 (0.029 2)	0.026 4 (0.030 3)	0.028 9 (0.032 5)	0.034 3 (0.033 5)

（续）

变量名称	(1) ln 短期收入	(2) ln 长期收入	(3) ln 短期收入	(4) ln 长期收入
林地距离	−0.015 6**	−0.016 8**	−0.015 1**	−0.016 4**
	(0.007 6)	(0.007 9)	(0.007 5)	(0.007 8)
林地坡度	−0.001 4	−0.001 0	−0.001 3	−0.000 9
	(0.002 0)	(0.002 0)	(0.001 9)	(0.002 0)
Constant	10.101 4***	10.058 3***	9.941 3***	9.903 0***
	(0.272 6)	(0.277 3)	(0.263 0)	(0.268 1)
Observations	608	608	608	608
Prob>F	0.000 0	0.000 0	0.000 0	0.000 0
R - squared	0.291 4	0.267 3	0.359 3	0.336 4

注：括号内为稳健标准误。*、**、*** 表示10%、5%、1%显著性水平。

观察表5-5第（3）、（4）列中控制变量中农户家庭特征的回归结果，可以看出，党员和总劳动力对农户的短期、长期收入都有显著的正向影响。具体而言，党员对农户短期、长期收入的回归系数为正，且均通过5%水平的显著检验，说明在其他条件不变的情况下，党员身份对农户短期、长期收入有显著的正向影响，即拥有党员的家庭其收入越高。在本研究中党员是农户社会资本的代理变量，一般而言农户可以借助其所拥有的社会资本改善生计行为转变所需的约束条件，因此社会资本越高的农户收入也相对较高（徐畅和徐秀英，2017；乐章和梁航，2020；张连刚和陈卓，2021）。总劳动力对农户短期、长期收入的回归系数为正，且均通过1%水平的显著检验，说明在其他条件不变的情况下，总劳动力对农户短期、长期收入有显著的正向影响，即农户家庭拥有的劳动力数量越多收入也会越高。

观察表5-5第（3）、（4）列中控制变量中农户林地特征的回归结果，可以看出林地面积对农户的短期、长期收入都有显著的正向影响，而用材林占比和林地距离对农户的短期、长期收入都有显著的负向影响。具体而言，林地面积对农户短期、长期收入的回归系数为正，且均通过1%水平的显著检验，说明在其他条件不变的情况下，林地面积对农户短期、长期收入有显著的正向影响，即林地面积越大农户收入越高。林业生产一般都存在规模效益，而且林地面积大的农户调整林业种植结构也更为方便，因此林地面积越大农户收入也越高（Hatcher et al.，2013；朱臻等，2021）。用材林占比对农户短期、长期收入的回归系数显著为负，说明用材林占比对农户短期、长期收入有显著的负向影响，即用材林占比越大的农户收入越低。用材林的生产周期相对于其他林种更长，随着近年来林业生产成本的上升以及木材价格的走低，农户经营、采伐用材林的积极性下降。因此在林地总面积不变的情况下，用材林面积占比越高农户收入也越低。林地距离对农户短期、长期收入的回归系数显著为负，说明林地距离对农户短期、长期收入有显著的负向影响，即林地离家距离越远的农户收入越低。原因是在南方集体林区，林地离家越远交通条件也越不方便，农户经营该块林地所付出的交通成本相对会越高，农户经营的积极性也越低，因此收入相对较低。

（二）公益林政策对收入影响的分组检验

本节检验了不同兼业类型下公益林政策对纯林户、兼业户、非林户收入影响的回归结果。本节的实证检验均使用 OLS，并计算了稳健标准误。各表中的第（1）列和第（2）列是没有控制农户生计调整的农户短期、长期收入的回归结果，第（3）列和第（4）列是加入农户生计调整变量后农户短期、长期收入的回归结果。整体来看，在以下各表中，本研究所关注的衡量公益林政策效应变量 did 的系数，在不同兼业类型分组子样本回归中系数方向、显著性均有所不同。类似的，用于衡量农户要素结构调整的各变量的系数方向和显著性也存在差异。这意味着不同兼业类型的农户受到公益林政策冲击后响应存在差异。

在农业兼业程度的研究中，学界通常按照非农收入占农户家庭总收入的比重进行划分，但对划分标准和划分类型学界存在多种观点。有学者将非农收入占比低于 50% 的农户，称为纯农户，将非农收入占比高于 50% 的农户称为弃耕农户（张炜、张兴，2018）。也有学者将非农收入占比小于 10% 的农户称为纯农户，把非农收入占比在 10%～50% 的农户称为一兼农户，而将非农收入占比超过 50% 的农户称为二兼农户（陈晓红，2006；张忠明、钱文荣，2014）。中国社科院农发所则将农业生产收入占比在 95% 以上的农户界定为纯农户；将非农产业收入占比在 95% 以上的农户界定为非农户；其余的均属于兼业农户（臧俊梅等，2020）。参考已有研究对于农户兼业类型的分类依据，本研究以林业收入占家庭总收入的百分比衡量农户的兼业程度。本研究将林业收入占总收入在 5% 以下的界定为非林户，林业收入占比在 5%～50% 的界定为兼业户，50% 以上的界定为纯林户。

1. 公益林政策对纯林户收入的影响

表 5-6 给出了公益林政策对纯林户收入影响的回归结果。观察表 5-6 中各模型的整体拟合结果，各模型的 R 方和联合显著性检验均在合理范围内。由于在加入农户要素结构调整变量后模型 R 方上升明显，因此对于控制变量重点关注第（3）和第（4）两列的结果。

对于纯林户，在不控制农户的生计调整变量时，did 对纯林户的长期收入有显著的负向影响，对农户的短期收入没有显著影响；在控制农户的生计变量后，did 对纯林户的长期收入有显著的负向影响，对农户的短期收入没有显著影响。具体而言，在表 5-6 第（1）列中，did 的回归系数为负，但是没有通过显著性检验，说明在其他条件不变的情况下，公益林政策对纯林户的短期收入没有显著的负向影响。而在第（2）列中，公益林政策对纯林户的长期收入有显著的负向影响，即公益林政策降低了纯林户的长期收入。在加入农户生计方式调整的相关变量后，如表 5-6 第（3）列，did 的回归系数依然没有通过显著性检验，说明在其他条件不变的情况下，公益林政策对纯林户的短期收入没有显著影响。如表 5-6 第（4）列，公益林政策对纯林户的长期收入仍然有显著的负向影响。

did 的回归系数在被解释变量为长期收入的模型中通过显著性检验，而在短期收入的模型中没有通过显著性检验。这说明尽管公益林政策显著降低了农户收入，而在考虑公益林补偿收入后，公益林政策对纯林户收入的负向影响会变弱，但是仍未实现纯林户收入的增加。继续观察表 5-6 中 did 系数大小的变化可以发现，在控制纯林户生计调整变量后，公益林政策对纯林户短期、长期收入的负向作用均变大，这可能是由于纯林户生计调整变量是公益林政策对纯林户收入影响的中间变量。原因是，纯林户林地被划归公益林后其林地采伐会受到限制，为保持划归政策实施前的效用，纯林户会调整其生计模式，以应对补贴政策的外生冲击。

观察表 5-6 中第（3）、（4）列中农户各生产要素结构调整的相关变量，可以看出，流转林地和参与非农就业对纯林户收入没有显著影响，而林地资金投入和发展林下经济对纯林户短期和长期收入都有显著的正向影响。具体而言，非农就业时间对纯林户的短期、长期收入的回归系数都为正数，但未通过显著性检验，说明在其他条件不变的情况下，纯林户非农就业时间的变化对其短期和长期收入都没有显著影响。可能的原因是，纯林户的生计方式可能一直以林业生产为主，对生产投入使得农户对林业经营较为依赖，很少外出就业，在获取高收入的非农就业信息、寻找到适合自己的非农工作上较为困难。因此，非农就业时间对纯林户的收入增长影响不大。是否流转林地对纯林户短期、长期收入的回归系数都为正数，但未通过显著性检验，说明在其他条件不变的情况下，纯林户的林地流转行为对其短期、长期收入都没有显著影响。纯林户可通过林地流转优化林地资源配置，实现林地的规模化经营提高其林地的规模效益，进而实现收入的增长，但是目前来看这一效果并不会显著影响农户收入。农户林地资金投入对纯林户短期、长期收入的回归系数均为正数，且分别通过 10% 和 5% 水平的显著性检验，说明在其他条件不变的情况下，林地资金投入的增加对提高纯林户的短期、长期收入具有显著促进作用，即纯林户林地资金投入越多收入也越高。纯林户发展林下经济对其短期、长期收入有显著的正向影响，即纯林户发展林下经济对其短期和长期收入有显著的促进作用。

表 5-6　公益林政策对纯林户收入的影响

变量名称	(1) ln 短期收入	(2) ln 长期收入	(3) ln 短期收入	(4) ln 长期收入
did	−0.249 9 (0.185 5)	−0.426 4** (0.196 6)	−0.290 5 (0.177 5)	−0.469 3** (0.187 3)
公益林	0.182 8 (0.126 6)	0.210 2 (0.127 8)	0.104 8 (0.130 2)	0.131 4 (0.132 8)
year	0.544 4*** (0.128 0)	0.546 6*** (0.128 8)	0.395 7*** (0.138 1)	0.380 6*** (0.138 9)
非农就业时间			0.011 7 (0.008 4)	0.013 3 (0.008 6)
是否流转林地			0.174 8 (0.136 2)	0.175 7 (0.140 6)
ln 林地资金投入			0.028 4* (0.014 4)	0.032 3** (0.015 0)

（续）

变量名称	(1) ln 短期收入	(2) ln 长期收入	(3) ln 短期收入	(4) ln 长期收入
是否林下经济			0.238 4 **	0.248 1 **
			(0.113 1)	(0.116 3)
年龄	−0.004 8	−0.005 2	−0.005 3	−0.005 7
	(0.005 7)	(0.005 9)	(0.005 6)	(0.005 8)
教育	0.045 9	0.045 0	0.025 5	0.022 6
	(0.030 7)	(0.031 4)	(0.032 7)	(0.032 9)
党员	0.045 8	0.039 7	0.083 1	0.080 6
	(0.202 9)	(0.208 1)	(0.183 8)	(0.187 4)
总劳动力	0.179 6 ***	0.196 1 ***	0.128 4 ***	0.139 7 ***
	(0.048 5)	(0.049 8)	(0.045 4)	(0.045 4)
林地面积	0.000 7 ***	0.000 6 ***	0.000 7 ***	0.000 6 ***
	(0.000 1)	(0.000 1)	(0.000 1)	(0.000 1)
地块数	−0.004 0	−0.004 2	−0.024 8	−0.026 9
	(0.025 6)	(0.026 1)	(0.027 8)	(0.028 2)
用材林占比	−1.020 0 ***	−1.044 8 ***	−0.726 4 ***	−0.730 2 ***
	(0.179 5)	(0.187 7)	(0.202 1)	(0.208 3)
经济林占比	−0.198 9	−0.152 1	−0.185 7	−0.133 6
	(0.239 1)	(0.245 8)	(0.243 2)	(0.247 6)
竹林占比	−0.321 2	−0.291 3	−0.138 8	−0.098 4
	(0.198 7)	(0.205 2)	(0.233 8)	(0.236 8)
林地质量	0.012 6	0.022 2	0.003 0	0.014 0
	(0.061 7)	(0.063 6)	(0.068 7)	(0.070 8)
林地距离	0.000 1	−0.000 3	0.000 4	−0.000 0
	(0.010 4)	(0.011 0)	(0.010 2)	(0.010 9)
林地坡度	−0.000 8	0.000 2	−0.000 9	0.000 1
	(0.003 3)	(0.003 5)	(0.003 0)	(0.003 1)
Constant	10.123 4 ***	10.056 2 ***	9.990 7 ***	9.907 5 ***
	(0.541 1)	(0.557 9)	(0.527 7)	(0.539 9)
Prob>F	0.000 0	0.000 0	0.000 0	0.000 0
R - squared	0.504 0	0.482 0	0.557 3	0.541 6

注：括号内为稳健标准误。*、**、*** 表示10%、5%、1%显著性水平。

对于其他控制变量的回归结果，如表5－6中第（3）、（4）列所示，可以看出，总劳动力数量和林地面积对纯林户短期、长期收入都有显著的正向影响，而用材林面积占比对纯林户短期和长期收入都有显著的负向影响。具体而言，总劳动力的增加对提高纯林户的短期、长期收入都具有显著的促进作用，即家庭劳动力数量越多纯林户的收入也相对越高。林地面积的增加对提高纯林户的短期、长期收入都具有显著的促进作用，即家庭林地面积越多纯林户的收入也越高。用材林面积占比的增加会对纯林户的短期、长期收入产生负向影响，即用材林面积占比的增加降低了农户的短期、长期收入。

2. 公益林政策对兼业户收入的影响

表 5-7 给出了公益林政策对兼业户收入影响的回归结果。观察表 5-7 中各模型的整体拟合结果，各模型的 R 方和联合显著性检验均在合理范围内。

对于兼业户，在不控制农户的生产要素调整变量时，did 对兼业户的短期、长期收入都有显著的正向影响；在控制农户的生计变量后，did 对兼业户的短期、长期收入仍然具有显著的正向影响。具体而言，在第（1）列和第（2）列中，公益林政策对兼业户的短期、长期收入都有显著的正向影响，即公益林政策提高了兼业户的短期和长期收入。在加入农户生计方式调整的相关变量后，如表 5-7 第（3）列和第（4）列，did 的系数仍然为正，且通过 5% 和 10% 水平的显著性检验，说明在其他条件不变的情况下，公益林政策对兼业户的短期、长期收入仍然都有显著的正向影响。

观察表 5-7 中 did 系数大小的变化可以发现，在控制农户生计调整变量后，公益林政策对兼业户长期、短期收入的正向作用均变小，这可能是由于面对公益林政策的冲击，兼业户可能调整其生计模式使得增收能力提高，生计调整变量是公益林政策影响兼业户收入的中介变量。

观察表 5-7 中第（3）和第（4）列中兼业户各生计调整的相关变量，可以看出，参与非农就业和发展林下经济对兼业户短期、长期收入都有显著的正向影响，而林地流转和林地投入对兼业户收入没有显著影响。具体而言，非农就业时间对兼业户的短期和长期收入都有显著的正向影响，即非农就业时间的增加会提高兼业户的短期和长期收入。与纯林户相比，兼业户拥有一定的非农就业经验，因此非农就业时间越长所获得非农收入越高。兼业户发展林下经济对其短期、长期收入有显著的正向影响，即兼业户发展林下经济对其短期和长期收入具有显著的促进作用。

表 5－7　公益林政策对兼业户收入的影响

变量名称	(1) ln 短期收入	(2) ln 长期收入	(3) ln 短期收入	(4) ln 长期收入
did	0.460 9 **	0.379 5 **	0.378 1 **	0.294 4 *
	(0.177 9)	(0.182 0)	(0.173 2)	(0.177 4)
公益林	−0.103 9	−0.098 9	−0.114 3	−0.109 8
	(0.110 0)	(0.110 9)	(0.111 7)	(0.112 8)
year	0.181 0 *	0.179 4 *	0.112 2	0.109 2
	(0.099 1)	(0.099 3)	(0.103 2)	(0.103 4)
非农就业时间			0.011 7 **	0.012 0 **
			(0.005 0)	(0.005 0)
是否流转林地			0.027 9	0.038 0
			(0.142 2)	(0.143 3)
ln 林地资金投入			−0.010 2	−0.011 5
			(0.015 8)	(0.016 1)
是否林下经济			0.257 6 **	0.259 8 **
			(0.113 7)	(0.116 8)
年龄	0.003 6	0.003 8	0.002 9	0.003 1
	(0.005 5)	(0.005 6)	(0.005 3)	(0.005 5)
教育	0.034 0 *	0.036 6 **	0.026 5	0.029 0
	(0.018 0)	(0.018 2)	(0.017 5)	(0.017 7)
党员	0.385 4 ***	0.380 6 ***	0.347 4 ***	0.343 3 ***
	(0.117 8)	(0.119 4)	(0.115 0)	(0.116 5)
总劳动力	0.087 4 **	0.090 3 **	0.051 3	0.053 0
	(0.041 4)	(0.042 1)	(0.040 9)	(0.041 4)
地块数	0.013 8	0.014 7	0.015 0	0.016 2
	(0.022 5)	(0.022 7)	(0.022 8)	(0.023 0)
用材林占比	−0.050 0	−0.041 6	−0.043 5	−0.025 9
	(0.124 6)	(0.127 5)	(0.157 4)	(0.160 4)
经济林占比	0.008 5	0.034 5	−0.091 1	−0.061 4
	(0.196 7)	(0.199 6)	(0.198 9)	(0.201 9)
竹林占比	−0.461 7 ***	−0.466 0 ***	−0.371 4 *	−0.364 8 *
	(0.142 2)	(0.145 5)	(0.192 1)	(0.195 9)
林地质量	−0.125 6 **	−0.122 3 **	−0.147 4 **	−0.146 9 **
	(0.049 8)	(0.050 4)	(0.059 3)	(0.059 8)
林地距离	−0.057 9 **	−0.059 0 **	−0.055 9 **	−0.057 2 **
	(0.023 4)	(0.023 9)	(0.022 7)	(0.023 3)

（续）

变量名称	(1) ln 短期收入	(2) ln 长期收入	(3) ln 短期收入	(4) ln 长期收入
林地坡度	−0.005 7* (0.003 3)	−0.005 5 (0.003 3)	−0.005 3 (0.003 2)	−0.005 1 (0.003 3)
Constant	10.391 8*** (0.348 4)	10.345 4*** (0.355 3)	10.498 9*** (0.399 5)	10.454 3*** (0.408 6)
Prob>F	0.000 0	0.000 0	0.000 0	0.000 0
R-squared	0.299 2	0.276 7	0.340 5	0.319 7

注：括号内为稳健标准误。*、**、*** 表示 10%、5%、1%显著性水平。

如表 5-7 中第（3）列和第（4）列，在加入农户生计调整变量后模型 R 方上升明显，因此对于控制变量重点关注这两列的结果。通过表 5-7 中第（3）列和第（4）列可以看出，在兼业户家庭特征变量中，党员对兼业户短期、长期收入均有显著的正向影响。具体而言，家庭成员的党员身份对提高兼业户的短期、长期收入都具有显著的促进作用，即党员身份能显著提高兼业户的短期和长期收入。

观察表 5-7 中第（3）列和第（4）列中兼业户林地特征对农户收入的影响，可以看出，在兼业户林地特征的变量中，竹林地面积占比、林地质量和林地离家距离对农户的短期、长期收入均有显著的负向影响。竹林面积占比的增加会对兼业户的短期、长期收入产生负向影响，即竹林面积占比的增加降低了农户的短期、长期收入。可能的原因是竹林相较于其他林种更需要集约经营，会吸纳更多的家庭劳动力，这将与兼业户的非农就业产生竞争效应，使得农户收入降低。林地质量的增加会对兼业户的短期、长期收入产生负向影响，即林地质量的增加会降低农户的短期、长期收入。林地距离的增加会对兼业户的短期、长期收入产生负向影响，即林地离家距离的增加会降低农户的短期、长期收入。

3. 公益林政策对非林户收入的影响

表 5-8 给出了公益林政策对非林户收入影响的回归结果。观察表 5-8 中各模型的整体拟合结果，各模型的 R 方和联合显著性检验均在合理范围内。由于在加入农户生产要素结构调整变量后模型 R 方上升明显，因此对于控制变量重点关注第（3）和第（4）两列的结果。

对于非林户，如表 5 - 8 中所示，*did* 在各列中的回归系数均为正数，但都没有通过显著性检验。说明在其他条件不变的情况下，公益林政策对非林户的短期、长期收入都没有产生显著的影响，即公益林政策对非林户的影响作用不大。继续观察 *did* 的回归系数大小的变化可以发现，在加入非林户的生计调整变量后，如表 5 - 8 中第（3）和第（4）列，*did* 的回归系数变大，这意味着农户生计调整策略可能遮掩了公益林政策对非林户短期、长期收入的影响。

表 5 - 8　公益林政策对非林户收入的影响

变量名称	（1） ln 短期收入	（2） ln 长期收入	（3） ln 短期收入	（4） ln 长期收入
did	0.235 9 (0.168 6)	0.174 7 (0.171 4)	0.245 9 (0.156 4)	0.184 7 (0.159 6)
公益林	−0.021 7 (0.093 2)	−0.019 4 (0.093 5)	−0.016 8 (0.091 9)	−0.014 7 (0.092 5)
year	0.481 2*** (0.124 8)	0.481 7*** (0.124 9)	0.301 1** (0.118 9)	0.299 0** (0.119 3)
非农就业时间			0.015 0*** (0.004 3)	0.015 7*** (0.004 4)
是否流转林地			0.313 1*** (0.111 0)	0.299 9*** (0.113 8)
ln 林地资金投入			0.032 4*** (0.011 1)	0.032 1*** (0.011 3)
是否林下经济			0.316 1** (0.134 5)	0.311 5** (0.136 0)
年龄	−0.009 0 (0.006 6)	−0.009 1 (0.006 6)	−0.007 8 (0.006 2)	−0.008 0 (0.006 3)
教育	0.001 2 (0.021 2)	0.002 3 (0.021 6)	−0.015 4 (0.021 2)	−0.013 7 (0.021 7)
党员	0.154 9 (0.119 0)	0.160 9 (0.120 5)	0.206 1* (0.118 8)	0.208 6* (0.120 7)
总劳动力	0.227 3*** (0.035 4)	0.231 3*** (0.036 4)	0.123 6*** (0.037 2)	0.125 6*** (0.038 1)

（续）

变量名称	(1) ln 短期收入	(2) ln 长期收入	(3) ln 短期收入	(4) ln 长期收入
林地面积	0.000 7***	0.000 6***	0.000 2	0.000 1
	(0.000 2)	(0.000 2)	(0.000 2)	(0.000 2)
地块数	0.050 6***	0.050 1***	0.051 2***	0.050 6***
	(0.012 2)	(0.012 4)	(0.016 6)	(0.016 8)
用材林占比	−0.154 0	−0.162 4	−0.013 1	−0.030 7
	(0.167 9)	(0.170 6)	(0.161 4)	(0.166 1)
经济林占比	0.864 9**	0.864 6**	0.433 8	0.426 4
	(0.350 7)	(0.353 7)	(0.344 0)	(0.349 3)
竹林占比	−0.267 4	−0.268 2	−0.066 0	−0.074 8
	(0.178 7)	(0.180 2)	(0.176 5)	(0.179 0)
林地质量	0.050 6	0.052 0	0.061 8	0.062 4
	(0.045 6)	(0.046 9)	(0.046 4)	(0.047 7)
林地距离	−0.013 1	−0.015 0	−0.010 9	−0.013 3
	(0.014 3)	(0.014 8)	(0.013 1)	(0.013 8)
林地坡度	−0.001 0	−0.001 0	−0.000 8	−0.000 8
	(0.003 4)	(0.003 5)	(0.003 2)	(0.003 2)
Constant	10.014 8***	10.015 1***	9.835 0***	9.850 7***
	(0.461 7)	(0.466 1)	(0.419 9)	(0.425 6)
Prob>F	0.000 0	0.000 0	0.000 0	0.000 0
R-squared	0.346 9	0.329 2	0.442 1	0.423 9

注：括号内为稳健标准误。*、**、***表示10%、5%、1%显著性水平。

观察表5-8中第（3）、（4）列中农户各生计调整的相关变量，可以看出，参与非农就业时间、流转林地、林地资金投入和发展林下经济对非林户短期和长期收入都有显著的正向影响。具体而言，非林户的非农就业时间对其短期、长期收入都有显著的正向影响，即非农就业时间的增加能显著提高非林户的短期、长期收入。非林户的林地流转行为对其短期、长期收入有显著的正向影响，即林地流转行为能显著提高非林户的短期、长期收入。林地资金投入的增加对提高非林户的短期、长期收入具有显著的促进作用，即非林户林地资金投入越多收入也越高。发展林下经济对提高非林户的短期、长期收入具有显著的促进作用，即农户发展林下经济能显著提高非林户的短期、长期收入。

通过表5-8中第（3）列和第（4）列可以看出，在非林户家庭特征变量中，党员和总劳动力数对非林户短期、长期收入均有显著的正向影响。具体而言，党员对非林户短期、长期收入的回归系数均显著为正数，说明家庭成员的党员身份对提高非林户的短期、长期收入都具有显著的促进作用，即党员身份能显著提高兼业户的短期和长期收入。总劳动力对非林户短期、长期收入的回归系数均显著为正数，说明在其他条件不变的情况下，总劳动力的增加对提高非林户的短期、长期收入都具有显著的促进作用。观察非林户林地特征对农户收入的影响，可以看出，林地地块数对非林户的短期、长期收入都有显著的正向影响。具体而言，林地地块数对非林户短期、长期收入的回归系数均为正数，且分别通过1%水平的显著性检验，说明在其他条件不变的情况下，林地地块数的增加会对非林户的短期、长期收入产生正向影响，即林地地块数的增加能显著提高非林户的短期、长期收入。

三、公益林政策对农户收入结构影响的实证检验

（一）公益林政策对农户收入结构影响的回归结果

为了进一步探究公益林政策对农户收入结构的影响，本研究将农户收入划分为林业收入和非农收入两部分。表5-9给出了公益林政策对农户收入结构影响的OLS回归结果，为了避免异方差对回归结果的影响，本研究计算了稳健标准误。表5-9中第（1）列是没有控制农户生计调整的农户林业收入的回归结果；第（2）列是没有控制农户生计调整的农户非农收入的回归结果；第（3）列是在加入农户生计调整变量，包括是否非农就业、是否流转林地、林地资金投入、是否有林下经济，农户林业收入的回归结果；第（4）列是在加入农户生计调整变量后农户非农收入的回归结果。各列的样本均为匹配后的共同域样本，样本量为608个，各回归结果的 R 方及模型的联合显著性检验均在合理范围内。观察表5-9中各列的模型整体拟合结果还可以看出，在加入农户生计调整变量后模型的 R 方明显上升，因此对于本章节控制变量（即农户家庭特征变量和林地特征变量）的结果解释主要关注第（3）和第（4）两列。

通过观察 did 在各列中的回归结果可以发现，did 在各列中的回归系数

均未通过显著性检验，说明在其他条件不变的情况下，公益林政策对农户的林业收入和非农收入没有产生显著的影响。即公益林政策对农户的林业收入和非农收入的影响作用不显著。而在控制农户生计调整变量后，如表 5 - 9 第（3）列，公益林政策对农户林业收入的负面作用变小，这意味着面对公益林政策对林业收入的负面冲击，农户可能选择缩小林业生产依赖的生计调整策略，进而导致林业收入大幅减少。类似的，如表 5 - 9 第（4）列，公益林政策对农户非农收入的影响变小，这意味着农户可能选择了扩大非农就业的生计调整策略以应对公益林政策的冲击。

公益林对农户林业收入和非农收入的回归系数分别为负数和正数，但都没有通过显著性检验。说明政策实施前在其他条件不变的情况下，有公益林农户与没有公益林农户的林业收入和非农收入不存在显著差异。时间虚拟变量 $year$ 的回归系数在（2）、（4）列中均为正数，且均达到 1% 的显著性水平，说明在其他条件不变的情况下，农户非农收入存在随时间增长而增长的趋势，即使没有公益林政策，农户 2019 年的非农收入也要高于 2013 年。而在第（1）列中，$year$ 的回归系数为正数且通过 10% 水平的显著性检验，说明在其他条件不变的情况下，农户林业收入存在随时间增长而增长的趋势，即使没有公益林政策，农户 2019 年的林业收入也要高于 2013 年。但是第（3）列并未通过显著性检验，说明在其他条件不变的情况下，农户林业收入增长的时间趋势，会被农户的生产要素结构调整所稀释。

表 5 - 9　公益林政策对农户收入结构的影响

变量名称	(1) 林业收入	(2) 非农收入	(3) 林业收入	(4) 非农收入
did	−0.336 5 (0.500 6)	0.013 7 (0.228 8)	−0.073 4 (0.473 3)	−0.035 1 (0.222 4)
公益林	−0.061 3 (0.397 0)	0.153 6 (0.192 2)	−0.098 1 (0.366 3)	0.157 9 (0.197 5)
year	0.624 5* (0.340 5)	0.853 7*** (0.163 0)	0.362 2 (0.330 3)	0.657 5*** (0.160 4)
非农就业时间			−0.042 7*** (0.015 8)	0.033 3*** (0.004 9)

（续）

变量名称	（1） 林业收入	（2） 非农收入	（3） 林业收入	（4） 非农收入
是否流转林地			0.907 5 ***	−0.253 1
			(0.324 3)	(0.193 5)
ln 林地资金投入			0.264 1 ***	0.006 5
			(0.038 1)	(0.013 0)
是否林下经济			1.082 7 ***	0.052 4
			(0.247 1)	(0.173 9)
年龄	−0.043 0 ***	0.004 4	−0.031 6 **	0.004 2
	(0.015 1)	(0.008 6)	(0.013 9)	(0.008 4)
教育	−0.044 1	0.035 7	−0.113 1 *	0.029 0
	(0.059 5)	(0.024 5)	(0.060 4)	(0.025 2)
党员	0.164 2	0.226 2 *	0.313 6	0.165 3
	(0.364 2)	(0.125 0)	(0.342 2)	(0.124 7)
总劳动力	0.246 6 **	0.392 6 ***	0.295 0 ***	0.270 9 ***
	(0.111 5)	(0.054 0)	(0.110 9)	(0.056 3)
林地面积	0.001 2 ***	−0.000 2	0.000 3	−0.000 2
	(0.000 4)	(0.000 4)	(0.000 4)	(0.000 4)
地块数	−0.068 0	−0.015 7	−0.082 6 *	−0.017 9
	(0.063 1)	(0.038 6)	(0.045 8)	(0.038 6)
用材林占比	0.866 6 *	−0.836 7 ***	1.160 5 **	−0.942 6 ***
	(0.508 4)	(0.175 7)	(0.537 0)	(0.251 3)
经济林占比	4.161 8 ***	−0.720 3 ***	2.985 6 ***	−0.742 9 ***
	(0.512 2)	(0.250 6)	(0.478 5)	(0.278 1)
竹林占比	3.007 2 ***	−1.057 8 ***	2.972 2 ***	−1.093 1 ***
	(0.480 4)	(0.183 6)	(0.539 1)	(0.244 4)
林地质量	−0.073 2	0.117 2 *	0.369 9 ***	0.076 0
	(0.124 5)	(0.064 5)	(0.139 5)	(0.069 1)
林地距离	0.019 6	−0.017 0	0.042 1	−0.018 8
	(0.031 0)	(0.014 0)	(0.029 3)	(0.014 3)
林地坡度	−0.012 7	0.003 5	−0.006 5	0.001 9
	(0.008 7)	(0.004 5)	(0.008 2)	(0.004 4)
Constant	7.911 7 ***	8.398 0 ***	5.442 3 ***	8.716 2 ***
	(1.244 4)	(0.576 5)	(1.205 8)	(0.546 9)
Prob>F	0.000 0	0.000 0	0.000 0	0.000 0
R - squared	0.173 3	0.218 2	0.298 1	0.254 5

注：括号内为稳健标准误。 * 、 ** 、 *** 表示10%、5%、1%显著性水平。

　　具体观察每个生计调整变量的回归结果，如表 5 - 9 的第（3）和第（4）列，可以看出非农就业对农户林业收入有显著的负向影响，对农户非农收入有显著的正向影响；而是否流转林地、林地资金投入和林下经济对农户林业收入都有显著的正向影响，对农户非农收入没有显著影响。具体而言，非农就业时间对农户林业收入的回归系数为负数，且通过1%水平的显著性检验，说明在其他条件不变的情况下，农户非农就业时间对农户林业收入有显著的负向影响，即农户非农就业时间的增加会减少农户的林业收入。非农就业时间对农户非农收入的回归系数为正数，且通过1%水平的显著性检验，说明在其他条件不变的情况下，农户非农就业时间对农户非农收入有显著的正向影响，即农户非农就业时间的增加会提高农户的非农收入。是否流转林地对农户林业收入的回归系数为正数，且通过1%水平的显著性检验，说明在其他条件不变的情况下，农户林地流转行为对农户林业收入有显著的正向影响，即农户林地流转行为能显著提高农户的林业收入。农户林地资金投入对农户林业收入的回归系数为正数，且通过1%水平的显著性检验，说明在其他条件不变的情况下，农户林地资金投入对农户林业收入有显著的正向影响，即农户林地投入资金越多农户林业收入越高。是否发展林下经济对农户林业收入的回归系数为正数，且通过1%水平的显著性检验，说明在其他条件不变的情况下，农户发展林下经济对农户林业收入有显著的正向影响，即农户发展林下经济能提高农户的林业收入。

观察表5-9中第（3）列控制变量中农户家庭特征和林地特征的回归结果，可以看出，年龄对农户林业收入的回归系数为负，且通过5%水平的显著检验，说明在其他条件不变的情况下，年龄对农户林业收入有显著的负向影响，即年龄越大农户的林业收入越低。可能的原因是农户年龄越大其劳动能力越差，因此农户林业收入相对越低。教育对农户林业收入的回归系数为负，且通过10%水平的显著检验，说明在其他条件不变的情况下，教育对农户林业收入有显著的负向影响，即教育水平越高农户的林业收入越低。可能的原因是教育水平越高的农户家庭较少从事林业生产，因此农户林业收入相对越低（徐秀英等，2010；孔凡斌等，2011；Wang et al.，2020）。总劳动力对农户林业收入的回归系数为正，且通过1%水平的显著检验，说明在其他条件不变的情况下，总劳动力对农户林业收入有显著的正向影响，即劳动力数量越多的农户林业收入越高。可能的原因是劳动力数量越多则农户家庭从事林业生产的劳动力越相对充裕，因此农户林业收入也相对较高。

如表5-9第（3）列中农户林地特征的回归结果，林地地块数对农户林业收入有显著的负向影响，而用材林面积占比、经济林面积占比、竹林面积占比和林地质量对农户林业收入有显著的正向影响。具体而言，地块数对农户林业收入的回归系数为负，且通过10%水平的显著检验，说明在其他条件不变的情况下，地块数对农户林业收入有显著的负向影响，即林地地块数越多农户的林业收入越低。可能的原因是农户林地地块数越多则林地细碎化越严重，这会对农户林业收入产生负面影响。用材林面积占比对农户林业收入的回归系数为正，且通过5%水平的显著检验，说明在其他条件不变的情况下，用材林面积占比对农户林业收入有显著的正向影响，即用材林面积占比越大农户的林业收入越高。与之类似的是，经济林面积占比和竹林面积占比对农户林业收入的回归系数均为正，且均通过1%水平的显著检验，说明在其他条件不变的情况下，经济林面积占比和竹林面积占比对农户林业收入都有显著的正向影响，即经济林面积占比和竹林面积占比越大农户的林业收入越高。相较于"傻山"，用材林、经济林和竹林都是具有经营价值的林地，此类林地越多则农户林业收入会相对较高（Xu et al.，2013；李博伟等，2020）。林地质量对农户林业收入的回归系数为正，且通过1%水平的显著检验，说明在其他条件不变的情况下，林地质量对农户林业收入有显著的正向影响，即农户家庭林地质量越高则农户的林业收入越高。林地质量越高则林地越优渥，农户更容易获得更高的林业收入。

观察表5-9中第（4）列控制变量中农户家庭特征和林地特征的回归结果，可以看出，在农户家庭特征变量中，总劳动力数对农户的非农收入有显著的正向影响。具体而言，总劳动力数对农户非农收入的回归系数为正，且通过1%水平的显著检验，说明在其他条件不变的情况下，总劳动力数对农户非农收入有显著的正向影响，即劳动力数量越多的农户非农收入越高。可能的原因是劳动力数量越多则农户家庭从事非农生产的劳动力越多，因此农户非农收入也相对较高。在林地特征的变量中，用材林面积占比、经济林面积占比和竹林面积占比对农户非农收入有显著的负向影响。具体而言，用材林面积占比、经济林面积占比和竹林面积占比对农户非农收入的回归系数为负，且均通过1%水平的显著检验，说明在其他条件不变的情况下，用材林面积占比、经济林面积占比和竹林面积占比对农户非农收入有显著的负向影响，即用材林面积占比、经济林面积占比和竹林面积占比越少农户的非农收入越高。原因是用材林面积占比、经济林面积占比和竹林面积占比越多的农户可能会分配更多的劳动力用于林业生产，因此非农收入相对较低。

（二）公益林政策对收入结构影响的分组检验

本节检验了不同兼业类型下公益林政策对纯林户、兼业户、非林户的林业收入和非农收入的回归结果。本节的实证检验均使用 OLS，并计算了稳健标准误。各表中的第（1）列和第（2）列是没有控制农户生计调整的农户长期、短期收入的回归结果，第（3）列和第（4）列是加入农户生计调整变量后农户林业收入和非农收入的回归结果。整体来看，在以下各表中，本研究所关注的衡量公益林政策效应变量 did 的系数，在不同兼业类型分组的子样本回归中的系数方向、显著性均有所不同。类似的，用于衡量农户生计调整的各变量的系数方向和显著性也存在差异。这意味着不同兼业类型的农户受到公益林政策冲击后对农户收入结构的影响存在差异。

1. 公益林政策对纯林户收入结构的影响

观察表 5-10 中各模型的整体拟合结果，各模型的 R 方和联合显著性检验均在合理范围内。由于在加入纯林户生计调整变量后模型 R 方上升明显，因此对于控制变量重点关注第（3）和第（4）两列的结果。

观察 did 对林业收入的回归结果可以发现，表 5-10 第（1）、（3）两列，did 的回归系数均为负数且分别通过 5％和 10％水平的显著性检验，说明在其他条件不变的情况下，公益林政策对纯林户的林业收入有显著的负向影响。即公益林政策降低了纯林户的林业收入。进一步观察在控制纯林户生计调整变量后，如表 5-10 第（3）列，公益林政策对纯林户林业收入的负面作用变小，这意味着纯林户面对公益林政策对林业收入的负面冲击，可能选择缩小林业生产依赖的生计调整策略，进而导致纯林户林业收入的减少。

观察表 5-10 第（2）、（4）两列，did 的回归系数均为负数但都没有通过显著性检验，说明在其他条件不变的情况下，公益林政策对纯林户的非农收入没有显著影响。进一步观察在控制纯林户生计调整变量后，如表 5-10 第（4）列，公益林政策对纯林户非农收入的负面作用变大，这意味着纯林户面对公益林政策对非农收入的负面冲击，可能选择扩大非农生产依赖的生计调整策略。

公益林对纯林户林业收入的回归系数均为正数，但只有在不控制纯林户生计调整变量时，公益林对纯林户林业收入的影响通过了 5％ 水平的显著性检验。说明政策实施前在其他条件不变的情况下，有公益林纯林户的林业收入要高于没有公益林的纯林户。但如第（3）列，控制纯林户的生计调整变量后，政策实施前有无公益林地农户间的林业收入差异不再显著，可能的原因是纯林户的生计调整的差别降低了有无公益林地农户间林业收入的原有差异。公益林对纯林户非农收入的回归系数均为正数，但均未通过显著性检验，说明政策实施前在其他条件不变的情况下，有公益林纯林户与没有公益林纯林户的非农收入差别不显著。时间虚拟变量 $year$ 的回归系数在（1）、（3）列中均为负数，但没有通过显著性检验，说明即使没有公益林政策，在其他条件不变的情况下，纯林户 2019 年的林业收入也与 2013 年差别不显著。而在第（2）、（4）列中均为正数，且均达到 1％ 的显著性水平，说明在其他条件不变的情况下，纯林户非农收入存在随时间增长而增长的趋势，即使没有公益林政策，农户 2019 年的非农收入也要高于 2013 年。

具体观察每个生计调整变量的回归结果，如表 5 - 10 中的第（3）和第（4）列，可以看出非农就业时间对纯林户非农收入有显著的正向影响；而林地资金投入对农户林业收入有显著的正向影响。具体而言，非农就业时间对纯林户非农收入的回归系数为正数，且均通过 5％ 水平的显著性检验，说明在其他条件不变的情况下，纯林户非农就业时间对农户非农收入有显著的正向影响，即纯林户非农就业时间的增加会提高纯林户的非农收入。纯林户林地资金投入对其林业收入的回归系数为正数，且通过 1％ 水平的显著性检验，说明在其他条件不变的情况下，林地资金投入对纯林户林业收入有显著的正向影响，即林地资金投入越多纯林户林业收入越高。

表 5 - 10　公益林政策对纯林户收入结构的影响

变量名称	(1) 林业收入	(2) 非农收入	(3) 林业收入	(4) 非农收入
did	−0.691 6**	−0.776 5	−0.629 2*	−0.817 1
	(0.334 6)	(0.637 1)	(0.330 3)	(0.636 2)
公益林	0.412 8**	0.689 0	0.312 9	0.796 8
	(0.167 5)	(0.536 4)	(0.215 3)	(0.587 6)

（续）

变量名称	（1） 林业收入	（2） 非农收入	（3） 林业收入	（4） 非农收入
year	−0.205 5 (0.260 3)	2.481 2*** (0.415 9)	−0.228 7 (0.264 3)	2.182 9*** (0.434 5)
非农就业时间			−0.011 6 (0.012 5)	0.038 1** (0.017 3)
是否流转林地			0.195 9 (0.229 3)	−0.392 1 (0.526 0)
ln 林地资金投入			0.113 4*** (0.039 6)	0.033 1 (0.041 1)
是否林下经济			0.145 0 (0.163 3)	−0.014 4 (0.465 0)
年龄	−0.002 7 (0.008 9)	0.008 6 (0.020 6)	−0.009 8 (0.008 7)	0.013 1 (0.021 9)
教育	−0.023 4 (0.092 8)	0.022 9 (0.095 5)	−0.067 5 (0.096 9)	0.012 0 (0.106 9)
党员	−0.361 7 (0.504 2)	−0.320 6 (0.338 6)	−0.264 6 (0.432 9)	−0.304 0 (0.348 0)
总劳动力	0.281 0* (0.155 0)	0.622 5*** (0.173 9)	0.263 0* (0.136 3)	0.540 5*** (0.191 0)
林地面积	0.000 5* (0.000 3)	−0.000 2 (0.000 8)	0.000 4 (0.000 3)	−0.000 2 (0.000 8)
地块数	0.046 7 (0.028 9)	−0.187 7* (0.098 5)	0.017 1 (0.032 7)	−0.203 0** (0.101 5)
用材林占比	−0.567 4* (0.305 1)	−2.129 2*** (0.466 0)	−0.259 0 (0.394 0)	−2.102 5*** (0.740 7)
经济林占比	0.349 2 (0.372 2)	−0.580 8 (0.499 3)	0.164 0 (0.353 3)	−0.391 3 (0.566 1)
竹林占比	0.668 1 (0.502 7)	−1.331 8*** (0.427 9)	0.699 1 (0.547 2)	−1.363 5** (0.584 5)
林地质量	−0.092 3 (0.126 2)	0.174 4 (0.193 2)	−0.051 2 (0.117 4)	0.223 7 (0.205 5)
林地距离	−0.012 6 (0.022 6)	0.049 5** (0.023 7)	−0.006 1 (0.022 8)	0.047 4* (0.025 3)
林地坡度	−0.019 0** (0.009 6)	0.011 7 (0.012 0)	−0.017 5** (0.008 4)	0.010 1 (0.012 7)

（续）

变量名称	（1） 林业收入	（2） 非农收入	（3） 林业收入	（4） 非农收入
Constant	9.769 5 ***	6.528 3 ***	9.536 6 ***	6.346 3 ***
	(0.909 0)	(1.725 4)	(0.922 7)	(1.697 6)
Prob＞F	0.000 0	0.000 0	0.000 0	0.000 0
R－squared	0.287 0	0.394 9	0.385 5	0.409 6

注：括号内为稳健标准误。＊、＊＊、＊＊＊表示10％、5％、1％显著性水平。

观察表5-10第（3）列控制变量中纯林户家庭特征和林地特征的回归结果，可以看出，在纯林户家庭特征变量中，总劳动力数对纯林户的林业收入有显著的正向影响。总劳动力数对纯林户林业收入的回归系数为正，且通过10％水平的显著检验，说明在其他条件不变的情况下，总劳动力数对纯林户林业收入有显著的正向影响，即劳动力数量越多纯林户的林业收入越高。在纯林户林地特征变量中，林地坡度对纯林户林业收入的回归系数为负，且通过5％水平的显著检验，说明在其他条件不变的情况下，林地坡度对纯林户林业收入有显著的负向影响，即林地坡度越陡纯林户的林业收入越低。

观察表5-10中第（4）列控制变量中纯林户家庭特征和林地特征的回归结果，可以看出，在纯林户家庭特征变量中，总劳动力数对纯林户的非农收入有显著的正向影响。总劳动力数对纯林户非农收入的回归系数为正，且通过1％水平的显著检验，说明在其他条件不变的情况下，总劳动力数对纯林户非农收入有显著的正向影响，即劳动力数量越多纯林户的非农收入越高。在林地特征的变量中，林地地块数、用材林面积占比和竹林面积占比对纯林户非农收入有显著的负向影响；林地距离对纯林户非农收入有显著的正向影响。具体而言，林地地块数对纯林户非农收入的回归系数为负，且通过5％水平的显著检验，说明在其他条件不变的情况下，林地地块数对纯林户非农收入有显著的负向影响，即林地地块数越少纯林户的非农收入越高。用材林面积占比和竹林面积占比对纯林户非农收入的回归系数为负，且分别通过1％和5％水平的显著检验，说明在其他条件不变的情况下，用材林面积占比和竹林面积占比对纯林户非农收入有显著的负向影响，即用材林面积占比和竹林面积占比越少农户的非农收入越高。林地距离对纯林户非农收入的回归系数为正，且通过10%水平的显著检验，说明在其他条件不变的情况下，林地距离对纯林户非农收入有显著的正向影响，即林地离家距离越远纯林户的非农收入越高。

2. 公益林政策对兼业户收入结构的影响

观察表5-11中各模型的整体拟合结果，各模型的 R 方和联合显著性检验均在合理范围内。由于在加入兼业户生计调整变量后模型 R 方上升明显，因此对于控制变量重点关注第（3）和第（4）两列的结果。

观察 did 对林业收入的回归结果可以发现，表5-11第（1）、（3）两列，did 的回归系数都为负数，且均通过1%水平的显著性检验，说明在其他条件不变的情况下，公益林政策对兼业户的林业收入有显著的负向影响。即公益林政策降低了兼业户的林业收入。进一步观察在控制兼业户生计调整变量后，如表5-11第（3）列，公益林政策对兼业户林业收入的负面作用变小，这意味着兼业户面对公益林政策对林业收入的负面冲击，可能选择缩小林业生产依赖的生计调整策略，进而导致兼业户林业收入的减少。观察表5-11第（2）、（4）两列，did 的回归系数均为正数，且分别通过1%和5%水平的显著性检验，说明在其他条件不变的情况下，公益林政策对兼业户的非农收入有显著的正向影响。即公益林政策提高了兼业户的非农收入。进一步观察在控制兼业户生计调整变量后，如表5-11第（4）列，公益林政策对兼业户非农收入的促进作用变小，这意味着兼业户面对公益林政策对非农收入的负面冲击，可能选择扩大非农生产依赖的生计调整策略，进而导致公益林政策对兼业户的非农收入影响系数相对减少。

具体观察每个生计调整变量的回归结果，如表5-11中的第（3）和第（4）列，可以看出非农就业时间对兼业户非农收入有显著的正向影响。非农就业时间对兼业户非农收入的回归系数为正数，且通过5%水平的显著性检验，说明在其他条件不变的情况下，兼业户非农就业时间对农户非农收入有显著的正向影响，即兼业户非农就业时间的增加会提高兼业户的非农收入。

表5-11 公益林政策对兼业户收入结构的影响

变量名称	(1) 林业收入	(2) 非农收入	(3) 林业收入	(4) 非农收入
did	−1.388 9***	0.562 9***	−1.339 1***	0.483 5**
	(0.319 1)	(0.190 4)	(0.338 3)	(0.190 1)

（续）

变量名称	（1） 林业收入	（2） 非农收入	（3） 林业收入	（4） 非农收入
公益林	−0.000 5 (0.196 0)	−0.173 6 (0.120 2)	0.028 2 (0.206 7)	−0.192 4 (0.120 7)
year	0.133 9 (0.208 6)	0.030 7 (0.117 2)	0.137 9 (0.198 9)	−0.028 4 (0.123 3)
非农就业时间			−0.003 7 (0.011 3)	0.014 1** (0.005 8)
是否流转林地			−0.105 0 (0.280 8)	−0.044 5 (0.154 5)
ln 林地资金投入			0.027 9 (0.029 3)	−0.011 3 (0.016 3)
是否林下经济			−0.114 3 (0.261 9)	0.130 6 (0.123 1)
年龄	−0.004 0 (0.009 4)	0.010 3* (0.005 7)	−0.003 4 (0.009 7)	0.009 5* (0.005 6)
教育	−0.015 1 (0.037 5)	0.049 8** (0.020 6)	−0.018 3 (0.041 7)	0.044 1** (0.020 4)
党员	0.289 2 (0.219 9)	0.415 1*** (0.132 2)	0.288 7 (0.234 7)	0.381 3*** (0.126 7)
总劳动力	0.023 0 (0.081 2)	0.122 3** (0.048 7)	0.036 6 (0.085 7)	0.083 4* (0.048 0)
林地面积	0.000 3 (0.000 3)	0.000 2 (0.000 2)	0.000 2 (0.000 3)	0.000 2 (0.000 2)
地块数	0.029 4 (0.052 9)	0.021 7 (0.024 1)	0.026 5 (0.052 7)	0.024 6 (0.023 9)
用材林占比	−0.428 2* (0.245 5)	0.007 0 (0.141 1)	−0.532 6 (0.328 6)	0.000 0 (0.169 2)
竹林占比	−0.763 9** (0.302 5)	−0.460 0*** (0.154 5)	−0.897 7** (0.376 4)	−0.425 0* (0.218 1)
林地质量	−0.221 8** (0.086 2)	−0.075 0 (0.055 7)	−0.172 7 (0.110 3)	−0.115 9* (0.065 3)
林地距离	−0.061 7* (0.034 4)	−0.067 4*** (0.024 2)	−0.058 7* (0.035 1)	−0.065 2*** (0.023 8)
林地坡度	−0.007 2 (0.005 3)	−0.005 8* (0.003 4)	−0.007 0 (0.005 4)	−0.005 6 (0.003 4)

（续）

变量名称	(1) 林业收入	(2) 非农收入	(3) 林业收入	(4) 非农收入
Constant	10.216 5 ***	9.292 9 ***	10.083 5 ***	9.450 9 ***
	(0.642 2)	(0.393 6)	(0.726 2)	(0.413 3)
Prob>F	0.000 0	0.000 0	0.000 0	0.000 0
R - squared	0.266 5	0.293 5	0.272 1	0.324 5

注：括号内为稳健标准误。*、**、*** 表示10%、5%、1%显著性水平。

观察表5-11第（3）列控制变量中兼业户家庭特征和林地特征的回归结果，可以看出，在兼业户林地特征变量中，竹林占比对兼业户林业收入的回归系数为负，且通过5%水平的显著检验，说明在其他条件不变的情况下，竹林占比对兼业户林业收入有显著的负向影响，即竹林面积占比越多的兼业户林业收入越低。林地距离对兼业户林业收入的回归系数为负，且通过10%水平的显著检验，说明在其他条件不变的情况下，林地距离对兼业户林业收入有显著的负向影响，即兼业户的林地离家距离越远林业收入越低。

观察表5-11中第（4）列控制变量中兼业户家庭特征和林地特征的回归结果，可以看出，在兼业户家庭特征变量中，年龄、教育、党员和总劳动力对兼业户的非农收入有显著的正向影响。年龄对兼业户非农收入的回归系数为正，且通过10%水平的显著检验，说明在其他条件不变的情况下，年龄对兼业户非农收入有显著的正向影响，即年龄越大兼业户的非农收入越高。教育对兼业户非农收入的回归系数为正，且通过5%水平的显著检验，说明在其他条件不变的情况下，教育对兼业户非农收入有显著的正向影响，即教育程度越高的兼业户非农收入越高。党员对兼业户非农收入的回归系数为正，且通过1%水平的显著检验，说明在其他条件不变的情况下，党员对兼业户非农收入有显著的正向影响，即拥有党员的兼业户家庭非农收入越高。总劳动力数对兼业户非农收入的回归系数为正，且通过10%水平的显著检验，说明在其他条件不变的情况下，劳动力数量对兼业户非农收入有显著的正向影响，即劳动力数量越多兼业户的非农收入越高。

在林地特征变量中，竹林面积占比、林地质量和林地距离对兼业户非农收入有显著的负向影响。具体而言，竹林面积占比对兼业户非农收入的回归系数为负,且通过10%水平的显著检验,说明在其他条件不变的情况下,竹林面积占比对兼业户非农收入有显著的负向影响,即竹林面积占比越少兼业户的非农收入越低。林地质量对兼业户非农收入的回归系数为负,且通过10%水平的显著检验,说明在其他条件不变的情况下,林地质量对兼业户非农收入有显著的负向影响,即林地质量越差农户的非农收入越低。林地距离对兼业户非农收入的回归系数为负,且通过1%水平的显著检验,说明在其他条件不变的情况下,林地距离对兼业户非农收入有显著的负向影响,即林地离家距离越远兼业户的非农收入越低。

3. 公益林政策对非林户收入结构的影响

观察表5-12中各模型的整体拟合结果,各模型的 R 方和联合显著性检验均在合理范围内。由于在加入非林户生计调整变量后模型 R 方上升明显,因此对于控制变量重点关注第(3)和第(4)两列的结果。

观察 did 对林业收入的回归结果可以发现,表5-12第(1)、(3)两列, did 的回归系数都为正数,但并未通过显著性检验,说明在其他条件不变的情况下,公益林政策对非林户的林业收入没有显著影响。观察表5-12第(2)、(4)两列, did 的回归系数均为正数,但均未通过显著性检验,说明在其他条件不变的情况下,公益林政策对非林户的非农收入没有显著的正向影响。

公益林对非林户林业收入的回归系数均未通过显著性检验,说明政策实施前在其他条件不变的情况下,有公益林的非林户与没有公益林的非林户的林业收入差别不显著。时间虚拟变量 $year$ 的回归系数均为正数,且通过1%或5%水平的显著性检验,说明即使没有公益林政策,在其他条件不变的情况下,非林户2019年的林业收入和非农收入也要高于2013年。

具体观察每个生计调整变量的回归结果,如表5-12中的第(3)列,可以看出流转林地、林地资金投入和发展林下经济对非林户林业收入有显著的正向影响。是否流转林地对非林户林业收入的回归系数为正数,且通过1%水平的显著性检验,说明在其他条件不变的情况下,非林户流转林地对农户林业收入有显著的正向影响,即非林户流转林地会增加非林户的林业收入。林地资金投入对非林户非农收入的回归系数为正数,且通过1%水平的显著性检验,说明在其他条件不变的情况下,林地资金投入对农户林业收入有显著的正向影响，即林地资金投入的增加会增加非林户的林业收入。发展林下经济对非林户林业收入的回归系数为正数，且通过 1‰ 水平的显著性检验，说明在其他条件不变的情况下，发展林下经济对农户林业收入有显著的正向影响，即发展林下经济会增加非林户的林业收入。

观察表 5-12 中第（4）列，可以看出，非农就业时间和林地资金投入对非林户非农收入有显著的正向影响。非农就业时间对非林户非农收入的回归系数为正数，且通过 1‰ 水平的显著性检验，说明在其他条件不变的情况下，非林户非农就业时间对农户林业收入有显著的正向影响，即非林户非农就业时间的增加会提高非林户的非农收入。林地资金投入对非林户非农收入的回归系数为正数，且通过 1‰ 水平的显著性检验，说明在其他条件不变的情况下，林地资金投入对农户林业收入有显著的正向影响，即对林地资金投入的提高会增加非林户的非农收入。

表 5-12　公益林政策对非林户收入结构的影响

变量名称	（1） 林业收入	（2） 非农收入	（3） 林业收入	（4） 非农收入
did	0.448 4 (0.724 2)	0.098 3 (0.184 0)	0.646 9 (0.642 3)	0.112 8 (0.170 2)
公益林	−0.340 9 (0.524 5)	−0.002 4 (0.094 8)	−0.496 1 (0.448 6)	−0.003 7 (0.095 3)
year	1.544 3*** (0.524 1)	0.454 4*** (0.128 3)	1.148 2** (0.508 8)	0.258 5** (0.125 4)
非农就业时间			−0.029 0 (0.020 2)	0.019 3*** (0.004 9)
是否流转林地			1.600 3*** (0.432 1)	0.198 9 (0.149 2)
ln 林地资金投入			0.238 6*** (0.047 2)	0.032 7*** (0.012 5)
是否林下经济			2.000 1*** (0.479 5)	0.212 6 (0.155 3)
年龄	−0.075 5*** (0.023 5)	−0.009 0 (0.006 8)	−0.049 1** (0.021 2)	−0.007 9 (0.006 5)

（续）

变量名称	（1） 林业收入	（2） 非农收入	（3） 林业收入	（4） 非农收入
教育	−0.095 7 (0.106 3)	0.007 3 (0.023 3)	−0.177 9* (0.100 4)	−0.001 5 (0.026 6)
党员	−0.482 1 (0.540 8)	0.175 0 (0.127 3)	−0.070 9 (0.520 2)	0.189 0 (0.136 0)
总劳动力	0.714 7*** (0.172 7)	0.249 6*** (0.042 9)	0.560 8*** (0.162 9)	0.135 9*** (0.041 0)
林地面积	0.000 1 (0.001 1)	0.000 7*** (0.000 2)	−0.001 7* (0.001 0)	0.000 2 (0.000 2)
地块数	−0.135 1*** (0.042 8)	0.053 0*** (0.011 9)	−0.113 2* (0.057 6)	0.052 5*** (0.015 6)
用材林占比	2.270 7*** (0.701 6)	−0.231 6 (0.178 5)	3.079 2*** (0.602 5)	−0.162 5 (0.208 2)
经济林占比	8.242 5*** (1.357 8)	0.645 9* (0.342 2)	6.233 2*** (1.173 7)	0.173 1 (0.371 1)
竹林占比	4.511 7*** (0.786 2)	−0.314 9* (0.185 0)	5.141 5*** (0.818 2)	−0.180 1 (0.201 7)
林地质量	0.199 3 (0.201 7)	0.017 7 (0.049 9)	0.584 4*** (0.218 5)	0.025 3 (0.052 7)
林地距离	0.051 3 (0.051 9)	−0.018 2 (0.016 4)	0.116 3** (0.046 9)	−0.021 1 (0.016 5)
林地坡度	−0.014 0 (0.014 3)	−0.001 1 (0.003 5)	−0.005 4 (0.013 5)	−0.001 4 (0.003 3)
Constant	4.786 2** (1.905 9)	9.886 9*** (0.485 9)	1.559 8 (1.720 1)	9.786 2*** (0.449 5)
Prob>F	0.000 0	0.000 0	0.000 0	0.000 0
R-squared	0.345 1	0.294 2	0.492 8	0.376 9

注：括号内为稳健标准误。*、**、***表示10%、5%、1%显著性水平。

观察表5-12第（3）列控制变量中非林户家庭特征回归结果，可以看出，在非林户家庭特征变量中，年龄和教育对非林户的林业收入有显著的负向影响；而总劳动力数对非林户的林业收入有显著的正向影响。年龄对非林户林业收入的回归系数为负，且通过5%水平的显著检验，说明在其他条件不变的情况下，年龄对非林户林业收入有显著的负向影响，即年龄越大非林户的林业收入越低。教育对非林户林业收入的回归系数显著为负，说明教育对非林户林业收入有显著的负向影响，即教育水平越高的非林户其林业收入越低。总劳动力数对非林户林业收入的回归系数显著为正，说明总劳动力对非林户林业收入有显著的正向影响，即非林户的劳动力数量越多其林业收入越高。

在非林户林地特征变量中，如表5-12第（3）列，林地面积对非林户林业收入的回归系数显著为负，说明林地面积对非林户林业收入有显著的负向影响，即林地面积越大的非林户林业收入越低。林地地块数对非林户林业收入的回归系数为负，且通过10%水平的显著检验，说明在其他条件不变的情况下，林地地块数对非林户林业收入有显著的负向影响，即非林户的林地地块数越多其林业收入越低。用材林面积占比、经济林面积占比和竹林面积占比对农户林业收入的回归系数均显著为正，说明用材林面积占比、经济林面积占比和竹林面积占比对非林户林业收入都有显著的正向影响。林地质量对非林户林业收入的回归系数为正，且通过1%水平的显著检验，说明在其他条件不变的情况下，林地质量对非林户林业收入有显著的正向影响，即非林户家庭林地质量越高则农户的林业收入越高，这与曹畅等（2019）的结果较为一致。林地距离对非林户林业收入的回归系数为正，且通过5%水平的显著检验，说明在其他条件不变的情况下，林地距离对非林户林业收入有显著的正向影响，即非林户家庭林地离家越远则其林业收入越高。

观察表5-12中第（4）列控制变量中非林户家庭特征和林地特征的回归结果，可以看出，在非林户家庭特征变量中，总劳动力数对非林户的非农收入有显著的正向影响。总劳动力数对非林户非农收入的回归系数为正，且通过1%水平的显著检验，说明在其他条件不变的情况下，劳动力数量对非林户非农收入有显著的正向影响，即劳动力数量越多非林户的非农收入越高。在林地特征的变量中，林地地块数对非林户非农收入有显著的正向影响。具体而言，林地地块数对非林户非农收入的回归系数为正数，且通过1%水平的显著检验，说明在其他条件不变的情况下，林地地块数对非林户非农收入有显著的正向影响，即非林户的林地地块数越多其非农收入越高。

四、稳健性检验

为检验上述实证分析的可靠性，本研究首先使用人均长期收入和人均短期收入来代替上文使用的长期收入和短期收入进行稳健性检验。

表5-13给出了公益林政策对农户人均短期收入影响的回归结果。可以看出，表5-13各列中 *did* 对全样本农户人均短期收入的正向影响没有通过显著性检验；对纯林户人均短期收入的负向影响没有通过显著性检验；对兼业户人均短期收入有显著的正向影响；对非林户人均短期收入的正向影响也没有通过显著性检验。这与前文回归结果较为一致。各控制变量的回归系数的显著性也与前文差别不大，说明前文回归结果较为稳健。

表5-13　公益林政策对农户人均短期收入的影响

变量名称	（1）全样本	（2）纯林户	（3）兼业户	（4）非林户
did	0.176 0	−0.260 8	0.453 6**	0.236 4
	(0.108 2)	(0.198 3)	(0.187 9)	(0.164 6)
公益林	0.022 0	0.164 0	−0.092 0	−0.059 1
	(0.069 1)	(0.145 0)	(0.122 6)	(0.105 7)
year	0.243 7***	0.380 7**	0.113 6	0.280 7**
	(0.074 6)	(0.172 8)	(0.107 4)	(0.120 9)
非农就业时间	0.013 5***	0.008 7	0.009 9*	0.011 7***
	(0.003 2)	(0.009 8)	(0.005 5)	(0.004 4)
是否流转林地	0.184 4**	0.222 4	0.033 9	0.291 3**
	(0.079 4)	(0.148 8)	(0.153 1)	(0.125 6)
ln林地资金投入	0.023 5***	0.012 8	0.000 5	0.038 2***
	(0.008 2)	(0.017 5)	(0.018 3)	(0.011 6)
是否林下经济	0.224 0***	0.351 6***	0.218 6*	0.278 6**
	(0.073 1)	(0.119 4)	(0.120 0)	(0.131 1)
年龄	−0.004 2	−0.000 4	−0.000 3	−0.005 3
	(0.003 3)	(0.005 6)	(0.005 8)	(0.006 1)
教育	0.005 5	0.026 5	0.012 4	−0.010 9
	(0.013 3)	(0.036 0)	(0.017 9)	(0.022 0)

（续）

变量名称	（1） 全样本	（2） 纯林户	（3） 兼业户	（4） 非林户
党员	0.166 3**	0.039 8	0.275 5**	0.199 3*
	(0.079 5)	(0.214 6)	(0.119 9)	(0.117 3)
总劳动力	−0.161 1***	−0.111 5*	−0.184 2***	−0.162 8***
	(0.025 6)	(0.062 8)	(0.044 0)	(0.040 1)
林地面积	0.000 3***	0.000 6***	0.000 2	−0.000 0
	(0.000 1)	(0.000 1)	(0.000 2)	(0.000 2)
地块数	0.017 9	−0.046 4	0.015 2	0.053 3***
	(0.017 4)	(0.033 0)	(0.023 3)	(0.018 2)
用材林占比	−0.174 4	−0.587 5***	0.018 9	−0.015 0
	(0.111 9)	(0.218 9)	(0.176 7)	(0.178 6)
经济林占比	0.027 5	0.053 1	0.088 3	0.371 7
	(0.153 3)	(0.257 8)	(0.214 9)	(0.435 4)
竹林占比	−0.048 0	0.184 2	−0.301 0	−0.108 2
	(0.117 9)	(0.256 1)	(0.218 3)	(0.196 1)
林地质量	−0.090 9***	−0.220 8***	−0.219 2***	−0.011 1
	(0.035 0)	(0.074 4)	(0.065 9)	(0.051 0)
林地距离	−0.013 8*	−0.001 4	−0.060 6**	−0.002 3
	(0.007 8)	(0.011 9)	(0.024 4)	(0.013 2)
林地坡度	−0.003 9**	−0.003 1	−0.007 9**	−0.003 4
	(0.002 0)	(0.003 2)	(0.003 5)	(0.003 3)
Constant	9.604 5***	9.316 3***	10.175 4***	9.426 1***
	(0.266 5)	(0.504 7)	(0.470 3)	(0.421 3)
Prob>F	0.000 0	0.000 0	0.000 0	0.000 0
R‑squared	0.278 2	0.482 6	0.343 8	0.316 5

注：括号内为稳健标准误。*、**、*** 表示10%、5%、1%显著性水平。

表 5‑14 给出了公益林政策对农户人均长期收入影响的回归结果。可以看出，表 5‑14 各列中 *did* 对全样本农户人均长期收入的正向影响没有通过显著性检验；对纯林户人均长期收入有显著的负向影响；对兼业户人均长期收入有显著的正向影响；对非林户人均长期收入的正向影响也没有通过显著性检验。这与前文回归结果较为一致。各控制变量的回归系数的显著性也与

前文差别不大，说明前文回归结果较为稳健。

表 5-14　公益林政策对农户人均长期收入的影响

变量名称	(1) 全样本	(2) 纯林户	(3) 兼业户	(4) 非林户
did	0.078 4 (0.111 3)	−0.439 6** (0.206 2)	0.369 8* (0.191 8)	0.175 2 (0.167 8)
公益林	0.031 8 (0.069 5)	0.190 6 (0.146 4)	−0.087 4 (0.123 5)	−0.057 0 (0.106 1)
year	0.239 4*** (0.074 8)	0.365 6** (0.174 0)	0.110 6 (0.107 8)	0.278 5** (0.121 4)
非农就业	0.014 2*** (0.003 2)	0.010 4 (0.010 0)	0.010 2* (0.005 5)	0.012 4*** (0.004 5)
是否流转林地	0.179 9** (0.081 6)	0.223 4 (0.152 4)	0.044 0 (0.154 5)	0.278 1** (0.129 7)
ln 林地资金投入	0.023 8*** (0.008 4)	0.016 7 (0.018 0)	−0.000 8 (0.018 6)	0.037 9*** (0.011 8)
是否林下经济	0.223 1*** (0.075 2)	0.361 3*** (0.123 0)	0.220 8* (0.123 1)	0.274 1** (0.132 6)
年龄	−0.004 2 (0.003 3)	−0.000 8 (0.005 8)	−0.000 1 (0.005 9)	−0.005 4 (0.006 2)
教育	0.007 5 (0.013 5)	0.023 6 (0.036 1)	0.015 0 (0.018 1)	−0.009 2 (0.022 5)
党员	0.163 1** (0.080 8)	0.037 3 (0.216 7)	0.271 3** (0.121 4)	0.201 8* (0.118 7)
总劳动力	−0.157 0*** (0.025 8)	−0.100 3 (0.062 4)	−0.182 6*** (0.044 5)	−0.160 9*** (0.040 9)
林地面积	0.000 3*** (0.000 1)	0.000 6*** (0.000 1)	0.000 1 (0.000 2)	−0.000 1 (0.000 2)
地块数	0.018 0 (0.017 6)	−0.048 5 (0.033 4)	0.016 5 (0.023 6)	0.052 7*** (0.018 4)
用材林占比	−0.186 0 (0.116 1)	−0.591 3*** (0.225 4)	0.036 5 (0.180 5)	−0.032 6 (0.184 8)
经济林占比	0.044 3 (0.155 1)	0.105 1 (0.261 9)	0.118 0 (0.218 0)	0.364 3 (0.441 7)

（续）

变量名称	(1) 全样本	(2) 纯林户	(3) 兼业户	(4) 非林户
竹林占比	−0.047 8	0.224 5	−0.294 4	−0.117 1
	(0.120 8)	(0.258 8)	(0.222 1)	(0.199 4)
林地质量	−0.085 6**	−0.209 7***	−0.218 7***	−0.010 6
	(0.035 8)	(0.076 6)	(0.066 5)	(0.052 0)
林地距离	−0.015 1*	−0.001 8	−0.061 9**	−0.004 7
	(0.008 1)	(0.012 4)	(0.024 8)	(0.013 7)
林地坡度	−0.003 5*	−0.002 1	−0.007 8**	−0.003 5
	(0.002 0)	(0.003 3)	(0.003 6)	(0.003 3)
Constant	9.566 3***	9.233 1***	10.130 8***	9.441 8***
	(0.272 0)	(0.514 0)	(0.479 6)	(0.426 4)
Prob>F	0.000 0	0.000 0	0.000 0	0.000 0
R − squared	0.249 9	0.462 6	0.321 7	0.294 1

注：括号内为稳健标准误。＊、＊＊、＊＊＊表示10％、5％、1％显著性水平。

五、本章结论

本章使用浙江省龙泉市农户调研数据，首先基于 PSM 确定的共同域样本使用 DID 实证检验了公益林政策对农户收入的影响，然后参考已有文献对农户兼业程度进行了划分，将林业收入占比在 5％以下的界定为非林户，占比在 5％～50％的界定为兼业户，50％以上的界定为纯林户。在此基础上对公益林政策的增收效应进行了检验，并进一步分析了公益林政策对农户收入结构的影响。本章的实证检验结果表明：

整体而言，公益林政策对农户长期和短期收入的正向影响均没有通过显著性检验，但是不同兼业类型农户的政策增收效果存在异质性。具体而言，公益林政策对纯林户长期收入有显著的负向影响，对短期收入的负向作用不显著。这说明公益林政策尽管没有显著降低纯林户的总收入，但是从长期来看如果不依靠补偿收入，政策的实施将降低纯林户的增收能力。公益林政策对兼业户短期、长期收入都有显著的正向影响，说明政策的实施对兼业户有稳定的增收效果；公益林政策对非林户短期、长期收入的正向影响均没有通过显著性检验，说明政策的实施对非林户作用不大。假说6得到验证。

对于加入农户生计模式调整变量后的回归结果，实证检验发现对于全体农户，公益林政策对长期和短期收入的回归系数均变小，这意味着农户生计策略的调整可能是政策影响收入的中介变量；而回归系数仍不显著，说明部分生计策略调整变量可能遮掩了公益林政策对农户收入的正向影响。对于纯林户，加入生计模式调整变量后，政策对长期和短期收入的负向影响均变大，这意味着纯林户生计策略的调整可能遮掩了公益林政策对农户收入的负向影响。对于兼业户，政策对长期和短期收入的回归系数均变小，这意味着公益林政策可能通过影响兼业户生计调整策略进而提高农户收入。对于非林户，公益林政策对长期和短期收入的回归系数均变大，这意味着非林户生计策略的调整可能遮掩了公益林政策对农户收入的正向影响。

本章还进一步探究了公益林政策对农户收入结构影响的回归结果，实证检验发现政策对农户林业收入和非农收入的影响均未通过显著性检验。然而由于不同兼业程度农户的主要生计来源方式有所差异，公益林政策对农户收入结构的冲击也存在异质性。检验结果表明公益林政策显著降低了纯林户的林业收入，但对其非农收入没有显著影响，说明政策主要是通过减少纯林户林业收入进而减少其总收入。对于兼业户，公益林政策是通过显著提高其非农收入降低林业收入进而导致其总收入增加。而对于非林户，政策并未体现出对其收入结构的显著作用。

在前文描述性统计分析的基础上，本章实证检验了公益林政策对农户收入的短期和长期影响。通过分析本研究认为虽然整体来看该政策对农户收入的影响不大，但在理解政策对农户收入的影响时，应关注农户兼业程度的异质性。即如果不考虑农户的公益林补偿收入，该政策则会显著降低纯林户收入，显著提高兼业户收入，对非林户却没有影响。由此来看，对于中国其他经济发展程度较低的集体林区省份来说，这些地区的农户对林业生产依赖程度还比较高，而且政府给予的公益林补偿金额也相对较低，该政策可能会对其产生较大的负面影响。

尽管本章探究了公益林政策对农户收入结构的影响，能初步判断农户收入变化的来源，却不能详细刻画公益林政策对农户收入影响的路径机制。面对政策冲击农户生产要素结构调整的差异，比如调整非农就业时间、林地经营规模、林地经营投入和发展林下经济等，可能是该政策对其收入产生影响和出现异质性的原因。那么，公益林政策是否会通过影响农户生产要素结构调整行为进而影响到农户收入，不同兼业程度的农户又会在调整模式上存在何种差别，政策制定者又该如何制定更有效地相关支持政策以保证农户收入不会受到负面影响或持续增长，这些内容将在后文章节展开详细论证。

第六章　公益林政策对农户非农就业行为的影响

劳动力要素是农户家庭生产要素中最为活跃的生产要素，理论分析认为面对公益林政策的冲击，农户的劳动力配置将会受到影响，进而会对农户收入产生影响。为了检验公益林政策是否通过影响农户的非农就业行为从而作用于农户收入，本章检验了公益林政策对农户非农就业时间和非农就业人数的影响，并进行了作用机制检验。与前文研究保持一致，本章使用的数据仍然是基于 PSM 匹配后的共同域样本，即 608 个样本数据。考虑到农户非农就业决策是两步决策，即参与决策与数量决策，而且只有两个决定同时成立才能构成一个完整的决策，因此本章使用双栏模型进行估计。

本章节对已有研究的边际贡献体现在以下三个方面：一是在研究内容上从非农就业时间和非农就业数量两个方面评估了公益林政策效应，并探讨不同兼业程度农户的异质性，弥补了已有文献对该内容的关注不足。二是厘清了公益林政策通过影响农户非农就业进而影响农户收入的影响机理。三是在使用 PSM - DID 解决内生性问题的基础上，进一步使用双栏模型解决了农户在非农就业的两步决策问题。

一、公益林政策对非农就业影响的估计结果及分析

表 6 - 1 给出了公益林政策对农户非农就业影响的双栏模型的回归结果，为了避免异方差对回归结果的影响，本研究计算了稳健标准误。表 6 - 1 中第（1）列的被解释变量是农户是否参与非农就业，第（2）列的被解释变量是农户非农就业总时间，第（3）列的被解释变量是农户非农就业总人数。

模型 Wald 卡方检验值达到 1% 的显著性水平，从整体上说明模型是适用的。

观察表 6-1 中农户非农就业决策的回归结果，可以发现，*did* 对农户是否参与非农就业、参与非农就业总时间和参与非农就业的总人数均没有显著影响。*did* 对农户是否参与非农就业的回归系数为正，但没有通过显著性检验，说明在其他条件不变的情况下，公益林政策对农户是否参与非农就业的正向影响不显著，即公益林政策对农户的非农就业参与决策没有显著影响。进一步观察表 6-1 第（2）列和第（3）列农户非农就业数量决策的回归结果，可以发现，*did* 对农户非农就业总时间和非农就业总人数的回归系数均为正数，且均没有通过显著性检验，说明在其他条件不变的情况下，公益林政策对农户参与非农就业的时间和参与人数正向影响不显著，即公益林政策对农户的非农就业数量决策没有显著影响。

公益林对农户非农就业总人数的回归系数为负数，且通过 5% 水平的显著性检验，说明政策实施前，在其他条件不变的情况下，有公益林地的农户的非农就业人数要显著低于没有公益林地的农户。而时间虚拟变量 *year* 的回归系数在各列中均为正数，且均达到 1% 的显著性水平，说明在其他条件不变的情况下，农户参与非农就业决策都存在随时间增长而增长的趋势，即使没有公益林政策，农户 2019 年的非农就业参与时间和人数都要高于 2013 年。

表 6-1 公益林政策对非农就业的影响

变量名称	（1）是否参与非农就业	（2）非农就业总时间	（3）非农就业总人数
did	0.065 4	2.652 0	0.270 5
	(0.294 2)	(1.962 3)	(0.241 1)
公益林	0.049 9	−1.300 8	−0.406 2**
	(0.168 5)	(1.577 4)	(0.200 9)
year	1.019 8***	6.663 6***	0.829 7***
	(0.187 4)	(1.271 6)	(0.172 5)
年龄	−0.011 5	0.021 7	0.010 0
	(0.007 1)	(0.063 0)	(0.008 8)
教育	0.051 7	0.406 6*	−0.019 7
	(0.037 2)	(0.218 3)	(0.030 4)
党员	0.416 5*	−0.062 3	0.411 8**
	(0.227 3)	(1.376 5)	(0.183 3)

（续）

变量名称	（1） 是否参与非农就业	（2） 非农就业总时间	（3） 非农就业总人数
总劳动力	0.239 9***	4.926 1***	0.841 5***
	(0.065 8)	(0.502 2)	(0.055 6)
林地面积	−0.000 2	−0.000 6	0.000 2
	(0.000 2)	(0.003 2)	(0.000 2)
地块数	0.002 4	0.090 6	−0.010 9
	(0.027 4)	(0.169 1)	(0.017 0)
用材林占比	−0.710 5***	0.104 4	−0.138 1
	(0.240 6)	(1.744 5)	(0.184 9)
经济林占比	−0.370 2	0.108 0	0.271 9
	(0.329 4)	(2.045 6)	(0.259 8)
竹林占比	−0.347 6	−5.422 7***	−0.493 1**
	(0.250 9)	(1.806 9)	(0.202 9)
林地质量	0.115 1	2.105 9***	−0.493 1***
	(0.079 5)	(0.549 7)	(0.072 2)
林地距离	−0.012 7	0.234 3*	0.002 1
	(0.018 9)	(0.130 3)	(0.014 7)
林地坡度	0.011 7***	0.017 5	0.001 5
	(0.004 5)	(0.033 5)	(0.003 9)
Constant	0.094 0	−12.463 3**	−0.470 2
	(0.590 6)	(5.231 5)	(0.667 6)
Wald chi2（15）		76.99	
Prob＞chi2		0.000 0	

注：括号内为稳健标准误。＊、＊＊、＊＊＊表示10％、5％、1％显著性水平。

观察表6-1中农户家庭特征变量的回归结果可以发现，教育对农户非农就业总时间有显著的正向影响；党员对农户参与非农就业的概率和参与非农就业的总人数有显著的正向影响；总劳动力数量对农户参与非农就业的概率、参与的总时间和参与的总人数都有显著的正向影响。在林地特征变量中，用材林面积占比对农户参与非农就业的概率有显著的负向影响；竹林面积占比对农户参与非农就业的总时间和总人数都有显著的负向影响；林地质量对农户参与非农就业的总时间有显著的正向影响，而对参与非农就业的总人数有显著的负向影响；林地距离对农户参与非农就业总时间有显著的正向影响；林地坡度对农户参与非农就业的概率有显著的正向影响。

教育对农户是否参与非农就业的正向影响不显著，对农户非农就业总时间有显著正向影响，而对农户参与非农就业的总人数的正向影响不显著。在第（1）列农户非农就业参与决策中，教育对农户是否参与非农就业的回归系数为正数，但没有通过显著性检验，说明在其他条件不变的情况下，教育对农户的非农就业参与决策没有显著影响。进一步观察教育对农户非农就业数量决策的回归结果，如表6-1第（2）列和第（3）列，可以发现，教育对农户的非农就业总时间的回归系数为正数，且通过10%水平的显著性检验，说明在其他条件不变的情况下，教育对农户的非农就业总时间有显著的正向影响，即教育水平的提高能增加农户的非农就业总时间。教育对农户的非农就业总人数的回归系数为负数，但没有通过显著性检验，说明在其他条件不变的情况下，教育对农户的非农就业总人数的负向影响不显著，即教育对农户非农就业总人数没有显著影响。

党员对农户是否参与非农就业有显著的正向影响，对农户非农就业总时间没有显著影响，而对农户参与非农就业总人数有显著的正向影响。在第（1）列农户非农就业参与决策中，党员对农户是否参与非农就业的回归系数为正数，且通过10%水平的显著性检验，说明在其他条件不变的情况下，党员对农户的非农就业参与决策有显著的正向影响，即党员会显著增加农户参与非农就业的概率。进一步观察党员对农户非农就业数量决策的回归结果，如表6-1第（2）列和第（3）列，可以发现，党员对农户的非农就业总时间的回归系数为负数，但没有通过显著性检验，说明在其他条件不变的情况下，党员对提高农户非农就业总时间的负向影响不显著，即党员对农户的非农就业总时间没有显著的影响；党员对农户的非农就业总人数的回归系数显著为正数，说明党员对农户的非农就业总人数有显著的正向影响。

总劳动力数对农户是否参与非农就业有显著的正向影响，而且对农户非农就业总时间和参与非农就业的总人数均有显著的正向影响。在表6-1中第（1）列农户非农就业参与决策中，总劳动力数对农户是否参与非农就业的回归系数显著为正数，说明农户家庭劳动力数量的增加会显著提高农户参与非农就业的概率。进一步观察总劳动力对农户非农就业数量决策的回归结果，如表6-1中第（2）列和第（3）列，可以发现，总劳动力数对农户的非农就业总时间和非农就业总人数的回归系数均为正数，且都通过 1% 水平的显著性检验，说明在其他条件不变的情况下，总劳动力数对农户的非农就业总时间和非农就业总人数有显著的正向影响，即农户家庭劳动力数量的增加会显著提高农户家庭总的非农就业时间和参与非农就业的总人数。

观察表 6-1 中农户林地特征变量的回归结果，可以看出，用材林面积占比对农户是否参与非农就业有显著的负向影响，而对农户参与非农就业总时间和参与非农就业的总人数没有显著影响。在表 6-1 中第（1）列农户非农就业参与决策中，用材林面积占比对农户是否参与非农就业的回归系数为负数，且通过 1% 水平的显著性检验，说明在其他条件不变的情况下，用材林面积占比对农户的非农就业参与决策有显著的负向影响，即用材林面积占比的增加会显著降低农户参与非农就业的概率。可能的原因是用材林面积占比越多的农户其造林、采伐的概率越高，这需要大量的劳动力，因此参与非农就业的概率降低（符椒燕等，2018）。进一步观察用材林面积占比对农户非农就业数量决策的回归结果，如表 6-1 第（2）列和第（3）列，可以发现，用材林面积占比对农户的非农就业总时间和非农就业总人数的回归系数均未通过显著性检验，说明在其他条件不变的情况下，用材林面积占比对农户的非农就业总时间和非农就业总人数没有显著的影响。

而竹林面积占比对农户是否参与非农就业没有显著影响，对农户非农就业总时间和非农就业总人数均有显著的负向影响。从表 6-1 中第（1）列可以看出竹林面积占比对是否参与非农就业的回归系数为负数，但没有通过显著性检验，说明在其他条件不变的情况下，竹林面积占比对农户的非农就业参与决策没有显著的影响。在竹林面积占比对农户非农就业数量决策的回归结果中，如表 6-1 第（2）列和第（3）列，可以发现，竹林面积占比对农户的非农就业总时间和非农就业总人数的结果显著为负数，说明竹林面积占比对农户的非农就业总时间和非农就业总人数有显著的负向影响，即竹林面积占比的提高对农户家庭参与非农就业的总时间和参与非农就业的总人数有显著的减少作用。原因是，调研样本地区农户竹林地多种植毛竹，毛竹一年发笋长竹，一年换叶生鞭，竹林面积越大吸纳的家庭劳动力越多，因此竹林面积占比对农户参与非农就业总时间和参与非农就业的总人数产生了负向影响。

林地质量对农户是否参与非农就业没有显著影响，对农户非农就业总时间有显著的正影响，而对非农就业总人数有显著的负向影响。从表 6-1 中第（1）列可以看出林地质量的提高对农户参与非农就业概率的正向影响不显著，即林地质量对农户的非农就业参与决策没有显著的影响。在林地质量对农户非农就业数量决策的回归结果中，如表 6-1 第（2）列，可以发现，林地质量对农户的非农就业总时间的回归系数显著为正数，说明在其他条件不变的情况下，林地质量对农户的非农就业总时间有显著的正向影响，即随着林地质量的提高农户家庭参与非农就业的总时间也会显著提高。而林地质量对农户的非农就业总人数的回归系数为负数，如表 6-1 第（3）列，且通过 1‰水平的显著性检验，说明随着林地质量的提高农户家庭参与非农就业的总人数会显著下降。质量较高的林地可以节约农户对林地劳动力的投入，而且林地质量越高林地的资本投资收益率也越高。农户只需要在质量较好林地投入较少的劳动力时间即可获得较高的收入，原本已参与非农就业的家庭成员可以将更多的时间投入非农就业中（徐秀英等，2020）。因此，林地质量的提高增加了农户的非农就业时间。而另一方面，林地质量高所带来的高收益也能保证农户林业收入维持在较高水平，降低农户外出非农就业的动力，因此林地质量的提高减少了农户参与非农就业的总人数。

林地距离对农户是否参与非农就业和非农就业总人数没有显著影响，对农户非农就业总时间有显著的正影响。从表 6-1 中第（1）列可以看出林地离家距离的增加对农户参与非农就业概率的负向影响不显著，即林地距离对农户的非农就业参与决策没有显著的影响。在林地距离对农户非农就业数量决策的回归结果中，如表 6-1 第（2）列，可以发现，林地距离对农户的非农就业总时间的回归系数显著为正数，说明林地距离对农户的非农就业总时间有显著的正向影响，即随着林地离家距离的增加农户家庭参与非农就业的总时间也会显著提高。原因是农户营林交通成本的提高会削弱农户营林积极性，因此，农户会通过提高非农就业时间来增加家庭总效用。而林地距离对农户的非农就业总人数的回归系数为正数，但没有通过显著性检验，如表 6-1 第（3）列，说明在其他条件不变的情况下，林地离家距离的提高对农户参与非农就业总人数的正向影响不显著，即林地距离对农户的非农就业总人数没有显著的影响。

林地坡度对农户是否参与非农就业有显著正向影响，而对农户非农就业总时间和非农就业总人数都没有显著影响。从表6-1中第（1）列可以看出林地坡度对是否参与非农就业的回归系数为正数，且通过1‰水平的显著性检验，说明在其他条件不变的情况下，林地坡度对农户的非农就业参与决策有显著的正向影响，即随着林地坡度的增加农户参与非农就业的概率也会增加。原因是，林地坡度决定的林业生产的方便程度，坡度越陡从事林业生产作业越不方便，而且存在安全风险，农户可能会选择放弃林业生产从事非农就业。在林地坡度对农户非农就业数量决策的回归结果中，如表6-1第（2）列和第（3）列，可以发现，林地坡度对农户的非农就业总时间和非农就业总人数的回归系数为正数，但都没有通过显著性检验，说明在其他条件不变的情况下，林地坡度对农户家庭参与非农就业的总时间和参与非农就业总人数的正向影响不显著，即林地坡度对农户的非农就业总时间和非农就业总人数没有显著影响。

二、公益林政策对非农就业影响的分组检验

本节检验了不同兼业类型下公益林政策对其非农就业影响的回归结果。与前文研究保持一致，研究使用的样本为 PSM 匹配后的共同域样本，并基于已有文献将农户分为纯林户、兼业户和非林户。本节的实证检验均使用双栏模型，并计算了稳健标准误。各表中的第（1）列是分析公益林政策对农户是否参与非农就业的影响，第（2）列是分析公益林政策对农户参与非农就业总时间的影响，第（3）列是分析公益林政策对农户参与非农就业总人数的影响。整体来看，本研究所关注的衡量公益林政策效应的变量 did 的系数在不同类型分组的子样本回归中的系数方向、显著性均有所不同。这意味着受到公益林政策冲击后不同类型农户的非农就业响应存在差异。

（一）公益林政策对纯林户非农就业的影响

表6-2是公益林政策对纯林户非农就业影响的回归结果。回归结果使用双栏模型进行参数估计，Wald 卡方检验说明模型适用。

观察表6-2纯林户非农就业参与决策的回归结果，可以发现，*did* 对

纯林户是否参与非农就业、参与非农就业总时间和参与非农就业的总人数均没有显著影响。公益林政策对纯林户是否参与非农就业的正向影响不显著，即公益林政策对纯林户的非农就业参与决策没有显著的影响。进一步观察表 6-2 第（2）列纯林户非农就业数量决策的回归结果，可以发现，*did* 对纯林户非农就业总时间的回归系数为正数，且没有通过显著性检验，说明在其他条件不变的情况下，公益林政策对纯林户参与非农就业总时间的正向影响不显著。类似的，如表 6-2 第（3）列，*did* 对纯林户非农就业总人数的回归系数为负数，但也没有通过显著性检验，说明在其他条件不变的情况下，公益林政策对纯林户参与非农就业总人数的负向影响不显著。

公益林对纯林户是否参与非农就业的回归系数为负数，且通过 10% 水平的显著性检验，说明政策实施前，在其他条件不变的情况下，有公益林地的纯林户参与非农就业的概率要显著低于没有公益林地的纯林户。而时间虚拟变量 *year* 的回归系数在各列中均为正数，且均达到 1% 的显著性水平，说明在其他条件不变的情况下，纯林户参与非农就业决策都存在随时间增长而增长的趋势，即使没有公益林政策，纯林户 2019 年的非农就业参与时间和人数都要高于 2013 年。

观察表 6-2 中纯林户家庭特征变量的回归结果可以发现，年龄对纯林户非农就业概率有显著的负向影响；教育对纯林户非农就业的总时间有显著的正向影响；总劳动力数量对纯林户参与非农就业的概率、参与的总时间和参与的总人数都有显著的正向影响。在林地特征变量中，用材林面积占比对纯林户参与非农就业的概率和参与的总时间有显著的负向影响；经济林面积占比对纯林户参与非农就业的概率有显著的负向影响；竹林面积占比对纯林户参与非农就业的概率和参与的总时间都有显著的负向影响；林地质量对纯林户参与非农就业的概率和总人数都有显著的负向影响，而对参与非农就业总时间有显著的正向影响；林地距离对纯林户参与非农就业的概率有显著的正向影响。

表 6-2　公益林政策对纯林户非农就业的影响

变量名称	(1) 是否参与非农就业	(2) 非农就业总时间	(3) 非农就业总人数
did	0.156 3 (0.503 7)	1.781 6 (3.176 2)	−0.261 0 (0.543 3)

（续）

变量名称	（1） 是否参与非农就业	（2） 非农就业总时间	（3） 非农就业总人数
公益林	−0.591 8* (0.335 2)	0.967 0 (2.569 6)	−0.238 4 (0.619 7)
year	1.551 4*** (0.354 5)	9.469 1*** (2.169 3)	1.882 0*** (0.330 9)
年龄	−0.029 1** (0.013 3)	−0.089 2 (0.079 2)	0.003 6 (0.013 6)
教育	−0.017 6 (0.078 4)	0.763 6* (0.446 7)	−0.044 6 (0.072 5)
党员	−0.340 9 (0.442 3)	0.615 9 (2.782 6)	0.369 4 (0.399 7)
总劳动力	0.283 7** (0.136 1)	3.909 2*** (1.042 6)	0.736 8*** (0.105 7)
林地面积	0.000 3 (0.000 4)	0.000 1 (0.001 4)	0.000 2 (0.000 2)
地块数	0.026 0 (0.053 7)	0.670 9 (0.458 0)	0.070 4 (0.044 1)
用材林占比	−2.055 5*** (0.622 5)	−5.390 2* (3.193 9)	0.174 6 (0.386 9)
经济林占比	−1.558 0** (0.695 8)	−4.524 3 (2.952 1)	0.269 6 (0.460 6)
竹林占比	−1.347 6** (0.642 4)	−6.313 8** (2.917 7)	−0.428 5 (0.382 7)
林地质量	−0.245 4* (0.136 1)	1.819 1** (0.789 4)	−0.473 1*** (0.139 5)
林地距离	0.056 6* (0.029 9)	0.110 8 (0.127 7)	0.034 3 (0.029 4)
林地坡度	0.009 1 (0.007 5)	0.005 6 (0.049 9)	0.002 0 (0.004 9)
Constant	2.069 1 (1.309 0)	−7.497 2 (8.808 5)	−1.188 4 (1.302 7)
Wald chi2 (15)		51.03	
Prob>chi2		0.000 0	

注：括号内为稳健标准误。＊、＊＊、＊＊＊表示10%、5%、1%显著性水平。

年龄对纯林户是否参与非农就业有显著的负向影响，而对纯林户家庭参与非农就业总时间和参与非农就业的总人数都没有显著影响。在第（1）列纯林户非农就业参与决策中，年龄对纯林户的非农就业参与决策有显著的负向影响，即年龄会显著降低纯林户参与非农就业的概率。进一步观察年龄对纯林户非农就业数量决策的回归结果，如表6-2第（2）列和第（3）列，可以发现，年龄对提高纯林户的非农就业总时间、总人数的负向和正向影响均不显著，即年龄对纯林户的非农就业总时间和非农就业总人数没有显著的影响。

在第（1）列农户非农就业参与决策中，教育对纯林户是否参与非农就业的负向影响不显著，即教育对纯林户的非农就业参与决策没有显著影响。进一步观察教育对纯林户非农就业数量决策的回归结果，如表6-2第（2）列和第（3）列，可以发现，教育对纯林户的非农就业总时间的回归系数为正数，且通过10％水平的显著性检验，说明在其他条件不变的情况下，教育对纯林户的非农就业总时间有显著的正向影响，即教育水平的提高能增加纯林户的非农就业总时间。而教育对纯林户的非农就业总人数的负向影响不显著。

在表6-2中第（1）列纯林户非农就业参与决策中，总劳动力数对纯林户的非农就业参与决策有显著的正向影响，即纯林户家庭劳动力数量的增加会显著提高纯林户参与非农就业的概率。进一步观察总劳动力数对纯林户非农就业数量决策的回归结果，如表6-2第（2）列和第（3）列，可以发现，总劳动力数对纯林户的非农就业总时间和非农就业总人数的回归系数均显著为正数，说明在其他条件不变的情况下，总劳动力数对纯林户的非农就业总时间和非农就业总人数有显著的正向影响，即纯林户家庭劳动力数量的增加会显著提高纯林户家庭的非农就业总时间和参与非农就业的总人数。

观察表6-2中纯林户林地特征变量的回归结果，可以看出，用材林面积占比对纯林户是否参与非农就业和参与非农就业总时间有显著的负向影响，而对纯林户参与非农就业的总人数没有显著影响。在表6-2中第（1）列纯林户非农就业参与决策中，用材林面积占比对农户是否参与非农就业的回归系数显著为负数，说明用材林面积占比对纯林户的非农就业参与决策有显著的负向影响，即用材林面积占比的增加会显著降低纯林户参与非农就业的概率。进一步观察用材林面积占比对纯林户非农就业数量决策的回归结果，如表6-2第（2）列，用材林面积占比对纯林户的非农就业总时间的回归系数显著为负数，说明用材林面积占比的提高会降低纯林户家庭参与非农就业的总时间。可能的原因是用材林面积占比越多的纯林户其造林、采伐的概率越高，森林管护也需要大量的时间，因此参与非农就业的概率和非农就业的总时间均降低。观察表6-2第（3）列可以发现，用材林面积占比的提高对纯林户参与非农就业总人数的正向影响不显著，即用材林面积占比对纯林户的非农就业总人数没有显著影响。

经济林面积占比对纯林户是否参与非农就业总有显著的负向影响，而对纯林户参与非农就业总时间和参与非农就业的总人数没有显著影响。在表6-2中第（1）列纯林户非农就业参与决策中，经济林面积占比对纯林户的非农就业参与决策有显著的负向影响，即经济林面积占比的增加会显著降低纯林户参与非农就业的概率。可能的原因是经济林面积占比越多的纯林户林业收入相对较高，其从事林业生产的积极性也越高，因此参与非农就业的概率降低。进一步观察经济林面积占比对纯林户非农就业数量决策的回归结果，如表6-2第（2）列和第（3）列，可以发现，经济林面积占比对纯林户的非农就业总时间和非农就业总人数的回归系数均未通过显著性检验，说明在其他条件不变的情况下，经济林面积占比对纯林户的非农就业总时间和非农就业总人数没有显著的影响。

竹林面积占比对纯林户是否参与非农就业和参与非农就业总时间有显著的负向影响，而对纯林户参与非农就业的总人数没有显著影响。在表6-2中第（1）列纯林户非农就业参与决策中，竹林面积占比对纯林户的非农就业参与决策有显著的负向影响，即竹林面积占比的增加会显著降低纯林户参与非农就业的概率。进一步观察竹林面积占比对纯林户非农就业数量决策的回归结果，如表6-2第（2）列，竹林面积占比对纯林户的非农就业总时间有显著的负向影响，即竹林面积占比的提高会降低纯林户家庭参与非农就业的总时间。可能的原因是竹林生长周期较短，一般而言大年挖笋、小年砍竹，劳动力每年都要在竹林地上从事一定时间的生产活动，因此竹林面积占比越大，纯林户参与非农就业的概率和非农就业的总时间均降低。观察表6-2第（3）列可以发现，竹林面积占比对纯林户非农就业总人数的回归系数未通过显著性检验，说明在其他条件不变的情况下，竹林面积占比对纯林户的非农就业总人数没有显著的影响。

林地质量对纯林户是否参与非农就业和非农就业总人数有显著的负向影响，而对纯林户非农就业总时间有显著的正影响。从表6-2中第（1）列可以看出林地质量对纯林户的非农就业参与决策有显著的负向影响，即林地质量的提高会降低纯林户参与非农就业的概率。在林地质量对纯林户非农就业数量决策的回归结果中，如表6-2第（2）列，可以看出，林地质量对纯林户的非农就业总时间有显著的正向影响，即随着林地质量的提高纯林户家庭参与非农就业的总时间也会显著提高。而林地质量对纯林户的非农就业总人数的回归系数显著为负数，说明随着林地质量的提高纯林户家庭参与非农就业的总人数会显著下降。纯林户的生计来源以林业生产为主，质量较高的林地可以节约纯林户对林地劳动力的投入，而且林地质量越高林地的资本投资收益率也越高。纯林户只需要在质量较好的林地投入较少的劳动力时间即可获得较高的收入，因此原本已参与非农就业的家庭成员可以将更多的时间投入非农就业中。因此，林地质量的提高增加了纯林户的非农就业总时间。而另一方面，林地质量高所带来的高收益也能保证纯林户效用函数维持在较高水平，降低纯林户外出非农就业的动力，因此林地质量的提高降低了纯林户非农就业的概率并减少了农户参与非农就业的总人数（李静和陈钦，2020）。

林地距离对纯林户是否参与非农就业有显著的正影响，而对纯林户非农就业总时间和非农就业总人数没有显著影响。从表6-2中第（1）列可以看出林地距离对纯林户的非农就业参与决策有显著的正向影响，即林地离家距离的增加会提高纯林户参与非农就业的概率。原因是，林地离家越远林业生产成本越高，这会降低纯林户继续从事林业生产的积极性，提高纯林户参与非农就业的概率。在林地距离对纯林户非农就业数量决策的回归结果中，如表6-2第（2）列和第（3）列，可以发现，林地质量对纯林户的非农就业总时间和非农就业总人数的回归系数为正数，但均没有通过显著性检验，说明在其他条件不变的情况下，林地离家距离的改变对纯林户家庭参与非农就业的总时间和参与非农就业总人数的正向影响不显著，即林地距离对纯林户的非农就业总时间和非农就业总人数没有显著的影响。

（二）公益林政策对兼业户非农就业的影响

表6-3是公益林政策对兼业户非农就业影响的回归结果。回归结果使

用双栏模型进行参数估计，模型的 Wald 卡方检验值达到 1％ 的显著性水平，说明模型拟合较好。

观察表 6-3 第（1）列兼业户非农就业参与决策的回归结果，可以发现，did 对兼业户是否参与非农就业和参与非农就业总时间有显著的正向影响，而对参与非农就业的总人数没有显著影响。did 对兼业户是否参与非农就业的回归系数为正，且通过 1％ 水平的显著性检验，说明在其他条件不变的情况下，公益林政策对兼业户的非农就业参与决策有显著的正向影响，即公益林政策提高了兼业户参与非农就业的概率。进一步观察表 6-3 第（2）列兼业户非农就业数量决策的回归结果，可以发现，did 对兼业户非农就业总时间的回归系数为正数，且通过 10％ 水平的显著性检验。说明在其他条件不变的情况下，公益林政策对兼业户的非农就业时间有显著的正向影响，即公益林政策的实施提高了兼业户参与非农就业的总时间。而 did 对兼业户非农就业总人数的回归系数为正数，但没有通过显著性检验，如表 6-3 第（3）列。说明在其他条件不变的情况下，公益林政策对兼业户的非农就业总人数没有显著的影响，即公益林政策对兼业户参与非农就业的总人数影响作用不大。

公益林对兼业户是否参与非农就业、非农就业总时间和非农就业总人数的回归系数均未通过显著性检验，说明政策实施前，在其他条件不变的情况下，有公益林地的兼业户参与非农就业的概率及参与程度与没有公益林地的兼业户差别不大。而时间虚拟变量 $year$ 的回归系数在各列中均为正数，且均通过显著性检验，说明在其他条件不变的情况下，即使没有公益林政策，兼业户参与非农就业决策也存在时间增长趋势。

表 6-3　公益林政策对兼业户非农就业的影响

变量名称	（1）是否参与非农就业	（2）非农就业总时间	（3）非农就业总人数
did	4.443 3 ***	4.783 9 *	0.336 7
	(0.525 1)	(2.894 2)	(0.404 6)
公益林	0.265 0	−3.183 1	−0.545 3
	(0.354 2)	(2.280 9)	(0.346 7)
$year$	0.629 1 *	4.604 2 **	0.767 9 ***
	(0.325 5)	(1.836 9)	(0.277 6)

（续）

变量名称	（1） 是否参与非农就业	（2） 非农就业总时间	（3） 非农就业总人数
年龄	0.011 0 (0.015 3)	0.018 1 (0.090 6)	0.006 3 (0.014 6)
教育	0.202 4 *** (0.073 2)	0.478 6 (0.323 1)	0.041 9 (0.037 1)
党员	0.651 1 (0.430 2)	0.784 7 (1.835 9)	0.387 9 (0.286 7)
总劳动力	−0.073 2 (0.129 6)	3.969 9 *** (0.649 4)	0.705 0 *** (0.092 7)
林地面积	0.000 7 (0.000 8)	0.001 1 (0.002 7)	0.000 5 (0.000 3)
地块数	−0.152 4 * (0.081 7)	−0.333 0 (0.440 9)	−0.078 4 (0.054 8)
用材林占比	−0.588 3 (0.497 3)	−0.466 0 (2.514 0)	−0.422 9 (0.290 7)
经济林占比	1.086 6 (0.784 6)	−0.507 2 (3.208 1)	0.357 0 (0.310 0)
竹林占比	0.470 6 (0.572 5)	−6.873 6 *** (2.474 6)	−0.087 9 (0.313 4)
林地质量	0.527 9 *** (0.176 4)	1.908 7 ** (0.744 6)	−0.482 0 *** (0.108 8)
林地距离	−0.062 2 (0.054 5)	−0.006 4 (0.349 9)	0.038 1 (0.049 2)
林地坡度	0.013 5 (0.009 8)	−0.056 6 (0.045 3)	0.009 6 (0.007 4)
Constant	−1.106 1 (1.107 7)	−1.930 6 (6.701 9)	−0.400 2 (0.944 3)
Wald chi2 （15）		482.66	
Prob＞chi2		0.000 0	

注：括号内为稳健标准误。＊、＊＊、＊＊＊表示10％、5％、1％显著性水平。

观察表6-3中农户家庭特征变量的回归结果可以发现，教育对兼业户是否参与非农就业有显著的正向影响；总劳动力数量对兼业户参与非农就业总时间和参与总人数均有显著的正向影响。在兼业户家庭林地特征变量中，地块数对兼业户是否参与非农就业有显著的负向影响；竹林面积占比对兼业户参与非农就业的总时间有显著的负向影响；林地质量对兼业户是否参与非农就业、参与非农就业的总时间有显著的正向影响，而对参与非农就业总人数有显著的负向影响。

教育对兼业户是否参与非农就业有显著的正向影响，而对兼业户家庭参与非农就业总时间和参与非农就业的总人数都没有显著影响。在表6-3第（1）列兼业户非农就业参与决策中，教育对兼业户是否参与非农就业的回归系数为正数，且通过1％水平的显著性检验，说明在其他条件不变的情况下，教育对兼业户的非农就业参与决策有显著的正向影响，即教育会显著提高兼业户参与非农就业的概率。进一步观察教育对兼业户非农就业数量决策的回归结果，如表6-3第（2）列和第（3）列，可以发现，教育对兼业户的非农就业总时间和非农就业总人数的回归系数均为正数，但都没有通过显著性检验，说明在其他条件不变的情况下，教育对提高兼业户的非农就业总时间和非农就业总人数的正向影响不显著，即教育对兼业户的非农就业总时间和非农就业总人数没有显著的影响。

总劳动力数对兼业户非农就业总时间和参与非农就业的总人数均有显著的正向影响，而对兼业户是否参与非农就业没有显著影响。在表6-3中第（1）列兼业户非农就业参与决策中，总劳动力数对兼业户是否参与非农就业的回归系数为正数，但没有通过显著性检验，说明总劳动力数对兼业户的非农就业参与决策没有显著影响。进一步观察总劳动力数对兼业户非农就业数量决策的回归结果，如表6-3第（2）列和第（3）列，可以发现，总劳动力数对兼业户的非农就业总时间和非农就业总人数的回归系数均为正数，且都通过1％水平的显著性检验，说明在其他条件不变的情况下，总劳动力数对兼业户的非农就业总时间和非农就业总人数有显著的正向影响，即兼业户家庭劳动力数量的增加会显著提高兼业户家庭的非农就业总时间和参与非农就业的总人数。

观察表6-3中兼业户林地特征变量的回归结果，可以看出，地块数对兼业户是否参与非农就业有显著的负向影响，而对兼业户参与非农就业总时间和参与非农就业的总人数没有显著影响。在表6-3中第（1）列兼业户非农就业参与决策中，地块数对农户是否参与非农就业的回归系数显著为负数，说明地块数对兼业户的非农就业参与决策有显著的负向影响，即农户家庭林地地块数量的增加会显著降低兼业户参与非农就业的概率。进一步观察地块数对兼业户非农就业数量决策的回归结果，如表6-3第（2）列和第（3）列，地块数对兼业户的非农就业总时间和非农就业总人数的回归系数均为负数，但都没有通过显著性检验，说明地块数对兼业户的非农就业总时间和非农就业总人数没有显著的影响。

竹林面积占比对兼业户是否参与非农就业和参与非农就业的总人数没有显著影响，而对兼业户参与非农就业的总时间有显著的负向影响。在表6-3中第（1）列兼业户非农就业参与决策中，竹林面积占比对农户是否参与非农就业的回归系数为正数，但没有通过显著性检验，说明在其他条件不变的情况下，竹林面积占比的增加对兼业户是否参与非农就业概率的正向影响不显著，即竹林面积占比对兼业户的非农就业参与决策没有显著影响。进一步观察竹林面积占比对兼业户非农就业数量决策的回归结果，如表6-3第（2）列，竹林面积占比对兼业户的非农就业总时间的回归系数显著为负数，说明竹林面积占比对兼业户的非农就业总时间有显著的负向影响，即竹林面积占比的提高会降低兼业户家庭参与非农就业的总时间。可能的原因是尽管兼业户有从事非农就业，但并未放弃所有的林业生产，每年都会在竹林地上从事一定时间的生产活动，因此竹林地面积占比越大，兼业户非农就业的时间会相对下降（丁毅和徐秀英，2016）。观察表6-3第（3）列可以发现，竹林面积占比对兼业户非农就业总人数的回归系数未通过显著性检验，说明在其他条件不变的情况下，竹林面积占比对兼业户参与非农就业总人数的负向影响不显著，即竹林面积占比对兼业户的非农就业总人数没有显著的影响。

林地质量对兼业户是否参与非农就业和非农就业总时间有显著的正向影响，而对兼业户非农就业总人数有显著的负向影响。从表6-3中第（1）列可以看出林地质量对是否参与非农就业的回归系数为正数，且通过1%水平的显著性检验，说明在其他条件不变的情况下，林地质量对兼业户的非农就业参与决策有显著的正向影响，即林地质量的提高会提高兼业户参与非农就业的概率。在林地质量对兼业户非农就业数量决策的回归结果中，如表6-3第（2）列，可以发现，林地质量对兼业户的非农就业总时间的回归系数显著为正数，说明林地质量对兼业户的非农就业总时间有显著的正向影响，即随着林地质量的提高兼业户家庭参与非农就业的总时间也会显著提高。而林地质量对兼业户的非农就业总人数的回归系数显著为负数，如表 6-3 第（3）列，说明林地质量对兼业户的非农就业总人数有显著的负向影响，即随着林地质量的提高兼业户家庭参与非农就业的总人数会显著下降。兼业户的收入来源较为多元，质量高的林地管护起来相对容易，因此家庭林地质量越高兼业户外出务工的可能性越高，非农就业时间也越高。另外，与纯林户的情况类似，林地质量高所带来的高收益也能保证兼业户效用函数维持在较高水平，降低兼业户外出非农就业的动力，因此林地质量的提高减少了兼业户参与非农就业的总人数。

（三）公益林政策对非林户非农就业的影响

表 6-4 是公益林政策对非林户非农就业影响的回归结果。回归结果使用双栏模型进行参数估计，模型的 Wald 卡方检验值达到 1% 的显著性水平，说明模型拟合较好。

表 6-4　公益林政策对非林户非农就业的影响

变量名称	(1) 是否参与非农就业	(2) 非农就业总时间	(3) 非农就业总人数
did	−0.634 8	2.352 6	0.530 0*
	(0.591 2)	(3.680 5)	(0.302 4)
公益林	−0.002 3	−1.897 3	−0.434 5*
	(0.315 2)	(3.137 7)	(0.222 6)
year	1.531 4***	6.704 9**	0.511 2**
	(0.471 5)	(2.758 5)	(0.220 3)
年龄	−0.012 3	0.195 2	0.004 1
	(0.013 9)	(0.119 9)	(0.010 0)
教育	0.146 2	−0.036 6	−0.106 7***
	(0.090 1)	(0.437 9)	(0.039 9)
党员	4.381 4***	0.295 7	0.488 7**
	(0.268 5)	(2.541 5)	(0.248 9)
总劳动力	0.191 9	5.744 6***	0.906 7***
	(0.137 8)	(1.056 1)	(0.075 3)

（续）

变量名称	（1） 是否参与非农就业	（2） 非农就业总时间	（3） 非农就业总人数
林地面积	0.000 5 (0.000 9)	0.013 4 ** (0.006 6)	0.000 4 (0.000 6)
地块数	0.030 9 (0.042 9)	0.135 2 (0.250 8)	−0.011 4 (0.017 3)
用材林占比	−0.089 3 (0.396 2)	2.447 7 (2.997 0)	−0.183 2 (0.253 4)
经济林占比	12.828 0 (25.387 7)	9.466 2 (7.747 1)	0.876 1 (0.640 7)
竹林占比	0.609 0 (0.544 8)	−3.995 5 (3.607 6)	−0.753 2 *** (0.291 7)
林地质量	0.315 6 * (0.185 9)	2.246 7 ** (1.081 0)	−0.526 0 *** (0.104 2)
林地距离	−0.003 0 (0.046 4)	0.690 9 ** (0.269 1)	−0.009 0 (0.023 8)
林地坡度	−0.002 7 (0.009 4)	0.094 8 (0.070 0)	−0.004 6 (0.006 0)
Constant	−0.363 7 (1.260 7)	−29.749 9 *** (10.690 4)	0.905 7 (0.736 2)
Wald chi2 （15）		501.27	
Prob＞chi2		0.000 0	

注：括号内为稳健标准误。 * 、 ** 、 *** 表示10％、5％、1％显著性水平。

观察表6-4第（1）列非林户非农就业参与决策的回归结果，可以发现，*did* 对非林户是否参与非农就业和参与非农就业总时间都没有显著影响，而对参与非农就业的总人数有显著的正向影响。*did* 对非林户是否参与非农就业的回归系数为负数，但没有通过显著性检验，说明在其他条件不变的情况下，公益林政策对非林户参与非农就业概率的负向影响不显著，即公益林政策对非林户的非农就业参与决策没有显著影响。进一步观察表6-4第（2）列非林户非农就业数量决策的回归结果，可以发现，*did* 对非林户非农就业总时间的回归系数为正数，但没有通过显著性检验。说明在其他条件不变的情况下，公益林政策的实施对非林户参与非农就业时间的正向影响不显著，即公益林政策对非林户的非农就业时间没有显著影响。而 did 对非林户非农就业总人数的回归系数为正数，且通过 10％ 水平的显著性检验，如表 6－4 第（3）列。说明在其他条件不变的情况下，公益林政策对非林户的非农就业总人数有显著的正向影响，即公益林政策的实施会提高非林户参与非农就业的总人数。

公益林对非林户非农就业总人数的回归系数为负，且通过 10％ 水平的显著性检验，说明政策实施前，在其他条件不变的情况下，有公益林地的非林户参与非农就业的人数显著低于没有公益林地的非林户。而时间虚拟变量 $year$ 的回归系数在各列中均为正数，且均通过显著性检验，说明在其他条件不变的情况下，即使没有公益林政策，非林户参与非农就业决策也存在时间增长趋势。

观察表 6－4 中农户家庭特征变量的回归结果可以发现，教育对非林户参与非农就业的总人数有显著的负向影响；党员对非林户是否参与非农就业和非农就业总人数均有显著的正向影响；总劳动力数对非林户参与非农就业总时间和总人数均有显著的正向影响。

观察表中农户家庭林地特征变量的回归结果可以看出，林地面积对非林户非农就业总时间有显著的正向影响；竹林面积占比对非林户非农就业总人数有显著的负向影响；林地质量对非林户是否参与非农就业和非农就业总时间有显著的正向影响，对非农就业总人数有显著的负向影响。林地距离对非林户非农就业总时间有显著的正向影响。

教育对非林户是否参与非农就业和非林户家庭参与非农就业总时间都没有显著影响，而对参与非农就业的总人数有显著的负向影响。在第（1）列非林户非农就业参与决策中，教育对非林户是否参与非农就业的回归系数为正数，但没有通过显著性检验，说明在其他条件不变的情况下，教育对非林户的非农就业参与决策没有显著影响。进一步观察教育对非林户非农就业数量决策的回归结果，如表 6－4 第（2）列可以发现，教育对非林户的非农就业总时间的回归系数为负数，但没有通过显著性检验。而教育对非林户非农就业总人数的回归系数显著为负数，如表 6－4 第（3）列。说明在其他条件不变的情况下，教育水平的提高会降低非林户参与非农就业的总人数。原因是随着教育水平的增加，非林户非农就业的工资回报也随之增加，较少的劳动力外出即可满足非林户的家庭效用。

党员对非林户是否参与非农就业和参与非农就业的总人数有显著正向影响，而对非林户非农就业总时间没有显著影响。在表6-4中第（1）列非林户非农就业参与决策中，党员对非林户是否参与非农就业的回归系数显著为正数，说明非林户家庭成员中有党员的话能显著提高非林户参与非农就业的概率。进一步观察党员对非林户非农就业数量决策的回归结果，如表6-4第（2）列，可以发现，党员对非林户的非农就业总时间没有显著影响。而党员对非林户非农就业总人数的回归系数为正数，且通过5%水平的显著性检验，如表6-4第（3）列。说明党员对非林户的非农就业总人数有显著的正向影响，即非林户家庭成员中有党员的话能显著提高非林户参与非农就业的总人数。

总劳动力数对非林户是否参与非农就业没有显著影响，而对非林户非农就业总时间和参与非农就业的总人数均有显著的正向影响。在表6-4中第（1）列非林户非农就业参与决策中，总劳动力数对非林户是否参与非农就业的回归系数为正数，但没有通过显著性检验。进一步观察总劳动力数对非林户非农就业数量决策的回归结果，如表6-4第（2）列和第（3）列，可以发现，总劳动力数对非林户的非农就业总时间和非农就业总人数的回归系数均显著为正数，说明总劳动力数对非林户的非农就业总时间和非农就业总人数有显著的正向影响，即非林户家庭劳动力数量的增加会显著提高非林户家庭的非农就业总时间和参与非农就业的总人数。

观察表6-4中非林户林地特征变量的回归结果，可以看出，林地面积对非林户是否参与非农就业和参与非农就业的总人数没有显著影响，而对非林户参与非农就业总时间有显著的正向影响。在表6-4中第（1）列非林户非农就业参与决策中，林地面积对农户是否参与非农就业的回归系数为正数，但没有通过显著性检验。进一步观察林地面积对非林户非农就业数量决策的回归结果，如表6-4第（2）列，林地面积对非林户非农就业总时间的回归系数显著为正数，说明林地面积对非林户的非农就业总时间有显著的正向影响，即非林户家庭林地面积的增加会显著增加非林户的非农就业总时间。而林地面积对非林户非农就业总人数的回归系数为正数，但没有通过显著性检验，如表6-4第（3）列。说明在其他条件不变的情况下，林地面积的变动对非林户的非农就业总人数没有显著影响。

竹林面积占比对非林户是否参与非农就业和参与非农就业的总时间没有显著影响，而对非林户参与非农就业总人数有显著的负向影响。在表6-4中第（1）列非林户非农就业参与决策中，竹林面积占比对非林户是否参与非农就业的回归系数为正数，但没有通过显著性检验。进一步观察竹林面积占比对非林户非农就业数量决策的回归结果，观察表6-4第（2）列可以发现，竹林面积占比对非林户非农就业总时间的回归系数为负数，但未通过显著性检验。如表6-4第（3）列，竹林面积占比对非林户的非农就业总人数的回归系数显著为负数，说明竹林面积占比对非林户的非农就业总人数有显著的负向影响，即竹林面积占比的提高会降低非林户家庭参与非农就业的总人数。可能的原因是尽管非林户主要从事非农就业，但也并未放弃所有的林业生产，每年都会在竹林地上从事一定时间的生产活动，因此竹林面积占比越大，非林户非农就业的人数会相对下降。

林地质量对非林户是否参与非农就业和非农就业总时间有显著的正向影响，而对非林户非农就业总人数有显著的负向影响。从表6-4中第（1）列可以看出林地质量对是否参与非农就业的回归系数为正数，且通过10%水平的显著性检验，说明在其他条件不变的情况下，林地质量对非林户的非农就业参与决策有显著的正向影响，即林地质量的提高会提高非林户参与非农就业的概率。在林地质量对非林户非农就业数量决策的回归结果中，如表6-4第（2）列，可以发现，林地质量对非林户的非农就业总时间的回归系数显著为正数，说明随着林地质量的提高非林户家庭参与非农就业的总时间也会显著提高。而林地质量对非林户的非农就业总人数的回归系数显著为负数，如表6-4第（3）列，说明随着林地质量的提高非林户家庭参与非农就业的总人数会显著下降。非林户的收入来源主要以非农就业为主，质量高的林地管护较为方便或者不需要管护，因此家庭林地质量越高非林户外出务工的可能性越高，非农就业时间也越长。与纯林户、兼业户的情况类似，林地质量高所带来的高收益也能保证非林户效用函数维持在较高水平，降低非林户外出非农就业的动力，因此林地质量的提高降低了非林户参与非农就业的总人数。

林地距离对非林户是否参与非农就业和非农就业总人数都没有显著影

响，而对非林户非农就业总时间有显著的正影响。从表 6-4 中第（1）列可以看出林地距离对是否参与非农就业的回归系数为负数，但没有通过显著性检验，说明在其他条件不变的情况下，林地离家距离的变动对非林户的非农就业参与决策没有显著影响。在林地距离对非林户非农就业数量决策的回归结果中，如表 6-4 第（2）列，可以发现，林地质量对非林户的非农就业总时间的回归系数显著为正数，说明随着林地离家距离的增加非林户家庭参与非农就业的总时间也会显著提高。而林地距离对非林户的非农就业总人数的回归系数为负数，如表 6-4 第（3）列，但没有通过显著性检验，说明林地距离的变动对非林户的非农就业总人数没有显著影响。

三、公益林政策通过非农就业影响农户收入的机制检验

为了检验公益林政策影响农户短期和长期收入路径中，非农就业中介作用的大小，在前文表 5-5、表 5-7 至表 5-9 的基础上，表 6-5 汇集了使用 Bootstrap 方法进行中介效应的检验结果。

表 6-5　公益林政策通过非农就业影响农户收入的机制检验（Bootstrap）

样本		ln 短期收入		ln 长期收入	
		间接效应 （1）	间接效应/总效应 （2）	间接效应 （3）	间接效应/总效应 （3）
全样本	非农就业时间	0.027 5 （0.023 9）	0.160 1	0.028 7 （0.025 3）	0.383 2
	非农就业数量	0.008 2 （0.015 9）	0.047 7	0.008 3 （0.016 6）	0.110 8
纯林户	非农就业时间	0.020 9 （0.038 7）	−0.083 6	0.023 9 （0.036 9）	−0.056 1
	非农就业数量	−0.004 4 （0.033 6）	0.017 6	−0.004 7 （0.016 8）	0.011 0
兼业户	非农就业时间	0.042 6*** （0.015 4）	0.092 4	0.043 7*** （0.016 4）	0.115 2
	非农就业数量	0.004 5 （0.016 6）	0.009 8	0.004 8 （0.018 3）	0.012 6

（续）

样本		ln 短期收入		ln 长期收入	
		间接效应 （1）	间接效应/总效应 （2）	间接效应 （3）	间接效应/总效应 （3）
非林户	非农就业时间	0.011 1 （0.032 6）	0.047 1	0.011 6 （0.034 4）	0.066 4
	非农就业数量	0.035 1* （0.020 8）	0.148 8	0.034 8* （0.020 0）	0.199 2

注：括号内为 Bootstrap 标准误。*、**、*** 分别表示在 10%、5%、1% 的水平上显著。

　　检验结果表明，对于兼业户来说，非农就业时间对 *did* 影响短期、长期收入的间接效应分别为 0.042 6 和 0.043 7，且均通过 1% 水平的显著性检验，分别占 *did* 影响短期收入总效应的 9.24% 和长期收入总效应的 11.52%。这说明公益林政策可以通过提高非农就业时间进而增加兼业户的短期、长期收入，即兼业户非农就业时间的中介效应存在。

　　对于非林户来说，非农就业人数对 *did* 影响短期、长期收入的间接效应分别为 0.035 1 和 0.034 8，且均通过 10% 水平的显著性检验，分别占 *did* 影响短期收入总效应的 14.88% 和长期收入总效应的 19.92%。这说明公益林政策可以通过增加非农就业人数进而提高非林户的短期、长期收入，即非林户非农就业人数的中介效应存在。

四、稳健性检验

　　为检验上述实证分析的可靠性，本研究首先使用 Two - Part 模型进行稳健性检验。需要指出的是，与双栏模型相比 Two - Part 模型更适用于因变量为连续变量而非计数型变量的情形（Belotti et al.，2015）。由于第一栏（是否参与非农就业）的回归结果与前文相同，因此在 Two - Part 模型的回归结果中将其省略。

　　表 6 - 6 给出了公益林政策对农户非农就业时间影响的 Two - Part 模型回归结果。可以看出，表 6 - 6 中 *did* 对全样本农户非农就业时间的正向影响没有通过显著性检验，对纯林户非农就业时间的正向影响没有通过显著性

检验，对兼业户非农就业时间有显著的正向影响，对非林户非农就业时间的正向影响也没有通过显著性检验。这与前文回归结果较为一致。

表 6-6　公益林政策对农户非农就业时间的影响（Two-Part 模型）

变量名称	全样本 （1）	纯林户 （2）	兼业户 （3）	非林户 （4）
did	2.069 0 (1.402 5)	1.202 9 (2.248 7)	4.082 4* (2.120 2)	1.639 4 (2.343 1)
公益林	−1.317 4 (1.043 0)	1.058 6 (1.730 1)	−2.114 9 (1.493 0)	−1.359 3 (1.842 4)
year	4.495 0*** (0.969 0)	6.698 2*** (1.326 4)	3.391 4** (1.470 3)	4.292 7** (1.772 0)
年龄	0.050 0 (0.042 5)	−0.045 0 (0.063 1)	0.013 9 (0.069 8)	0.127 5* (0.076 5)
教育	0.232 7 (0.195 9)	0.529 5* (0.302 2)	0.258 1 (0.277 2)	−0.099 3 (0.323 0)
党员	0.120 9 (1.106 3)	0.966 3 (2.256 3)	1.664 1 (1.485 3)	0.512 6 (1.906 3)
总劳动力	3.759 4*** (0.372 6)	3.095 3*** (0.738 3)	3.433 7*** (0.523 0)	3.990 5*** (0.648 5)
林地面积	0.001 8 (0.001 2)	0.000 1 (0.001 1)	−0.000 2 (0.001 7)	0.009 3* (0.004 8)
地块数	0.030 9 (0.132 0)	0.485 5 (0.358 1)	−0.239 2 (0.357 1)	0.091 9 (0.167 0)
用材林占比	−0.413 6 (1.233 2)	−4.413 8* (2.630 0)	−0.580 0 (1.960 8)	1.451 6 (1.935 6)
经济林占比	−0.900 4 (1.518 6)	−3.519 8 (2.309 7)	2.138 9 (2.562 3)	6.958 6 (5.963 9)
竹林占比	−4.660 7*** (1.158 3)	−4.901 8** (2.219 9)	−6.178 9*** (1.884 2)	−3.013 2 (2.230 2)
林地质量	1.827 8*** (0.423 8)	1.459 3** (0.609 8)	1.459 5** (0.637 1)	1.603 0** (0.752 8)
林地距离	0.178 8* (0.099 7)	0.088 7 (0.101 1)	−0.116 1* (0.060 5)	0.482 3** (0.208 2)

（续）

变量名称	全样本 （1）	纯林户 （2）	兼业户 （3）	非林户 （4）
林地坡度	0.010 9 （0.023 5）	0.009 9 （0.038 2）	−0.034 4 （0.034 0）	0.066 5 （0.047 4）
Constant	−4.820 6 （3.444 0）	−2.533 8 （5.918 5）	2.440 0 （5.103 2）	−12.158 3** （5.993 7）

注：括号内为稳健标准误。* 、 ** 、 *** 表示 10%、5%、1%显著性水平。

表6-7给出了公益林政策对农户非农就业人数影响的 Two - Part 模型回归结果。可以看出，表6-7中 did 对全样本农户非农就业人数的正向影响没有通过显著性检验，对纯林户非农就业人数的负向影响没有通过显著性检验，对兼业户非农就业人数的正向影响没有通过显著性检验，而对非林户非农就业人数有显著的正向影响。这与前文回归结果较为一致。

表6-7　公益林政策对农户非农就业人数的影响（Two - Part 模型）

变量名称	全样本 （1）	纯林户 （2）	兼业户 （3）	非林户 （4）
did	0.170 4 （0.194 1）	−0.376 8 （0.393 6）	0.210 9 （0.336 4）	0.480 3* （0.269 2）
公益林	−0.309 4** （0.151 1）	−0.050 7 （0.393 7）	−0.428 3 （0.268 4）	−0.413 3** （0.192 2）
year	0.728 5*** （0.141 9）	1.493 1*** （0.274 7）	0.708 3*** （0.241 4）	0.445 0** （0.200 8）
年龄	0.006 9 （0.006 3）	0.002 4 （0.012 0）	0.001 7 （0.012 1）	0.004 3 （0.009 0）
教育	−0.015 3 （0.023 1）	−0.042 7 （0.059 0）	0.033 2 （0.029 7）	−0.074 5** （0.033 1）
党员	0.356 7** （0.155 6）	0.409 7 （0.339 3）	0.309 7 （0.254 2）	0.407 4* （0.216 2）
总劳动力	0.713 0*** （0.048 5）	0.597 0*** （0.097 8）	0.603 2*** （0.080 8）	0.811 4*** （0.071 2）
林地面积	0.000 2 （0.000 2）	0.000 2 （0.000 2）	0.000 4 （0.000 3）	0.000 4 （0.000 5）
地块数	−0.007 1 （0.015 3）	0.062 4 （0.042 2）	−0.056 2 （0.048 7）	−0.010 2 （0.017 1）

（续）

变量名称	全样本 （1）	纯林户 （2）	兼业户 （3）	非林户 （4）
用材林占比	−0.130 0 （0.160 7）	0.103 6 （0.371 5）	−0.308 0 （0.250 4）	−0.193 7 （0.228 2）
经济林占比	0.161 4 （0.226 0）	0.189 4 （0.409 4）	0.316 4 （0.282 1）	0.776 0 （0.631 7）
竹林占比	−0.393 1** （0.173 0）	−0.317 4 （0.326 6）	−0.011 7 （0.280 2）	−0.699 8*** （0.267 0）
林地质量	−0.383 0*** （0.053 5）	−0.315 8*** （0.097 8）	−0.383 3*** （0.091 9）	−0.412 0*** （0.083 9）
林地距离	0.002 3 （0.012 4）	0.024 7 （0.024 2）	0.034 9 （0.043 0）	−0.011 6 （0.020 2）
林地坡度	0.001 2 （0.003 4）	0.000 2 （0.004 5）	0.008 9 （0.006 5）	−0.004 4 （0.005 4）
Constant	0.168 1 （0.470 0）	−0.300 9 （1.129 2）	0.239 5 （0.785 7）	1.034 3 （0.661 7）

注：括号内为稳健标准误。*、**、***表示10%、5%、1%显著性水平。

本研究首先使用农户人均非农就业时间来代替上文使用的非农就业时间进行稳健性检验。表6-8给出了公益林政策对农户人均非农就业时间影响的回归结果。可以看出，表6-8中 *did* 对全样本农户人均非农就业时间的正向影响没有通过显著性检验，对纯林户人均非农就业时间的正向影响没有通过显著性检验，对兼业户人均非农就业时间有显著的正向影响，对非林户人均非农就业时间的负向影响也没有通过显著性检验。这与前文回归结果较为一致。

表6-8 公益林政策对农户人均非农就业时间的影响

变量名称	全样本 （1）	纯林户 （2）	兼业户 （3）	非林户 （4）
did	0.666 1 （0.497 8）	0.627 3 （0.841 7）	1.547 4** （0.739 1）	−0.007 9 （0.754 1）
公益林	−0.345 3 （0.406 1）	1.078 6 （0.781 3）	−0.933 9* （0.554 6）	−0.171 5 （0.603 4）
year	1.605 3*** （0.338 2）	2.510 8*** （0.634 3）	1.180 8** （0.479 7）	1.584 9*** （0.541 9）

（续）

变量名称	全样本 （1）	纯林户 （2）	兼业户 （3）	非林户 （4）
年龄	0.003 7 （0.013 5）	−0.008 4 （0.024 9）	−0.018 6 （0.021 2）	0.022 7 （0.022 2）
教育	0.106 7* （0.062 7）	0.293 1** （0.149 1）	0.062 3 （0.083 4）	0.040 6 （0.100 3）
党员	−0.054 5 （0.333 9）	0.300 6 （0.632 4）	−0.171 8 （0.425 5）	0.149 8 （0.545 4）
总劳动力	−0.087 9 （0.109 3）	−0.105 2 （0.272 2）	−0.087 2 （0.150 2）	−0.213 0 （0.160 8）
林地面积	0.000 2 （0.000 4）	−0.000 8 （0.000 6）	0.001 0 （0.000 7）	0.001 2 （0.001 1）
地块数	−0.000 3 （0.047 2）	−0.012 2 （0.117 9）	−0.044 2 （0.134 2）	0.010 7 （0.056 1）
用材林占比	0.021 9 （0.402 9）	−0.831 8 （0.781 7）	0.706 9 （0.717 6）	0.299 1 （0.607 8）
经济林占比	0.055 8 （0.555 1）	−0.155 7 （0.708 1）	0.440 2 （0.862 5）	1.548 1 （1.807 1）
竹林占比	−1.477 0*** （0.416 8）	−0.432 7 （0.766 1）	−1.541 6** （0.615 1）	−0.643 8 （0.762 6）
林地质量	0.083 2 （0.132 8）	−0.037 0 （0.287 8）	−0.013 3 （0.181 5）	0.012 1 （0.222 1）
林地距离	0.065 1** （0.031 7）	0.004 5 （0.044 8）	−0.018 1 （0.097 7）	0.178 6*** （0.053 2）
林地坡度	−0.007 4 （0.008 5）	0.004 0 （0.016 3）	−0.030 0** （0.012 2）	0.010 1 （0.014 8）
Constant	2.049 9* （1.176 3）	−0.149 3 （2.587 0）	4.989 9*** （1.637 4）	0.647 3 （1.759 7）

注：括号内为稳健标准误。*、**、***表示10%、5%、1%显著性水平。

本研究首先使用农户非农就业人口占比来代替上文使用的非农就业人数进行稳健性检验。表 6-9 给出了公益林政策对农户非农就业人口占比影响的回归结果。可以看出，表 6-9 中 *did* 对全样本农户非农就业人口占比的正向影响没有通过显著性检验，对纯林户非农就业人口占比的负向影响没有通过显著性检验，对兼业户非农就业人口占比的正向影响不显著，对非林户非农就业人口占比有显著的正向影响。这与前文回归结果较为一致。

表 6-9　公益林政策对农户非农就业人口占比的影响

变量名称	全样本 （1）	纯林户 （2）	兼业户 （3）	非林户 （4）
did	0.093 4 （0.069 8）	−0.022 0 （0.100 4）	0.109 1 （0.071 9）	0.117 3* （0.061 5）
公益林	−0.110 9** （0.056 5）	0.041 9 （0.110 7）	−0.143 9** （0.061 8）	−0.101 3** （0.047 4）
year	0.193 6*** （0.055 8）	0.466*** （0.060 40）	0.139 2*** （0.044 5）	0.083 5* （0.045 0）
年龄	0.002 3 （0.001 9）	0.000 3 （0.002 0）	−0.000 6 （0.002 3）	−0.000 8 （0.002 0）
教育	0.001 9 （0.012 5）	−0.016 6 （0.014 3）	0.001 5 （0.007 1）	−0.015 1* （0.008 9）
党员	0.106 7* （0.058 5）	0.106 2 （0.069 7）	−0.007 8 （0.042 7）	0.048 5 （0.045 6）
总劳动力	0.039 1* （0.020 9）	−0.003 2 （0.025 1）	−0.006 5 （0.014 1）	0.000 2 （0.014 4）
林地面积	0.000 0 （0.000 0）	−0.000 1 （0.000 1）	0.000 1** （0.000 1）	−0.000 1 （0.000 1）
地块数	0.003 1 （0.006 4）	0.000 6 （0.008 9）	−0.012 6 （0.010 3）	−0.000 9 （0.004 6）
用材林占比	−0.057 2 （0.052 9）	0.052 0 （0.081 0）	−0.022 6 （0.057 1）	−0.013 4 （0.054 1）
经济林占比	0.147 6 （0.091 8）	0.113 9 （0.082 7）	0.163 9*** （0.063 4）	0.154 4 （0.110 0）
竹林占比	−0.057 1 （0.059 3）	0.036 7 （0.079 1）	−0.040 6 （0.056 6）	−0.128 2* （0.065 9）
林地质量	−0.173 0*** （0.026 7）	−0.176 7*** （0.035 6）	−0.136 0*** （0.017 8）	−0.147 5*** （0.016 5）
林地距离	0.003 7 （0.003 3）	0.001 3 （0.004 4）	0.009 0 （0.009 2）	0.006 2 （0.005 1）
林地坡度	−0.000 3 （0.001 1）	−0.000 7 （0.001 3）	0.000 4 （0.001 3）	−0.001 4 （0.001 2）
Constant	0.402 0* （0.206 6）	0.473 8** （0.238 9）	0.756 9*** （0.158 0）	0.974 9*** （0.162 1）

注：括号内为稳健标准误。*、**、***表示10%、5%、1%显著性水平。

进一步地，为了检验公益林政策通过非农就业影响农户收入影响作用机制的稳健性，本研究使用农户人均收入来代替上文使用的总收入进行稳健性检验，表6-10给出了Bootstrap检验的结果。检验结果表明，对于兼业户来说，公益林政策可以通过提高非农就业时间进而增加兼业户的短期、长期收入，即兼业户非农就业时间的中介效应存在。对于非林户来说，公益林政策可以通过增加非农就业人数进而提高非林户的短期、长期收入，即非林户非农就业人数的中介效应存在。这与前文回归结果较为一致。

表6-10 公益林政策通过非农就业影响农户人均收入的机制检验（Bootstrap）

样本		ln人均短期收入		ln人均长期收入	
		间接效应 （1）	间接效应/总效应 （2）	间接效应 （3）	间接效应/总效应 （3）
全样本	非农就业时间	0.024 1 (0.018 3)	0.120 6	0.025 4 (0.016 2)	0.244 6
	非农就业数量	0.001 4 (0.006 7)	0.006 8	0.001 4 (0.004 7)	0.013 9
纯林户	非农就业时间	0.015 7 (0.035 5)	−0.064 1	0.018 7 (0.041 3)	−0.044 5
	非农就业数量	0.004 3 (0.026 8)	−0.017 7	0.004 0 (0.016 3)	−0.009 5
兼业户	非农就业时间	0.036 1* (0.021 2)	0.073 8	0.037 2* (0.020 1)	0.091 5
	非农就业数量	−0.009 6 (0.023 4)	−0.019 6	−0.009 3 (0.023 7)	−0.022 9
非林户	非农就业时间	0.008 6 (0.046 6)	0.035 2	0.009 2 (0.033 4)	0.049 7
	非农就业数量	0.016 8** (0.007 8)	0.068 4	0.016 4** (0.006 3)	0.089 1

注：括号内为Bootstrap标准误。*、**、*** 分别表示在10%、5%、1%的水平上显著。

五、本章结论

本章基于龙泉市农户调研数据，使用双栏模型分析了公益林政策对农户非农就业的影响，并使用 Bootstrap 法检验了公益林政策通过非农就业影响农户收入的作用机制。实证结果表明：整体而言，公益林政策对农户非农就业时间和非农就业人数均没有显著影响，但是不同类型农户的政策效果存在异质性。具体而言，公益林政策对纯林户非农就业时间和非农就业人数都没有显著影响；对兼业户非农就业人数没有显著影响，但会显著提高兼业户的非农就业时间；对非林户非农就业时间没有显著影响，但会显著增加非林户的非农就业人数。假说 2 得到验证。

　　理论上讲公益林划界后由于农户商品林面积减少会挤出原本配套的林业劳动力，使其流向非农部门。但是劳动力转移也需要一定的前提条件，即要求农户能在就业市场上找到的非农工作所获得的工资高于放弃林业生产的机会成本。对于长期以林业生产为主的纯林户而言，缺乏通过"干中学"和"经验增薪"提高非农工资的前提条件，而且由于其较少参与非农就业，获得的非农就业信息也会相对有限，因此纯林户较难获得拥有较高非农工资的就业机会，这削弱了公益林政策对纯林户非农就业的正向影响。对于兼业户而言，他们更具有非农就业的比较优势，当公益林政策实施导致林地细碎化进而降低林业生产的收益时，他们更容易通过调整非农就业来应对政策冲击。由于兼业户没有完全脱离林业生产，因此他们仍会保留部分劳动力继续从事林业生产而增加非农就业的时间。对于非林户，他们对林业生产的依赖很小，劳动力非农就业流动性相对更高，当商品林面积减少时会进一步加剧非林户的离林趋势，将更多的劳动力投入非农就业中。

　　检验公益林政策通过非农就业影响农户收入的路径机制发现，对于全体农户样本和纯林户样本，非农就业在公益林政策对收入的影响中不存在中介或遮掩效应。对于兼业户，公益林政策会通过提高其非农就业时间进而带来收入的增加。对于非林户，公益林政策会通过提高其非农就业人数进而增加其收入。

　　除非农就业以外，公益林政策是否还会通过其他路径，比如林地流转、林地投入或发展林下经济，对农户收入产生影响，不同兼业程度农户间又存在何种差别，这一问题目前并没有一个简单、统一的答案，更客观和符合现实的回答需要接下来进一步更深入细致地研究。

第七章　公益林政策对农户林地流转行为的影响

林地是集体林区农户家庭生产要素中最为重要的生产要素之一，理论分析认为面对公益林政策的冲击，农户的林地配置将会受到影响，进而会对农户收入产生影响。为了检验公益林政策是否通过影响林地流转从而作用于收入，本章检验了公益林政策对林地流入决策和林地流出决策的影响，并进行了作用机制检验。与前文研究保持一致，本章使用的数据仍然是基于 PSM 匹配后的共同域样本（详见本研究第五章），即 608 个样本数据。考虑到农户林地流入决策和林地流出决策都是两步决策，即参与决策与数量决策，而且只有两个决定同时成立才能构成一个完整的决策，因此本章使用双栏模型进行估计（详见本研究第三章）。

本章节对已有研究的边际贡献体现在以下三个方面：一是在研究内容上从林地流入和林地流出两个方面评估了公益林政策效应，并探讨不同兼业程度农户的异质性，弥补了已有文献关于公益林政策对林地流转影响研究的关注不足。二是厘清了公益林政策通过影响农户林地流转而影响农户收入的路径机理。三是使用 PSM - DID 解决内生性问题，并进一步使用双栏模型解决了农户林地流转行为的两步决策问题。

一、公益林政策对林地流转影响的估计结果及分析

表 7 - 1 给出了公益林政策对农户林地流入、林地流出影响的双栏模型的回归结果。观察表 7 - 1 中农户流入、流出林地决策的回归结果，可以发现，*did* 对农户是否流入林地、流入林地面积和是否流出林地均没有显著影

响，而对农户流出林地面积决策有显著的正向影响。从表 7-1 第（1）列和第（2）列可以看出 *did* 对农户是否流入林地和流入林地面积的回归系数均为负数，但没有通过显著性检验。说明在其他条件不变的情况下，公益林政策对农户的林地流入决策没有显著的影响。进一步观察表 7-1 第（3）列和第（4）列的回归结果，可以看出 *did* 对农户是否流出林地的回归系数为正数，但没有通过显著性检验。说明在其他条件不变的情况下，公益林政策对农户是否流出林地没有显著的影响。而 *did* 对农户流出林地面积的回归系数为正数，且通过 1% 水平的显著性检验。说明在其他条件不变的情况下，公益林政策对农户流出林地面积有显著的正向影响。

公益林对农户流出林地面积的回归系数为负数，且通过 1% 水平的显著性检验，说明政策实施前，在其他条件不变的情况下，有公益林地农户的流出林地面积要显著低于没有公益林地的农户。而时间虚拟变量 *year* 对农户是否流入林地和流入林地面积的回归系数均为正数，且分别通过 1% 和 10% 水平的显著性检验，说明在其他条件不变的情况下，农户流入林地决策都存在随时间增长而增长的趋势，即使没有公益林政策，农户 2019 年流入林地的概率和面积都要高于 2013 年。

表 7-1　公益林政策对农户林地流转的影响

变量名称	林地流入		林地流出	
	（1） 是否流入	（2） ln 流入面积	（3） 是否流出	（4） ln 流出面积
did	−0.168 0 (0.265 7)	−0.530 4 (0.477 6)	0.431 9 (0.277 8)	1.768 0*** (0.631 6)
公益林	−0.270 7 (0.205 4)	0.372 3 (0.353 7)	0.120 6 (0.216 4)	−1.812 1*** (0.585 3)
year	0.579 2*** (0.169 7)	0.522 6* (0.270 4)	0.041 4 (0.197 9)	−0.496 3 (0.362 3)
年龄	−0.016 3** (0.007 7)	−0.008 0 (0.015 4)	0.019 0** (0.008 0)	0.054 6*** (0.021 0)
教育	0.063 9* (0.038 4)	−0.090 5* (0.053 0)	0.053 9* (0.030 6)	0.210 1** (0.087 1)
党员	−0.321 0* (0.180 2)	0.798 8** (0.326 9)	−0.472 5** (0.225 3)	−1.254 1* (0.688 8)

（续）

变量名称	林地流入		林地流出	
	（1） 是否流入	（2） ln 流入面积	（3） 是否流出	（4） ln 流出面积
总劳动力	0.132 7**	−0.252 1**	−0.119 9*	−0.132 5
	(0.056 0)	(0.108 7)	(0.061 6)	(0.132 7)
林地面积	0.001 8***	0.002 6***	−0.000 0	0.001 4***
	(0.000 4)	(0.000 3)	(0.000 3)	(0.000 3)
地块数	−0.005 2	0.010 3	0.008 5	−0.024 5
	(0.030 0)	(0.031 4)	(0.024 2)	(0.076 5)
用材林占比	−1.551 8***	0.044 4	−1.112 9***	0.383 9
	(0.209 9)	(0.393 1)	(0.218 5)	(0.587 0)
经济林占比	−0.213 2	−0.702 3*	0.020 3	0.050 8
	(0.332 2)	(0.363 6)	(0.290 8)	(0.449 0)
竹林占比	−1.644 9***	−0.656 0	−1.094 3***	−0.148 1
	(0.221 6)	(0.463 6)	(0.214 3)	(0.612 5)
林地质量	0.116 5	0.099 0	0.143 3*	−0.134 7
	(0.071 3)	(0.150 9)	(0.081 2)	(0.182 9)
林地距离	0.003 4	0.022 2	0.023 7	0.095 3*
	(0.020 6)	(0.038 3)	(0.018 4)	(0.052 3)
林地坡度	−0.009 7**	0.005 6	0.001 9	−0.012 7
	(0.004 8)	(0.008 1)	(0.005 1)	(0.012 4)
Constant	0.256 0	4.480 0***	−1.922 4***	−1.633 3
	(0.707 6)	(1.067 2)	(0.623 2)	(1.778 9)
Wald chi2 (16)	128.15		71.09	
Prob>chi2	0.000 0		0.000 0	

注：括号内为稳健标准误。*、**、*** 表示 10%、5%、1% 显著性水平。

　　年龄对农户是否流入林地的回归系数显著为负数，如表 7-1 第（1）列，说明在其他条件不变的情况下，户主年龄的增加会显著降低农户流入林地的概率。而年龄对流入林地面积的回归系数为负数，如表 7-1 第（2）列，但没有通过显著性检验。说明在其他条件不变的情况下，年龄对农户流入林地的面积没有显著影响。如表 7-1 第（3）列，户主年龄的增加会显著提高农户流出林地的概率。在其他条件不变的情况下，如表 7-1 第（4）列，随着户主年龄变大将显著扩大农户流出面积。以上结果意味着，农户从事林业生产的积极性随年龄增长逐渐下降，流出林地的概率和流出面积均有所增加。可能的原因是，随着农户年龄的增长，其从事林业生产的能力越来越有限。调研发现，当前农村中年轻人基本不从事或者不懂林业生产，很少"上山"，林业生产多由父辈完成。因此随着户主年龄的增长，农户越来越不想流入林地，而选择流出林地。

教育对农户是否流入林地的回归系数为正数，如表 7-1 第（1）列，且通过 10% 水平的显著性检验。说明在其他条件不变的情况下，教育对农户是否流入林地有显著的正向影响。而教育对流入林地面积的回归系数为负数，如表 7-1 第（2）列，且通过 10% 水平的显著性检验。说明在其他条件不变的情况下，教育对农户流入林地的面积有显著的负向影响，即教育水平的提高会减少农户流入林地的面积。如表 7-1 第（3）列，教育水平的增加会显著提高农户流出林地的概率。而教育对流出林地面积的回归系数为正数，且通过 5% 水平的显著性检验，如表 7-1 第（4）列。说明在其他条件不变的情况下，教育对农户流出林地的面积有显著的正向影响。可能的原因是，一般而言教育水平越高的农户人力资本越高，其林地流转行为会越理性，因此他们流入、流出林地的概率均会增加。近年来木材市场不太景气，因此教育水平高的农户会选择更少的流入林地，而更多地流出林地。

党员对农户是否流入林地的回归系数为负数，如表 7-1 第（1）列，且通过 10% 水平的显著性检验。说明在其他条件不变的情况下，党员对农户是否流入林地有显著的负向影响，即农户家庭若拥有党员会显著降低农户流入林地的概率。而党员对流入林地面积的回归系数为正数，如表 7-1 第（2）列，且通过 5% 水平的显著性检验。说明在其他条件不变的情况下，党员对农户流入林地的面积有显著的正向影响，即农户家庭若拥有党员会提高农户流入林地的面积。在农户林地流出模型中，如表 7-1 第（3）列，党员对农户是否流出林地有显著的负向影响，即农户家庭若拥有党员会降低农户流出林地的概率。党员对流出林地面积的回归系数为负数，且通过 10% 水平的显著性检验，如表 7-1 第（4）列。说明在其他条件不变的情况下，党员对农户流出林地的面积有显著的负向影响，即农户家庭若拥有党员会显著减少农户林地流出面积。可能的原因是，拥有党员的农户家庭社会资本一般较高，他们一般对林地的价值认识更加全面，因此对流出自家林地的决策更加谨慎，所以流出林地的概率较小，流出林地的面积也较少。而对于流入林地，这类家庭能拥有更多的林地流转信息，选择更有投资价值的林地进行流入，同样也会选择地块面积较大的林地进行流入。这就使得拥有党员的农户家庭流入概率较小而流入面积较大。

观察表 7-1 第（1）列总劳动力数对农户流转林地的影响，可以看出，总劳动力数对农户是否流入林地有显著的正向影响，即农户家庭劳动力数量的增加会显著提高农户流入林地的概率。而总劳动力数对流入林地面积的回归系数为负数，如表 7-1 第（2）列，且通过 5% 水平的显著性检验。说明在其他条件不变的情况下，总劳动力数对农户流入林地的面积有显著的负向影响，即农户家庭劳动力数量的提高会减少农户流入林地的面积。在其他条件不变的情况下，如表 7-1 第（3）列，农户家庭劳动力数量的提高会减少农户流出林地的概率，且通过 10% 水平的显著性检验。而总劳动力数对流出林地面积的回归系数为负数，但没有通过显著性检验，如表 7-1 第（4）列。说明在其他条件不变的情况下，总劳动力数对农户流出林地面积的负向影响不显著，即农户家庭劳动力数量的变化对农户流出林地面积没有显著影响。可能的原因是，拥有劳动力数量多的农户家庭相对拥有更多的剩余劳动力，因此会通过流入林地来解决剩余劳动力就业问题，但是家庭剩余劳动力又相对有限，流入少量面积的林地即可实现劳动力的优化配置。对于林地流出，由于劳动力数量较多所以流出林地的概率较小。

如表 7-1 第（1）列和第（2）列，在其他条件不变的情况下，林地面积对农户是否流入林地和流入林地的面积均有显著正向影响，且均通过 1% 水平的显著性检验。即农户家庭林地面积的增加会显著提高农户流入林地的概率和流入林地的面积。如表 7-1 第（3）列，林地面积对农户是否流出林地的回归系数为负数，但没有通过显著性检验。说明在其他条件不变的情况下，林地面积对农户是否流出林地的负向影响不显著，即农户家庭林地面积的变化对农户流出林地概率没有显著影响。而林地面积对流出林地面积的回归系数为正数，且通过 1% 水平的显著性检验，如表 7-1 第（4）列。说明在其他条件不变的情况下，农户家庭林地面积的增加会显著扩大农户林地流出面积。可能的原因是，随着农户林地面积的增长，农户的林业经营越容易实现规模经营，这会提高农户林业生产的积极性，因此农户流入林地的概率和流入林地的面积均有增加。而在流出林地时，由于林地面积较大，农户流出林地的面积也会相对较大。

用材林面积占比对农户是否流入林地和是否流出林地的回归系数都为负数，如表7-1第（1）列和第（3）列，且均通过1%水平的显著性检验。说明在其他条件不变的情况下，农户家庭用材林面积占比的增加会显著降低农户流入、流出林地的概率。在农户林地流入模型中，如表7-1第（2）列，用材林面积占比对农户流入林地面积的回归系数为正数，但没有通过显著性检验。说明在其他条件不变的情况下，用材林面积占比对农户流入林地面积的正向影响不显著。在其他条件不变的情况下，如表7-1第（4）列，用材林占比对农户流出林地面积的正向影响不显著，即农户家庭用材林地面积占比的变化对农户流出林地面积没有显著影响。可能的原因是，用材林地的生长周期较长，农户一般会在一轮伐期结束后才进行林地流转，因此用材林地面积占比较多的农户流入、流出林地的概率较小。

在林地流入模型中，如表7-1第（1）列，经济林面积占比对农户是否流入林地的回归系数为负数，但没有通过显著性检验。说明在其他条件不变的情况下，经济林面积占对农户是否流入林地的负向影响不显著，即农户家庭经济林面积占比的变化对农户是否流入林地没有影响。经济林面积占比对农户流入林地面积的回归系数为负数，如表7-1第（2）列，且通过10%水平的显著性检验。说明在其他条件不变的情况下，经济林面积占比对农户流入面积有显著的负向影响，即农户家庭经济林地面积占比的增加会显著减少农户流入林地的面积。在林地流出模型中，如表7-1第（3）列，经济林面积占比对农户是否流出林地的回归系数为正数，但没有通过显著性检验。说明在其他条件不变的情况下，经济林占比对农户是否流出林地的正向影响不显著，即农户家庭经济林面积占比的变化对农户是否流出林地没有影响。经济林面积占比对农户流出林地面积的回归系数为正数，如表7-1第（4）列，但没有通过显著性检验。

竹林面积占比对农户是否流入林地和是否流出林地的回归系数均为负，如表7-1第（1）列和第（3）列，且均通过1%水平的显著性检验。说明在其他条件不变的情况下，竹林面积占比对农户是否流入林地和是否流出林地均有显著的负向影响。在其他条件不变的情况下，如表7-1第（2）列，竹林面积占比对农户流入林地面积的负向影响不显著，即农户家庭竹林地面积占比的变化对农户流入林地面积没有显著影响。在农户林地流出模型中，如表 7-1 第（4）列，竹林面积占比对农户流出林地面积的回归系数为负数，但没有通过显著性检验。说明在其他条件不变的情况下，竹林面积占比对农户流出林地面积的负向影响不显著，即农户家庭竹林地面积占比的变化对农户流出林地面积没有显著影响。可能的原因是，调研样本地区竹林地以毛竹地为主，近年来毛竹价格下跌严重，因此农户经营毛竹的积极性下降，因此流入林地面积和流出林地面积的概率均下降。

林地质量对农户是否流入林地和流入林地面积的回归系数都为正数，如表 7-1 第（1）列和第（2）列，但均未通过显著性检验。说明在其他条件不变的情况下，农户家庭林地质量的变化对农户流入林地决策没有显著影响。在农户林地流出模型中，如表 7-1 第（3）列，林地质量对农户流出林地的概率有正向影响，即农户家庭林地质量的改善会显著提高农户流出林地的概率。林地质量对农户流出林地面积的回归系数为负数，如表 7-1 第（4）列，但没有通过显著性检验。说明在其他条件不变的情况下，林地质量对农户流出林地面积的负向影响不显著，即农户家庭林地质量的变化对农户流出林地面积没有显著影响。可能的原因是，农户家庭的林地质量越好林地更容易流转出去。因此农户家庭林地质量越好，其流出林地的概率越大。

在农户林地流入模型中，如表 7-1 第（1）、（2）列，林地距离对农户是否流入林地和流入林地面积的回归系数均为正数，但均未通过显著性检验。说明在其他条件不变的情况下，林地离家距离的变化对农户流入林地决策没有显著影响。如表 7-1 第（3）列，林地离家距离的变化对农户流出林地的概率没有显著影响。而林地距离对流出林地面积的回归系数为正数，且通过 10% 水平的显著性检验，如表 7-1 第（4）列。说明在其他条件不变的情况下，林地距离对农户流出林地的面积有显著的正向影响。可能的原因是，林地离家距离越远林业生产经营越不方便，经营成本的上升会降低农户继续经营林业的意愿导致农户流出林地面积上升。

如表 7-1 第（1）列，农户家庭林地平均坡度的增加会显著减少农户流入林地的概率。农户家庭林地平均坡度的变化对农户流入林地面积没有显著影响，如表 7-1 第（2）列所示。如表 7-1 第（3）列所示，农户家庭林地平均坡度对农户流出林地概率的影响作用不大。而林地坡度对流出林地面积的回归系数为负数，但没有通过显著性检验，如表 7 - 1 第（4）列。说明在其他条件不变的情况下，林地坡度对农户流出林地面积的负向影响不显著。可能的原因是，林地坡度大林业生产经营不方便，经营成本的上升会降低农户扩大林业经营的意愿导致流入林地面积的概率下降。

二、公益林政策对林地流转影响的分组检验

本节检验了不同兼业类型下公益林政策对不同类型农户林地流转的回归结果。与前文研究保持一致，研究使用的样本为 PSM 匹配后的共同域样本，并基于已有研究将农户分为纯林户、兼业户和非林户。本节的实证检验均使用双栏模型，并计算了稳健标准误。各表中的第（1）列是分析公益林政策对农户是否流入林地的影响，第（2）列是分析公益林政策对农户流入林地面积的影响，第（3）列是分析公益林政策对农户是否流出林地的影响，第（4）列是分析公益林政策对农户流出林地面积的影响。整体来看，本研究所关注的衡量公益林政策效应变量 did 的系数，在不同类型分组的子样本回归中的系数方向、显著性均有所不同。这意味着受到公益林政策冲击后不同类型农户的林地流转响应存在差异。

（一）公益林政策对纯林户林地流转的影响

观察表 7 - 2 中纯林户流入、流出林地决策的回归结果，可以发现，did 对纯林户是否流入林地、流入林地面积和是否流出林地均没有显著影响，而对纯林户流出林地面积决策有显著的正向影响。在纯林户林地流入模型中，如表 7 - 2 第（1）列和第（2）列，可以看出 did 对纯林户是否流入林地和流入林地面积的回归系数均为负数，但都没有通过显著性检验。说明在其他条件不变的情况下，公益林政策对纯林户林地流入决策的负向影响不显著，即公益林政策对纯林户是否流入林地和流入林地面积没有显著影响。进一步观察表 7 - 2 第（3）列和第（4）列纯林户流出模型的回归结果，可以看出 did 对纯林户是否流出林地的回归系数为正数，但没有通过显著性检验。说明在其他条件不变的情况下，公益林政策对纯林户流出林地概率的正向影响

不显著，即公益林政策对纯林户是否流出林地没有显著影响。而 *did* 对纯林户流出林地面积的回归系数为正数，且通过 5% 水平的显著性检验。说明在其他条件不变的情况下，公益林政策对纯林户流出林地面积有显著的正向影响，即公益林政策的实施显著提高了纯林户的林地流出面积。

表 7 - 2 公益林政策对纯林户林地流转的影响

变量名称	林地流入		林地流出	
	（1） 是否流入	（2） ln 流入面积	（3） 是否流出	（4） ln 流出面积
did	−0.212 5	−0.782 9	0.323 0	2.387 0**
	(0.508 4)	(0.546 8)	(0.489 0)	(1.108 2)
公益林	0.124 8	0.068 5	0.963 4**	−2.381 8**
	(0.393 1)	(0.425 5)	(0.401 8)	(0.988 9)
year	0.520 8	1.218 0***	0.192 5	−2.232 2**
	(0.340 5)	(0.334 2)	(0.353 7)	(0.880 0)
年龄	−0.004 8	−0.123 1***	0.024 7*	0.111 6**
	(0.013 1)	(0.033 1)	(0.014 4)	(0.053 0)
教育	0.059 6	0.048 0	0.072 7	0.437 4**
	(0.079 5)	(0.105 6)	(0.070 8)	(0.169 8)
党员	−0.232 1	3.239 6***	−0.193 6	−3.932 0***
	(0.388 4)	(0.703 6)	(0.389 7)	(1.224 2)
总劳动力	0.221 9*	−0.935 4***	0.060 7	0.147 1
	(0.126 8)	(0.264 1)	(0.119 7)	(0.274 1)
林地面积	0.001 7***	0.002 0***	−0.000 1	0.001 1***
	(0.000 4)	(0.000 3)	(0.000 3)	(0.000 2)
地块数	−0.009 3	0.046 7	0.102 1*	0.222 9***
	(0.073 1)	(0.065 0)	(0.053 0)	(0.078 1)
用材林占比	−2.577 8***	−1.245 7	−0.536 2	0.282 9
	(0.461 6)	(1.016 0)	(0.472 2)	(0.950 9)
经济林占比	−0.555 3	−0.134 8	0.610 1	0.122 1
	(0.495 1)	(0.577 3)	(0.530 8)	(0.953 6)
竹林占比	−1.758 4***	−2.749 6***	−0.561 6	−0.176 6
	(0.483 3)	(0.949 7)	(0.551 3)	(0.887 7)
林地质量	0.315 6**	0.784 6***	0.369 6**	−0.113 4
	(0.143 8)	(0.206 8)	(0.152 4)	(0.169 7)

（续）

变量名称	林地流入		林地流出	
	（1） 是否流入	（2） ln 流入面积	（3） 是否流出	（4） ln 流出面积
林地距离	0.031 1 (0.028 1)	−0.165 3 *** (0.054 5)	0.000 0 (0.028 2)	0.191 3 *** (0.053 1)
林地坡度	−0.028 1 *** (0.008 3)	0.057 4 *** (0.014 5)	0.007 9 (0.009 8)	−0.048 4 *** (0.013 2)
Constant	0.425 2 (1.263 3)	10.139 8 *** (2.549 3)	−4.123 1 *** (1.373 7)	−5.536 8 (4.476 1)
Wald chi2（16）	69.56		30.98	
Prob＞chi2	0.000 0		0.020 2	

注：括号内为稳健标准误。 * 、 ** 、 *** 表示 10％、5％、1％显著性水平。

公益林对纯林户是否流出林地的回归系数为正数，且通过 5％水平的显著性检验，说明政策实施前，在其他条件不变的情况下，有公益林地的纯林户流出林地的概率要显著高于没有公益林地的纯林户；公益林对纯林户流出林地面积的回归系数为负数，且通过 5％水平的显著性检验，说明政策实施前，在其他条件不变的情况下，有公益林地纯林户的流出林地面积要显著低于没有公益林地的纯林户。而时间虚拟变量 $year$ 对纯林户流入林地面积的回归系数为正数，且通过 1％水平的显著性检验，说明在其他条件不变的情况下，农户流入林地面积决策存在随时间增长而增长的趋势，即使没有公益林政策，农户 2019 年流入林地面积也要高于 2013 年。 $year$ 对纯林户流出林地面积的回归系数为负数，且通过 5％显著性水平的显著性检验，说明在其他条件不变的情况下，农户流出林地面积存在随时间下降的趋势，即使没有公益林政策，农户 2019 年流出林地面积也要低于 2013 年。

具体而言，如表 7 - 2 第（1）列，户主年龄的变化对纯林户流入林地概率的影响不显著。而年龄对流入林地面积的回归系数为负数，如表 7 - 2 第（2）列，且通过 1％水平的显著性检验。说明在其他条件不变的情况下，户主年龄的增加会减少纯林户流入林地的面积。在其他条件不变的情况下，如表 7 - 2 第（3）列，年龄对纯林户是否流出林地有显著的正向影响。如表 7 - 2 第（4）列，年龄对纯林户流出林地的面积有显著的正向影响。以上结果意味着随着纯林户年龄的增长，纯林户扩大林业生产规模的积极性逐渐下降，林地流入面积减少，林地流出面积增加。可能的原因是，随着纯林户户主年龄的增长，其从事林业生产的能力逐渐下降，因此农户会减少林地流入面积增加林地流出面积。

在纯林户林地流入模型中，教育对纯林户是否流入林地和流入林地面积的回归系数都为正数，如表7-2第（1）列和第（2）列，但均没有通过显著性检验。说明教育水平的变化对纯林户流入林地的概率和流入面积没有显著影响。在纯林户林地流出模型中，如表7-2第（3）列，教育对纯林户是否流出林地的回归系数为正数，但没有通过显著性检验。说明教育水平的变化对纯林户流出林地概率没有显著影响。而教育水平对流出林地面积的回归系数为正数，通过5％水平的显著性检验，如表7-2第（4）列。说明在其他条件不变的情况下，农户家庭教育水平的增加会显著扩大农户林地流出面积。可能的原因是，近年来木材市场不太景气，教育水平高的纯林户家庭可能会流出林地缩小营林面积选择其他生计方式。

党员对纯林户是否流入林地的回归系数为负数，如表7-2第（1）列，但没有通过显著性检验。说明纯林户家庭拥有党员的情况对纯林户流入林地的概率没有显著影响。而党员对流入林地面积的回归系数为正数，且通过1％水平的显著性检验，如表7-2第（2）列。说明在其他条件不变的情况下，党员对纯林户流入林地的面积有显著的正向影响，即纯林户家庭若拥有党员会提高纯林户流入林地的面积。在纯林户林地流出模型中，如表7-2第（3）列，党员对纯林户是否流出林地的回归系数为负数，但没有通过显著性检验。说明纯林户家庭拥有党员的情况对纯林户流出林地的概率没有显著影响。党员对流出林地面积的回归系数显著为负数，如表7-2第（4）列。说明纯林户家庭若拥有党员会显著减少纯林户林地流出面积。可能的原因是，拥有党员的纯林户家庭对林地资源配置的决策更加谨慎，所以流出林地的面积较少。而拥有党员的家庭社会资本也相对较高，他们流转林地的交易成本一般较小，能流转到面积更大的林地。

观察表7-2第（1）列总劳动力数对纯林户流转林地的影响，可以看出，总劳动力对纯林户是否流入林地的回归系数为正数，且通过10％水平的显著性检验。说明在其他条件不变的情况下，总劳动力数对纯林户是否流入林地有显著的正向影响，即纯林户家庭劳动力数量的增加会显著提高纯林户流入林地的概率。而总劳动力数对流入林地面积的回归系数显著为负数，如表7-2第（2）列，说明在其他条件不变的情况下，总劳动力数对纯林户流入林地的面积有显著的负向影响。如表7-2第（3）列和第（4）列，总劳动力数对纯林户是否流出林地和流出林地面积的正向影响不显著，即纯林户家庭劳动力数量的变化对纯林户流出林地的概率和流出林地面积没有显著影响。可能的原因是，纯林户家庭以林业生产为主要来源，当拥有劳动力数量较多时，纯林户会通过流入林地来解决劳动力就业。但是纯林户家庭劳动力数量又相对有限，他们一般会在流入林地时选择经营更加方便的少量林地来实现劳动力的优化配置。

在纯林户林地流入模型中，如表7-2第（1）列和第（2）列，林地面积对纯林户是否流入林地和流入林地面积的回归系数都显著为正数，说明纯林户家庭林地面积的增加会显著提高纯林户流入林地的概率和流入林地的面积。在纯林户林地流出模型中，如表7-2第（3）列，林地面积对纯林户是否流出林地的回归系数为负数，但没有通过显著性检验。说明在其他条件不变的情况下，林地面积对纯林户是否流出林地的负向影响不显著。而林地面积对流出林地面积的回归系数为正数，且通过1%水平的显著性检验，如表7-2第（4）列。说明在其他条件不变的情况下，纯林户家庭林地面积的增加会显著扩大纯林户林地流出面积。可能的原因是，林地面积越大，纯林户越容易通过林地流转而形成规模经营，这会提高纯林户林地流入。类似的在流出林地时，由于林地面积较大，纯林户流出林地的面积也会相对较大。

地块数对纯林户是否流入林地的回归系数为负数，如表7-2第（1）列，但没有通过显著性检验。说明地块数对纯林户是否流入林地的负向影响不显著。地块数对纯林户流入林地面积的回归系数为正数，但没有通过显著性检验，如表7-2第（2）列。说明在其他条件不变的情况下，地块数对纯林户流入林地面积的正向影响不显著。在其他条件不变的情况下，如表7-2第（3）列，地块数对纯林户是否流出林地有显著的正向影响。地块数对纯林户流出林地面积的回归系数为正数，如表7-2第（4）列，且通过1%水平的显著性检验。说明在其他条件不变的情况下，地块数对纯林户流出林地的面积有显著的正向影响，即纯林户家庭林地地块数量的增加会扩大纯林户林地流出面积。可能的原因是，农户家庭拥有的地块数越多，农户林地流转起来越灵活，但是另一方面也会增加林地的细碎化程度，因此农户会流出面积相对较小的多数地块，流入面积更大的林地地块来实现规模经营。

在纯林户林地流入模型中，用材林面积占比对纯林户是否流入林地的回归系数为负数，如表7-2第（1）列，且通过1%水平的显著性检验。说明纯林户家庭用材林面积占比的增加会显著降低纯林户流入林地的概率。用材林面积占比对纯林户流入林地面积的回归系数为负数，如表7-2第（2）列，但没有通过显著性检验。说明在其他条件不变的情况下，纯林户家庭用材林面积占比的变化对纯林户林地流入面积没有显著影响。在纯林户林地流出模型中，如表7-2第（3）列，用材林面积占比对纯林户流出林地概率的回归系数为负数，但没有通过显著性检验。说明纯林户家庭用材林地面积占比对纯林户流出林地概率没有显著影响。用材林面积占比对纯林户流出林地面积的回归系数为正数，但没有通过显著性检验。可能的原因是，用材林地的生长周期通常较长，纯林户在拥有较多的用材林地时其投入资金的回报周期也较长，因此用材林地面积占比较多的纯林户在做出林地流入决策时会更加谨慎，流入林地的概率相对较小。

竹林面积占比对纯林户是否流入林地和流入林地面积的回归系数都为负数，如表7-2第（1）列和第（2）列纯林户林地流入模型，且均通过1%水平的显著性检验。说明在其他条件不变的情况下，竹林面积占比对纯林户是否流入林地和流入林地面积均有显著的负向影响，即纯林户家庭竹林面积占比的增加会显著降低纯林户流入林地的概率和流入林地的面积。在纯林户林地流出模型中，如表7-2第（3）列，竹林面积占比对纯林户流出林地概率的回归系数为负数，但没有通过显著性检验。说明在其他条件不变的情况下，纯林户家庭竹林地面积占比对纯林户流出林地的概率没有显著影响。竹林面积占比对纯林户流出林地面积的回归系数为负数，但没有通过显著性检验。说明纯林户家庭竹林地面积占比的变化对纯林户流出林地面积没有显著影响。可能的原因是，竹林生产周期相对较短，而且竹林的生产经营能吸纳较多的劳动力，因此竹林面积较多的纯林户家庭剩余劳动力较少。这就导致竹林面积占比较多的纯林户家庭流入林地的概率和流入林地的面积较少。

在纯林户林地流入模型中，如表7－2第（1）列和第（2）列，在其他条件不变的情况下，林地质量对纯林户是否流入林地和流入林地面积均有显著的正向影响，即纯林户家庭林地质量的提高会显著增加纯林户流入林地的概率和流入林地的面积。在纯林户林地流出模型中，如表7－2第（3）列，林地质量对纯林户流出林地面积的回归系数为正数，且通过5％水平的显著性检验。说明在其他条件不变的情况下，林地质量对纯林户是否流出林地有显著的正向影响，即纯林户家庭林地质量的变好会显著提高纯林户流出林地的概率。林地质量占比对纯林户流出林地面积的回归系数为负数，如表7－2第（4）列，但没有通过显著性检验。说明纯林户家庭林地质量对纯林户流出林地面积没有显著影响。可能的原因是，纯林户家庭的林地质量越好纯林户经营林地的积极性越高，更愿意流入林地实现规模经营；另一方面质量较好的林地也更容易流转出去。因此纯林户家庭林地质量越好，其流入林地、流出林地的概率越大，流入林地的面积也会越多。

在纯林户林地流入模型中，如表7－2第（1）列，林地距离对纯林户是否流入林地的回归系数为正数，但没有通过显著性检验。说明在其他条件不变的情况下，纯林户家庭林地平均距离的变动对纯林户流入林地的概率没有显著影响。如表7－2第（2）列，纯林户家庭林地平均距离的增加会减少纯林户流入林地的面积。在纯林户林地流出模型中，如表7－2第（3）列，林地距离对纯林户是否流出林地的回归系数为正数，但没有通过显著性检验。说明纯林户家庭林地平均距离的变动对纯林户流出林地概率没有显著影响。林地距离对流出林地面积的回归系数为正数，且通过1％水平的显著性检验，如表7－2第（4）列。说明在其他条件不变的情况下，纯林户家庭林地平均距离的增加会扩大纯林户流出林地的面积。可能的原因是，林地距离越远林业生产经营越不方便，较高的交通成本会阻碍纯林户扩大林业经营面积导致流入林地的面积下降，而使得流出面积增加。

在纯林户林地流入模型中，如表7－2第（1）列，林地坡度对纯林户是否流入林地的回归系数为负数，且通过1％水平的显著性检验。说明在其他条件不变的情况下，林地坡度对纯林户是否流入林地有显著负向影响，即纯林户家庭林地平均坡度的增加会显著降低纯林户流入林地的概率。林地坡度对纯林户流入林地面积的回归系数显著为正数，如表7－2第（2）列，说明纯林户家庭林地平均坡度的增加会扩大纯林户流入林地的面积。在纯林户林地流出模型中，如表7-2第（3）列，纯林户家庭林地平均坡度对纯林户流出林地的概率没有显著作用。而林地坡度对流出林地面积的回归系数为负数，且通过1%水平的显著性检验，如表7-2第（4）列。说明纯林户家庭林地平均坡度的增加会减少纯林户林地的流出面积。可能的原因是，林地坡度越大林业生产经营越不方便，经营成本的上升会降低纯林户扩大林业经营的意愿导致流入林地面积的概率下降，但是如果纯林户决定流入林地后会流入更多的林地以获得更多的收益。对于林地流出，纯林户由于以林业收入为主要来源，即使林地坡度较大经营困难，纯林户一般也会谨慎地决定是否流出林地。

（二）公益林政策对兼业户林地流转的影响

表7-3是公益林政策对兼业户林地流转影响的回归结果。回归结果使用双栏模型进行参数估计，模型的Wald卡方检验值为61.66和60.98，均达到1%的显著性水平，从整体上说明模型是适用的。

观察表7-3中兼业户流入、流出林地决策的回归结果，可以发现，如表7-3第（1）列和第（2）列，可以看出 did 对兼业户是否流入林地和流入林地面积的回归系数均为负数，但都没有通过显著性检验。说明在其他条件不变的情况下，公益林政策对兼业户流入林地决策没有显著影响。进一步观察兼业户林地流出模型的回归结果，如表7-3第（3）列，可以看出 did 对兼业户是否流出林地的回归系数为负数，但没有通过显著性检验。说明在其他条件不变的情况下，公益林政策对兼业户是否流出林地没有显著的影响，即公益林政策对兼业户流出林地的概率没有显著影响。而 did 对兼业户流出林地面积的回归系数为正数，如表7-3第（4）列，且通过5%水平的显著性检验。说明在其他条件不变的情况下，公益林政策对兼业户流出林地面积有显著的正向影响，即公益林政策的实施显著提高了兼业户的林地流出面积。

公益林对兼业户是否流入林地的回归系数为负数，且通过5%的显著性检验，说明政策实施前，在其他条件不变的情况下，有公益林地的兼业户流入林地的概率要显著低于没有公益林地的兼业户；公益林对兼业户流出林地面积的回归系数为负数，且通过1%水平的显著性检验，说明政策实施前，在其他条件不变的情况下，有公益林地的兼业户流出林地面积要显著低于没有公益林地的兼业户。而时间虚拟变量 *year* 对兼业户是否流入林地的回归系数为正数，且通过 5% 显著性水平的显著性检验，说明在其他条件不变的情况下，兼业户流入林地的概率存在随时间增长而增长的趋势，即使没有公益林政策，兼业户 2019 年流入林地的概率也要高于 2013 年。*year* 对兼业户流出林地面积的回归系数为正数，且通过 1% 水平的显著性检验，说明在其他条件不变的情况下，兼业户流出林地面积存在随时间增长的趋势，即使没有公益林政策，兼业户 2019 年流出林地面积也要高于 2013 年。

表 7-3　公益林政策对兼业户林地流转的影响

变量名称	林地流入		林地流出	
	(1) 是否流入	(2) ln 流入面积	(3) 是否流出	(4) ln 流出面积
did	−0.045 7 (0.562 1)	−1.079 6 (0.861 9)	−0.023 3 (0.561 7)	1.025 5** (0.408 5)
公益林	−1.094 4** (0.458 2)	0.233 7 (0.883 4)	0.277 7 (0.452 1)	−23.963 1*** (6.192 1)
year	0.557 3** (0.280 7)	0.503 2 (0.341 8)	0.327 0 (0.408 3)	3.757 0*** (1.096 5)
年龄	−0.026 1* (0.013 5)	0.011 8 (0.033 5)	0.028 8* (0.017 4)	−0.657 3*** (0.219 7)
教育	0.019 0 (0.053 8)	−0.130 8 (0.088 7)	0.075 1 (0.061 7)	−0.671 6*** (0.119 8)
党员	−0.310 7 (0.315 8)	−3.662 2 (2.323 4)	−0.690 2 (0.496 4)	−28.997 1** (13.161 1)
总劳动力	0.191 3 (0.121 7)	−0.592 0*** (0.229 8)	0.170 2 (0.160 5)	13.192 5*** (4.486 9)
林地面积	0.001 3* (0.000 7)	0.003 5*** (0.000 5)	−0.003 1** (0.001 2)	0.112 7*** (0.035 5)
地块数	−0.023 9 (0.071 1)	0.061 5 (0.104 1)	0.020 1 (0.094 6)	−3.328 0** (1.360 1)
用材林占比	−1.542 9*** (0.350 8)	0.864 7 (0.931 3)	−1.453 4*** (0.374 2)	−19.298 3*** (5.109 8)

（续）

变量名称	林地流入		林地流出	
	（1）是否流入	（2）ln 流入面积	（3）是否流出	（4）ln 流出面积
经济林占比	−0.764 3	−1.246 8**	−0.042 6	27.191 5***
	(0.527 9)	(0.629 4)	(0.560 2)	(7.896 0)
竹林占比	−2.301 9***	−2.252 8	−3.097 7***	−145.478 1***
	(0.456 2)	(1.759 4)	(0.533 7)	(45.108 3)
林地质量	0.061 3	1.824 8**	0.027 3	19.863 5***
	(0.123 2)	(0.895 1)	(0.180 3)	(7.001 4)
林地距离	0.079 8	0.172 4*	−0.009 7	2.784 1***
	(0.067 9)	(0.092 4)	(0.052 1)	(0.540 9)
林地坡度	0.003 2	0.003 8	−0.005 0	1.125 9***
	(0.007 4)	(0.015 8)	(0.012 1)	(0.361 5)
Constant	0.627 5	3.879 4*	−2.671 2**	−35.992 6***
	(1.124 1)	(2.250 4)	(1.274 0)	(11.871 6)
Wald chi2（16）	61.66		60.98	
Prob＞chi2	0.000 0		0.000 0	

注：括号内为稳健标准误。*、**、*** 表示 10%、5%、1%显著性水平。

在兼业户林地流入模型中，如表 7 - 3 第（1）列，户主年龄的增加会降低兼业户流入林地的概率。而年龄对流入林地面积的回归系数为正数，但没有通过显著性检验，如表 7 - 3 第（2）列。说明在其他条件不变的情况下，年龄对兼业户流入林地面积的正向影响不显著，即户主年龄的变化对兼业户流入林地的面积没有显著影响。在兼业户林地流出模型中，如表 7 - 3 第（3）列，户主年龄的增加会显著提高兼业户流出林地的概率。年龄对兼业户流出林地的面积有显著的负向影响，如表 7 - 3 第（4）列，即户主年龄的增加会显著减少兼业户林地流出面积。可能的原因是，对于兼业户而言，林业生产一般是由户主完成，户主年龄的增加导致其从事林业生产的能力逐渐下降，因此农户流入林地的概率减少。而对于流出林地，随着年龄增加户主从事林业生产的能力和外出就业的可能性均逐渐减少，因此会流出部分林地，但出于林地的生计保障功能，流出的林地面积相对较少。

在其他条件不变的情况下，如表 7 - 3 第（1）列，教育对兼业户是否流入林地的正向影响不显著，即教育水平的变化对兼业户流入林地的概率没有显著影响。教育对兼业户流入林地面积的回归系数为负数，如表7-3第（2）列，但没有通过显著性检验。在兼业户林地流出模型中，如表7-3第（3）列，教育对兼业户是否流出林地的正向影响不显著，即教育水平的变化对兼业户流出林地的概率没有显著影响。而教育水平对流出林地面积的回归系数为负数，且通过1%水平的显著性检验，如表7-3第（4）列。说明在其他条件不变的情况下，教育水平对兼业户流出林地的面积有显著的负向影响，即兼业户家庭教育水平的增加会显著减少兼业户林地流出面积。可能的原因是，教育水平较高的兼业户在做出林地流转决策时考虑得会更加全面，教育水平高的兼业户家庭一般不会流出大量的林地。

党员对兼业户是否流入林地的回归系数为负数，如表7-3第（1）列，但没有通过显著性检验。说明在其他条件不变的情况下，兼业户家庭拥有党员的情况对兼业户流入林地的概率没有显著影响。党员对流入林地面积的回归系数也为负数，且没有通过显著性检验，如表7-3第（2）列。说明在其他条件不变的情况下，党员对兼业户流入林地面积的负向影响不显著，即兼业户家庭拥有党员情况对兼业户流入林地面积没有显著影响。在兼业户林地流出模型中，如表7-3第（3）列，党员对兼业户是否流出林地的回归系数没有通过显著性检验。说明兼业户家庭拥有党员的情况对兼业户流出林地的概率没有显著影响。党员对流出林地面积的回归系数为负数，且通过5%水平的显著性检验，如表7-3第（4）列。说明在其他条件不变的情况下，兼业户家庭若拥有党员会显著减少兼业户林地流出面积。可能的原因是，拥有党员的兼业户家庭社会资本相对较高，能获得更多的林地市场信息，因此他们更能意识到林地的潜在价值，从而减少林地的流出面积。

观察表7-3第（1）列总劳动力数对兼业户流转林地的影响，可以看出，总劳动力数对兼业户是否流入林地的回归系数为正数，但没有通过显著性检验。说明在其他条件不变的情况下，兼业户家庭劳动力变化对兼业户流入林地的概率没有显著影响。而总劳动力数对流入林地面积的回归系数为负数，且通过1%水平的显著性检验，如表7-3第（2）列。说明在其他条件不变的情况下，总劳动力数对兼业户流入林地的面积有显著的负向影响，即兼业户家庭劳动力数量的提高会减少兼业户流入林地的面积。在兼业户林地流出模型中，总劳动力数对兼业户是否流出林地的回归系数为正数，如表 7-3 第（3）列，但没有通过显著性检验。说明兼业户家庭劳动力数量对兼业户流出林地概率没有显著影响。总劳动力数对兼业户流出林地面积的回归系数显著为正数，如表 7-3 第（4）列，且通过 1％水平的检验。说明兼业户家庭劳动力数量的提高会扩大兼业户流出林地的面积。可能的原因是，兼业户家庭生计来源多样化，当拥有劳动力数量较多时，兼业户会选择投资收益更高的少量林地流入，因此流入林地面积较少。对于林地流出，劳动力数量较多的兼业户对林业生产的依赖程度会相对有限，因此他们会流出较多的林地以获得流转资金。

在兼业户林地流入模型中，如表 7-3 第（1）列和第（2）列，林地面积对兼业户是否流入林地和流入林地面积的回归系数都为正数，且分别通过 10％和 1％水平的显著性检验。说明在其他条件不变的情况下，林地面积对兼业户是否流入林地和流入林地面积均有显著正向影响，即兼业户家庭林地面积的增加会显著提高兼业户流入林地的概率和流入林地的面积。在兼业户林地流出模型中，如表 7-3 第（3）列，林地面积对兼业户是否流出林地的回归系数显著为负数，说明兼业户家庭林地面积的扩大会提高兼业户流出林地的概率。而林地面积对流出林地面积的回归系数显著为正数，如表 7-3 第（4）列。说明兼业户家庭林地面积的增加会显著扩大兼业户林地流出面积。可能的原因是，兼业户家庭林地面积较大更容易通过林地流转形成规模经营优势，这会提高兼业户流入林地的概率和增加流入林地的面积。而对于流出林地，由于林业收入也是兼业户收入的来源之一，而且林地面积越大越具有规模经营优势，因此兼业户流出林地的概率较小，但由于林地面积较大，兼业户流出林地的面积也会相对较大。

地块数对兼业户是否流入林地的回归系数为负数，如表 7-3 第（1）列，但没有通过显著性检验。说明在其他条件不变的情况下，地块数对兼业户是否流入林地的负向影响不显著，即兼业户家庭林地地块数量的变化对兼业户流入林地的概率没有显著影响。地块数对兼业户流入林地面积的回归系数为正数，但没有通过显著性检验，如表 7-3 第（2）列。说明在其他条件不变的情况下，兼业户家庭林地地块数量的变化对兼业户林地流入面积没有显著作用。如表 7-3 第（3）列，兼业户家庭林地地块数量的变化对兼业户林地流出的概率没有显著影响。地块数对兼业户流出林地面积的回归系数显著为负数，如表7-3第（4）列，说明兼业户家庭林地地块数量的增加会减少兼业户林地流出面积。可能的原因是，兼业户家庭拥有的地块数越多，兼业户对林地的经营决策会越灵活，但是另一方面也会增加林地的细碎化程度，因此农户会流出面积相对较小的地块。

在兼业户林地流入模型中，用材林面积占比对兼业户是否流入林地的回归系数显著为负数，如表7-3第（1）列，说明兼业户家庭用材林面积占比的增加会显著降低兼业户流入林地的概率。用材林面积占比对兼业户流入林地面积的回归系数为正数，如表7-3第（2）列，但没有通过显著性检验。说明在其他条件不变的情况下，兼业户家庭用材林面积占比的变化对兼业户流入林地面积没有显著影响。在兼业户林地流出模型中，如表7-3第（3）列，用材林面积占比对兼业户流出林地概率的回归系数为负数，且通过1%水平的显著性检验。说明在其他条件不变的情况下，用材林面积占比对兼业户流出林地概率有显著的负向影响，即兼业户家庭用材林地面积占比的增加会减少兼业户流出林地的概率。用材林面积占比对兼业户流出林地面积的回归系数显著为负数，如表7-3第（4）列，说明兼业户家庭用材林地面积占比的增加会减少兼业户流出林地的面积。可能的原因是，用材林地的生长周期通常较长，兼业户在拥有较多的用材林地时其投入资金的回报周期也较长，因此用材林地面积较大的兼业户流入、流出林地的概率均较小，流出林地的面积也较少。

经济林面积占比对兼业户是否流入林地的回归系数为负数，如表7-3第（1）列兼业户林地流入模型，但没有通过显著性检验。经济林面积占比对兼业户流入林地面积的回归系数显著为负数，如表7-3第（2）列，说明在其他条件不变的情况下，经济林面积占比对兼业户流入林地面积有显著的负向影响。在兼业户林地流出模型中，如表7-3第（3）列，经济林面积占比对兼业户流出林地概率的回归系数为负数，但没有通过显著性检验。说明兼业户家庭经济林地面积占比对兼业户流出林地的概率没有显著影响。经济林面积占比对兼业户流出林地面积的回归系数为正数，如表7-3第（4）列，且通过1%水平的显著性检验。说明在其他条件不变的情况下，经济林面积占比对兼业户流出林地面积有显著的正向影响，即兼业户家庭经济林地面积占比的提高会扩大兼业户流出林地的面积。可能的原因是，经济林经营收益较高但是样本地区经济林较少，因此兼业户为实现经济林经营的规模收益只能流入到较少的林地，同时兼业户也会流出非经济林地获取林地流转租金从而专心经营经济林地。

竹林面积占比对兼业户是否流入林地的回归系数为负数，如表7-3第（1）列兼业户林地流入模型，且通过1%水平的显著性检验。说明在其他条件不变的情况下，竹林面积占比对兼业户是否流入林地有显著的负向影响，即兼业户家庭竹林面积占比的增加会显著降低兼业户流入林地的概率。竹林面积占比对兼业户流入林地面积的回归系数为负数，如表7-3第（2）列，但没有通过显著性检验。说明兼业户家庭竹林面积占比的变化对兼业户流入林地面积没有显著影响。如表7-3第（3）列和第（4）列兼业户林地流出模型，兼业户家庭竹林面积占比的增加会显著降低兼业户流出林地的概率和流出林地的面积，且均通过1%水平的显著性检验。可能的原因是，竹林的生产经营能吸纳较多的劳动力，但是林业收入只占到兼业户收入的一部分，为保证林地劳动力的投入规模，兼业户流入林地的可能性较小，同时流出林地的概率也较小，流出面积也较少。

如表7-3第（1）列，林地质量对兼业户是否流入林地的正向影响不显著。林地质量对兼业户流入林地面积的回归系数为正数，如表7-3第（2）列，且通过5%水平的显著性检验。说明在其他条件不变的情况下，兼业户家庭林地质量的变好会显著提高兼业户流入林地的面积。在兼业户林地流出模型中，如表7-3第（3）列，林地质量对兼业户是否流出林地的回归系数为正数，但没有通过显著性检验。说明兼业户家庭林地质量的变化对兼业户流出林地的概率没有显著影响。林地质量占比对兼业户流出林地面积的回归系数显著为正数，如表7-3第（4）列，说明在其他条件不变的情况下，兼业户家庭林地平均质量的提高会扩大兼业户流出林地的面积。可能的原因是，兼业户家庭的林地质量越好兼业户经营林地的积极性越高，更愿意流入更多的林地实现规模经营；而另一方面质量较好的林地也更容易大面积的流转出去。

在兼业户林地流入模型中，如表7-3第（1）列，林地距离对兼业户是否流入林地的回归系数为正数，但没有通过显著性检验。说明兼业户家庭林地平均距离的变动对兼业户流入林地概率没有显著影响。林地距离对兼业户流入林地面积的回归系数为正数，如表 7-3 第（2）列，且通过 10% 水平的显著性检验。说明兼业户家庭林地平均距离的增加会扩大兼业户流入林地的面积。在兼业户林地流出模型中，如表 7-3 第（3）列，林地距离对兼业户是否流出林地的回归系数为负数，但没有通过显著性检验。说明兼业户家庭林地平均距离的变动对兼业户流出林地的概率没有显著影响。林地距离对流出林地面积的回归系数为正数，且通过 1% 水平的显著性检验，如表 7-3 第（4）列。说明在其他条件不变的情况下，林地距离对兼业户流出林地的面积有显著的正向影响，即兼业户家庭林地平均距离的增加会扩大兼业户流出林地的面积。可能的原因是，林地离家越远林业生产经营越不方便，因此兼业户会流入大量的林地来提高林业生产收入，同时兼业户也可能会流出离家距离较远的林地使得流出面积增加。

在兼业户林地流入模型中，如表 7-3 第（1）列和第（2）列，林地坡度对兼业户是否流入林地和流入林地面积的回归系数均为正数，但都没有通过显著性检验。说明在其他条件不变的情况下，林地坡度对兼业户是否流入林地和流入林地面积的正向影响不显著。在兼业户林地流出模型中，如表 7-3 第（3）列，林地坡度对兼业户是否流出林地的回归系数为负数，但没有通过显著性检验。而林地坡度对流出林地面积的回归系数为正数，且通过 1% 水平的显著性检验，如表 7-3 第（4）列。说明在其他条件不变的情况下，兼业户家庭林地平均坡度的增加会扩大兼业户林地的流出面积。可能的原因是，林地坡度越大林业生产经营越不方便，兼业户会流出更多收益相对低下的林地。

（三）公益林政策对非林户林地流转的影响

表 7-4 是公益林政策对非林户非农就业影响的回归结果。回归结果使用双栏模型进行参数估计。观察表 7-4 中非林户流入、流出林地决策的回归结果，可以发现，*did* 对非林户是否流入林地、流入林地面积和流出林地面积决策均没有显著影响，而对非林户是否流出林地有显著的负向影响。在非林户林地流入模型中，如表 7-4 第（1）列，可以看出公益林政策对非林户是否流入林地没有显著的影响，即公益林政策对非林户流入林地的概率没

有显著影响。*did* 对非林户流入林地面积的回归系数为正数,如表 7 - 4 第
(2) 列,但没有通过显著性检验。说明在其他条件不变的情况下,公益政
策对非林户流入林地面积的正向影响不显著,即公益林政策的实施对非林户
林地流入面积没有显著影响。进一步观察非林户林地流出模型的回归结果,
如表 7 - 4 第 (3) 列,可以看出 *did* 对非林户是否流出林地的回归系数为正
数,且通过 5% 水平的显著性检验。说明在其他条件不变的情况下,公益林
政策对非林户是否流出林地有显著的正向影响,即公益林政策的实施会显著
提高非林户流出林地的概率。而 *did* 对非林户流出林地面积的回归系数为负
数,如表 7 - 4 第 (4) 列,但没有通过显著性检验。说明在其他条件不变的
情况下,公益林政策对非林户林地流出面积没有显著影响。

表 7 - 4 公益林政策对非林户林地流转的影响

变量名称	林地流入		林地流出	
	(1) 是否流入	(2) ln 流入面积	(3) 是否流出	(4) ln 流出面积
did	−0.396 6	0.211 5	1.061 0**	−0.409 8
	(0.451 2)	(0.492 8)	(0.523 7)	(0.552 2)
公益林	−0.140 9	0.190 5	−0.753 9*	1.234 8*
	(0.346 3)	(0.304 6)	(0.402 4)	(0.655 4)
year	0.806 0***	0.245 4	−0.367 6	−0.099 2
	(0.309 2)	(0.340 1)	(0.347 0)	(0.164 4)
年龄	−0.012 4	−0.028 3	0.050 9***	0.033 6*
	(0.015 5)	(0.017 5)	(0.015 4)	(0.019 2)
教育	0.166 4**	−0.230 2**	0.083 1	0.266 8***
	(0.066 6)	(0.096 6)	(0.068 6)	(0.066 4)
党员	−0.643 4**	1.359 9*	−0.571 7	−0.533 7
	(0.326 6)	(0.801 3)	(0.373 4)	(0.419 1)
总劳动力	0.415 8***	0.109 3	−0.255 3**	0.156 6
	(0.092 9)	(0.157 0)	(0.109 1)	(0.169 0)
林地面积	0.002 9***	0.005 3***	−0.001 3*	0.002 7**
	(0.000 7)	(0.000 9)	(0.000 7)	(0.001 3)
地块数	0.019 0	0.007 9	−0.010 8	−0.530 9***
	(0.044 5)	(0.033 7)	(0.027 4)	(0.136 1)
用材林占比	−2.067 4***	0.576 2	−1.841 8***	0.461 3
	(0.388 8)	(0.362 7)	(0.390 8)	(0.661 0)

（续）

变量名称	林地流入		林地流出	
	（1） 是否流入	（2） ln 流入面积	（3） 是否流出	（4） ln 流出面积
经济林占比	−0.993 8 (0.767 9)	−2.257 7** (0.961 5)	−2.952 4* (1.758 0)	−10.201 9 (7.118 1)
竹林占比	−3.072 0*** (0.517 3)	1.268 5 (0.851 1)	−1.985 7*** (0.495 3)	0.956 4 (0.902 7)
林地质量	0.205 0 (0.148 3)	−0.636 2** (0.296 2)	0.533 8*** (0.147 3)	−0.610 2** (0.260 3)
林地距离	−0.115 0*** (0.039 5)	0.084 3** (0.035 0)	0.037 8 (0.032 1)	0.121 6*** (0.035 6)
林地坡度	−0.003 5 (0.009 0)	−0.002 1 (0.005 7)	0.008 7 (0.009 1)	−0.018 2*** (0.005 5)
Constant	−1.353 5 (1.217 2)	5.406 4*** (1.196 4)	−3.185 5** (1.247 4)	−0.149 5 (1.283 2)
Wald chi2（16）	69.89		47.49	
Prob＞chi2	0.000 0		0.000 0	

注：括号内为稳健标准误。*、**、*** 表示 10％、5％、1％显著性水平。

公益林对非林户是否流出林地的回归系数为负数，且通过 10％水平的显著性检验，说明政策实施前，在其他条件不变的情况下，有公益林地的非林户流出林地的概率要显著高于没有公益林地的非林户；公益林对非林户流出林地面积的回归系数为正数，且通过 10％水平的显著性检验，说明政策实施前，在其他条件不变的情况下，有公益林地的非林户流出林地面积要显著高于没有公益林地的非林户。而时间虚拟变量 *year* 对非林户是否流入林地的回归系数为正数，且通过 1％显著性水平的检验，说明在其他条件不变的情况下，非林户流入林地的概率存在随时间增长而增长的趋势，即使没有公益林政策，非林户 2019 年流入林地的概率也要高于 2013 年。

在非林户林地流入模型中，如表 7-4 第（1）列和第（2）列，年龄对非林户是否流入林地和流入林地面积的回归系数均为负数，但均没有通过显著性检验。说明户主年龄的变化对非林户流入林地概率和流入林地面积没有显著影响。在非林户林地流出模型中，如表 7-4 第（3）列和表 7-4 第

（4）列，年龄对非林户是否流出林地和流出林地面积的回归系数均为正数，且分别通过1%和10%水平的显著性检验。说明在其他条件不变的情况下，户主年龄的增加会显著提高非林户流出林地的概率和流出林地的面积。可能的原因是，对于非林户而言，林业收入仅占到其收入的一小部分，当户主年龄较大时，从事林业生产的能力和意愿逐渐下降，因此随着年龄的增加非林户流出林地的概率和面积均增加。

在非林户林地流入模型中，教育对非林户是否流入林地的回归系数为正数，如表7-4第（1）列，且通过5%水平的显著性检验。说明在其他条件不变的情况下，教育对非林户是否流入林地有显著的正向影响，即教育水平的提高会增加非林户流入林地的概率。教育对非林户流入林地面积的回归系数显著为负数，如表7-4第（2）列，说明教育水平的提高会减少非林户流入林地的面积。如表7-4第（3）列，教育水平的变化对非林户流出林地的概率没有显著影响。而教育水平对流出林地面积的回归系数显著为正数，如表7-4第（4）列。说明非林户家庭教育水平的增加会显著提高非林户林地流出面积。可能的原因是，教育水平较高的非林户一般会选择流入投资收益更高的林地，但是优质林地较为稀缺，因此流入的数量较少。而在流出林地时，由于教育水平较高，非林户对林业生产的依赖较小，因此会选择流出更大面积的林地来获得更高的租金。

党员对非林户是否流入林地的回归系数显著为负数，如表7-4第（1）列，说明在其他条件不变的情况下，非林户家庭若拥有党员会显著降低非林户流入林地的概率。而党员对流入林地面积的回归系数为正数，且通过10%水平的显著性检验，如表7-4第（2）列。说明在其他条件不变的情况下，党员对非林户流入林地的面积有显著的正向影响，即家庭拥有党员会显著提高非林户流入林地的面积。在非林户林地流出模型中，如表7-4第（3）列和第（4）列，党员对非林户是否流出林地和流出林地面积的回归系数都为负数，但均没有通过显著性检验。说明非林户家庭拥有党员的情况对非林户流出林地概率和流出林地面积没有显著影响。可能的原因是，拥有党员的非林户家庭社会资本相对较高，拥有更多的生计来源，他们对林业生产依赖较小对优化林地资源配置的积极性较低，因此非林户流入林地的概率较低。但是当拥有党员的非林户在流入林地时由于具有较高的社会资本，因此可以流入更多的林地。

观察表7-4第（1）列总劳动力数对非林户流转林地的影响，可以看出，总劳动力数对非林户是否流入林地有显著的正向影响，即非林户家庭劳动力数量的增加会显著提高非林户流入林地的概率。而总劳动力数对流入林地面积的回归系数为正数，但没有通过显著性检验，如表7-4第（2）列。总劳动力对非林户是否流出林地的回归系数为负数，如表7-4第（3）列，且通过5%水平的显著性检验。说明在其他条件不变的情况下，总劳动力数对非林户是否流出林地的负向影响显著，即非林户家庭劳动力数量的提高会降低非林户流出林地的概率。总劳动力数对非林户流出林地面积的回归系数为正数，如表7-4第（4）列，但没有通过显著性检验。说明家庭劳动力数量的变化对非林户流出林地面积没有显著影响。可能的原因是，劳动力数量越多非林户存在剩余劳动力的概率越大，因此非林户会通过流入林地来解决劳动力就业问题，因此流入林地的概率上升、流出林地的概率下降。

在非林户林地流入模型中，如表7-4第（1）列和第（2）列，林地面积对非林户是否流入林地和流入林地面积的回归系数都显著为正数，说明非林户家庭林地面积的增加会显著提高非林户流入林地的概率和流入林地的面积。在非林户林地流出模型中，如表7-4第（3）列，林地面积对非林户是否流出林地的回归系数为负数，且通过10%水平的显著性检验。说明在其他条件不变的情况下，林地面积对非林户是否流出林地有显著的负向影响，即非林户家庭林地面积的增加会降低非林户流出林地的概率。而林地面积对流出林地面积的回归系数显著为正数，如表7-4第（4）列。说明非林户家庭林地面积的增加会显著扩大非林户林地流出面积。可能的原因是，非林户家庭林地面积较大更容易通过林地流转形成规模经营优势，这会提高非林户流入林地的概率增加流入林地的面积减少林地流出的概率。而又由于林地面积较大，非林户在出流出林地时流出面积也会相对较大。

地块数对非林户是否流入林地和流入林地面积的回归系数都为正数，如表7-4第（1）列和第（2）列非林户流入林地模型，但没有通过显著性检验。说明在其他条件不变的情况下，非林户家庭林地地块数量的变化对非林户流入林地的概率和流入林地面积没有显著影响。在非林户林地流出模型中，如表7-4第（3）列，地块数对非林户是否流出林地的回归系数为负数，但没有通过显著性检验。说明非林户家庭林地地块数量的变化对非林户林地流出概率没有显著影响。地块数对非林户流出林地面积的回归系数为负数，如表7-4第（4）列，且通过1％水平的显著性检验。说明在其他条件不变的情况下，地块数对非林户流出林地的面积有显著的负向影响，即非林户家庭林地地块数量的增加会减少非林户林地流出面积。可能的原因是，较多的地块数量增加了林地的细碎化程度导致块均林地面积较小，因此农户会流出面积相对较小的林地。

在非林户林地流入模型中，用材林面积占比对非林户是否流入林地的回归系数为负数，如表7-4第（1）列，且通过1％水平的显著性检验。说明在其他条件不变的情况下，用材林面积占比对非林户是否流入林地有显著的负向影响，即非林户家庭用材林面积占比的增加会显著降低非林户流入林地的概率。用材林面积占比对非林户流入林地面积的回归系数为正数，如表7-4第（2）列，但没有通过显著性检验。说明非林户家庭用材林面积占比的变化对流入林地面积没有显著影响。在非林户林地流出模型中，如表7-4第（3）列，用材林面积占比对非林户流出林地概率的回归系数显著为负数，说明非林户家庭用材林地面积占比的增加会减少非林户流出林地的概率。用材林面积占比对非林户流出林地面积的回归系数为正数，如表7-4第（4）列，但没有通过显著性检验。说明非林户家庭用材林地面积占比的变化对非林户流出林地面积没有显著影响。可能的原因是，用材林地的生长周期通常较长，非林户在拥有较多用材林地时其投入资金的回报周期也较长，因此用材林地面积占比较大的非林户流入、流出林地的概率均较小。

经济林面积占比对非林户是否流入林地的回归系数为负数，如表7-4第（1）列非林户林地流入模型，但没有通过显著性检验。说明非林户家庭经济林面积占比的变化对非林户流入林地的概率没有显著影响。经济林面积占比对非林户流入林地面积的回归系数为负数，如表7-4第（2），且通过5％水平的显著性检验。说明在其他条件不变的情况下，经济林面积占比对非林户流入林地面积有显著的负向影响，即非林户家庭经济林面积占比的增加会显著降低非林户流入林地的面积。在非林户林地流出模型中，如表7-4第（3）列，经济林面积占比对非林户流出林地概率的回归系数显著为负数，说明在其他条件不变的情况下，非林户家庭经济林地面积占比的增加会减少非林户流出林地的概率。经济林面积占比对非林户流出林地面积的回归系数为负数，如表7-4第（4）列，但没有通过显著性检验。说明非林户家庭经济林地面积占比的变化对非林户流出林地面积没有显著影响。可能的原因是，非林户的收入以非林产业为主，尽管经济林经营收益较高但是样本地区经济林较少，因此非林户为实现经济林经营的规模收益只能流入到面积较少的经济林地，而且流出林地的概率较小。

在非林户林地流入模型中，竹林面积占比对非林户是否流入林地的回归系数显著为负数，如表7-4第（1）列，说明非林户家庭竹林面积占比的增加会显著降低非林户流入林地的概率。竹林面积占比对非林户流入林地面积的回归系数为正数，如表7-4第（2）列，但没有通过显著性检验。在非林户林地流出模型中，如表7-4第（3）列，竹林面积占比对非林户流出林地概率的回归系数为负数，且通过1‰水平的显著性检验。说明在其他条件不变的情况下，竹林面积占比对非林户流出林地概率有显著的负向影响，即非林户家庭竹林地面积占比的增加会减少非林户流出林地的概率。竹林面积占比对非林户流出林地面积的回归系数为正数，如表7-4第（4）列，但没有通过显著性检验。说明在其他条件不变的情况下，竹林面积占比对非林户流出林地面积的正向影响不显著，即非林户家庭竹林地面积占比的变化对非林户流出林地面积没有显著影响。可能的原因是，竹林地一般能吸纳较多的劳动力，因此竹林地越多的非林户其劳动力剩余越少，因此他们流入、流出林地的概率较小。

在非林户林地流入模型中，如表7-4第（1）列，林地质量对非林户是否流入林地的回归系数为正数，但没有通过显著性检验。说明非林户家庭林地质量的变化对非林户流入林地概率没有显著影响。林地质量对非林户流入林地面积的回归系数为负数，如表7-4第（2）列，且通过5‰水平的显著性检验。说明在其他条件不变的情况下，林地质量对非林户流入林地面积有显著的负向影响，即非林户家庭林地质量的变好会显著降低非林户流入林地的面积。在非林户林地流出模型中，如表7-4第（3）列，林地质量对非林户流出林地面积的回归系数显著为正数，说明非林户家庭林地质量的变好会显著提高非林户流出林地的概率。林地质量对非林户流出林地面积的回归系数显著为负数，如表7-4第（4）列，说明林地质量对非林户流出林地面积有显著的负向影响，即非林户家庭林地平均质量的提高会减少非林户流出林地的面积。可能的原因是，非林户家庭的林地质量越好非林户只需要少量的林地即可满足其林业生产的需求，因此流入林地面积较少，流出林地的概率较大。而在流出林地时，非林户可能只把质量较差的林地流转出去，因此流出面积较小。

在非林户林地流入模型中，如表 7-4 第（1）列，林地距离对非林户是否流入林地的回归系数为负数，且通过 1% 水平的显著性检验。说明在其他条件不变的情况下，非林户家庭林地平均距离的提高会降低非林户流入林地的概率。如表 7-4 第（2）列，林地距离对非林户流入林地面积的回归系数显著为正数，说明在其他条件不变的情况下，林地距离对非林户流入林地面积有显著的正向影响，即非林户家庭林地平均距离的增加会扩大非林户流入林地的面积。在非林户林地流出模型中，如表 7-4 第（3）列，林地距离对非林户是否流出林地的回归系数为正数，但没有通过显著性检验，即非林户家庭林地平均距离的变动对非林户流出林地概率没有显著影响。林地距离对流出林地面积的回归系数显著为正数，如表 7-4 第（4）列。说明非林户家庭林地平均距离的增加会扩大非林户流出林地的面积。可能的原因是，林地离家越远林业生产经营越不方便，较高的交通成本使得非林户无暇流入更多的林地，降低其流入林地的概率。而当非林户流入林地时，则会流入大量的林地来实现规模经营，同时非林户也会流出离家距离较远的林地使得流出面积增加。

在非林户林地流入模型中，如表 7-4 第（1）列和第（2）列，林地坡度对非林户是否流入林地和流入林地面积的回归系数均为负数，但都没有通过显著性检验。说明非林户家庭林地平均坡度的变化对非林户流入林地的概率和流入林地面积没有显著影响。在非林户林地流出模型中，如表 7-4 第（3）列，林地坡度对非林户是否流出林地的回归系数为正数，但没有通过显著性检验。说明非林户家庭林地平均坡度对非林户流出林地的概率没有显著影响。而林地坡度对流出林地面积的回归系数为负数，且通过 1% 水平的显著性检验，如表 7-4 第（4）列。说明在其他条件不变的情况下，林地坡度对非林户流出林地的面积有显著的负向影响，即非林户家庭林地平均坡度的增加会减少非林户林地的流出面积。可能的原因是，林地坡度越大林业生产经营越不方便，在林地流转市场上，坡度较高的林地往往不受欢迎，因此非林户流出林地的面积较少。

三、公益林政策通过林地流转影响农户收入的机制检验

为了检验公益林政策影响农户短期和长期收入路径中，林地流入、林地流出中介作用的大小，在前文表5-5、表5-7至表5-9的基础上，表7-5汇集了使用Bootstrap方法进行中介效应的检验结果。通过检验结果可以看出，对于各类型农户来说，*did*通过林地流入、流出影响各类型农户的短期、长期收入的间接效应均未通过显著性检验。这说明公益林政策无法通过影响林地流入或流出进而影响农户的短期、长期收入，即农户林地流转的中介效应不存在。

表7-5　公益林政策通过林地流转影响农户收入的机制检验（Bootstrap）

样本		ln 短期收入		ln 长期收入	
		间接效应 （1）	间接效应/总效应 （2）	间接效应 （3）	间接效应/总效应 （4）
全样本	流入面积（公顷）	−0.011 0 （0.011 2）	−0.064 0	−0.016 4 （0.013 4）	−0.219 0
	流出面积（公顷）	−0.008 6 （0.009 2）	−0.050 1	−0.016 9 （0.017 7）	−0.225 6
纯林户	流入面积（公顷）	−0.029 6 （0.028 2）	0.118 4	−0.049 5 （0.035 2）	0.116 1
	流出面积（公顷）	−0.024 5 （0.029 3）	0.098 0	−0.050 0 （0.030 5）	0.117 3
兼业户	流入面积（公顷）	−0.001 8 （0.018 7）	−0.003 9	−0.003 3 （0.016 4）	−0.008 7
	流出面积（公顷）	0.002 8 （0.011 8）	0.006 1	0.002 9 （0.016 4）	0.007 6
非林户	流入面积（公顷）	0.006 5 （0.015 2）	0.027 6	0.006 7 （0.015 4）	0.038 4
	流出面积（公顷）	0.007 6 （0.013 4）	0.032 2	0.006 8 （0.014 6）	0.038 9

注：括号内为 Bootstrap 标准误。＊、＊＊、＊＊＊分别表示在10%、5%、1%水平上显著。

四、稳健性检验

为检验上述实证分析的可靠性，本研究使用 Two - Part 模型进行稳健性检验。表 7 - 6 给出了公益林政策对农户林地流入面积影响的 Two - Part 模型回归结果。可以看出，表 7 - 6 各列中 did 对全样本农户林地流入面积的负向影响没有通过显著性检验，对纯林户林地流入面积的负向影响没有通过显著性检验，对兼业户林地流入面积的负向影响没有通过显著性检验，对非林户林地流入面积的正向影响没有通过显著性检验。这与前文回归结果较为一致。

表 7 - 6　公益林政策对农户林地流入面积的影响（Two - Part 模型）

变量名称	全样本 (1)	纯林户 (2)	兼业户 (3)	非林户 (4)
did	−0.510 0	−0.764 1	−1.035 0	0.222 7
	(0.460 7)	(0.545 7)	(0.835 5)	(0.495 6)
公益林	0.353 1	0.074 4	0.215 5	0.190 6
	(0.339 0)	(0.417 6)	(0.857 1)	(0.306 9)
$year$	0.500 2*	1.192 1***	0.475 1	0.236 1
	(0.258 9)	(0.330 9)	(0.325 5)	(0.341 2)
年龄	−0.007 9	−0.119 2***	0.011 0	−0.028 6
	(0.014 6)	(0.030 3)	(0.032 9)	(0.017 5)
教育	−0.088 5*	0.045 8	−0.125 8	−0.229 9**
	(0.051 0)	(0.104 8)	(0.085 8)	(0.097 4)
党员	0.778 0**	3.226 1***	−3.530 0	1.346 9*
	(0.317 6)	(0.706 6)	(2.237 4)	(0.808 0)
总劳动力	−0.238 5**	−0.901 6***	−0.568 4***	0.105 7
	(0.100 0)	(0.227 6)	(0.211 2)	(0.158 1)
林地面积	0.002 5***	0.001 9***	0.003 4***	0.005 3***
	(0.000 3)	(0.000 3)	(0.000 5)	(0.000 9)
地块数	0.010 0	0.045 4	0.065 5	0.008 2
	(0.030 4)	(0.061 5)	(0.099 9)	(0.034 0)
用材林占比	0.037 5	−1.143 7	0.829 7	0.588 6
	(0.380 4)	(0.871 5)	(0.912 6)	(0.366 0)
经济林占比	−0.668 1**	−0.119 5	−1.187 9**	−1.627 2**
	(0.340 0)	(0.553 9)	(0.586 3)	(0.684 9)

（续）

变量名称	全样本 （1）	纯林户 （2）	兼业户 （3）	非林户 （4）
竹林占比	−0.630 7	−2.651 9***	−2.177 0	1.291 5
	（0.443 5）	（0.843 8）	（1.705 1）	（0.854 8）
林地质量	0.097 8	0.763 9***	1.771 6**	−0.636 5**
	（0.147 3）	（0.192 3）	（0.856 7）	（0.297 5）
林地距离	0.021 4	−0.164 1***	0.166 6*	0.084 7**
	（0.037 8）	（0.054 9）	（0.088 6）	（0.035 3）
林地坡度	0.005 4	0.056 3***	0.003 6	−0.002 2
	（0.007 8）	（0.013 7）	（0.015 5）	（0.005 8）
Constant	4.471 8***	9.885 8***	3.857 2*	5.425 7***
	（1.023 1）	（2.352 7）	（2.196 0）	（1.203 7）

注：括号内为稳健标准误。*、**、***表示10%、5%、1%显著性水平。

表7-7给出了公益林政策对农户林地流出面积影响的 Two - Part 模型回归结果。可以看出，表7-7各列中 did 对全样本农户林地流出面积有显著的正向影响，对纯林户林地流出面积有显著的正向影响，对兼业户林地流出面积有显著的正向影响，对非林户林地流出面积的负向影响没有通过显著性检验。这与前文回归结果较为一致。

表7-7　公益林政策对农户林地流出面积的影响（Two - Part 模型）

变量名称	全样本 （1）	纯林户 （2）	兼业户 （3）	非林户 （4）
did	1.300 5***	1.830 9**	0.931 4**	−0.407 2
	（0.459 8）	（0.877 4）	（0.372 4）	（0.955 4）
公益林	−1.326 2***	−1.836 2**	−22.528 1***	1.143 0
	（0.385 1）	（0.818 4）	（6.036 3）	（1.012 5）
year	−0.385 1	−1.777 2**	3.538 8***	−0.087 1
	（0.302 6）	（0.735 0）	（1.074 7）	（0.391 7）
年龄	0.041 1**	0.091 2**	−0.613 7***	0.030 3
	（0.016 2）	（0.039 3）	（0.215 3）	（0.034 4）
教育	0.156 5***	0.379 4***	−0.659 0***	0.257 3**
	（0.060 3）	（0.136 3）	（0.116 9）	（0.118 6）
党员	−0.931 5**	−3.227 2***	−26.448 2**	−0.539 8
	（0.457 7）	（0.961 2）	（12.935 0）	（0.574 0）

（续）

变量名称	全样本 (1)	纯林户 (2)	兼业户 (3)	非林户 (4)
总劳动力	−0.109 8 (0.105 0)	0.114 8 (0.232 6)	12.284 9*** (4.405 8)	0.130 0 (0.191 4)
林地面积	0.001 2*** (0.000 3)	0.001 0*** (0.000 2)	0.105 2*** (0.034 7)	0.002 6 (0.002 4)
地块数	−0.016 6 (0.061 4)	0.189 6*** (0.065 1)	−3.074 4** (1.331 6)	−0.509 1*** (0.194 7)
用材林占比	0.368 9 (0.455 7)	0.648 0 (0.839 9)	−18.280 0*** (5.029 1)	0.467 7 (0.926 8)
经济林占比	0.071 2 (0.326 3)	0.206 8 (0.847 7)	25.687 5*** (7.774 4)	−10.568 0 (12.050 1)
竹林占比	−0.113 1 (0.490 5)	−0.045 6 (0.784 3)	−136.774 8*** (44.373 4)	1.035 2 (1.752 0)
林地质量	−0.121 4 (0.152 1)	−0.101 9 (0.154 7)	18.470 6*** (6.878 1)	−0.566 0 (0.378 3)
林地距离	0.072 4* (0.043 7)	0.156 8*** (0.044 2)	2.661 8*** (0.530 4)	0.121 5** (0.057 1)
林地坡度	−0.010 9 (0.009 9)	−0.035 4*** (0.010 5)	1.053 5*** (0.355 5)	−0.017 9 (0.011 7)
Constant	−0.543 0 (1.238 4)	−4.494 2 (3.544 1)	−33.409 9*** (11.716 7)	0.083 2 (2.164 3)

注：括号内为稳健标准误。*、**、***表示10%、5%、1%显著性水平。

　　为了检验公益林政策通过林地流转影响农户收入影响作用机制的稳健性，本研究使用农户人均收入来代替上文使用的总收入进行稳健性检验，表7-8给出了Bootstrap检验的结果。Bootstrap检验结果表明 did 通过林地流入、流出影响各类型农户人均短期、长期收入的间接效应均不显著，这说明公益林政策无法通过影响林地流入或流出进而影响农户的人均短期、长期收入，即农户林地流转的中介效应不存在。这与前文回归结果较为一致。

表 7 - 8　公益林政策通过林地流转影响农户人均收入的机制检验（Bootstrap）

样本		ln 人均短期收入		ln 人均长期收入	
		间接效应 （1）	间接效应/总效应 （2）	间接效应 （3）	间接效应/总效应 （4）
全样本	流入面积（公顷）	−0.010 4 （0.010 9）	−0.056 7	−0.015 7 （0.015 1）	−0.183 9
	流出面积（公顷）	−0.010 1 （0.011 6）	−0.055 3	−0.018 4 （0.014 4）	−0.215 7
纯林户	流入面积（公顷）	0.013 9 （0.045 4）	−0.056 0	−0.006 0 （0.042 6）	0.014 0
	流出面积（公顷）	−0.006 9 （0.027 5）	0.027 8	−0.032 5 （0.044 4）	0.076 0
兼业户	流入面积（公顷）	−0.004 1 （0.012 7）	−0.009 0	−0.005 6 （0.016 5）	−0.015 2
	流出面积（公顷）	−0.002 1 （0.010 1）	−0.004 7	−0.002 1 （0.012 3）	−0.005 6
非林户	流入面积（公顷）	0.002 7 （0.014 4）	0.010 6	0.002 9 （0.016 3）	0.015 4
	流出面积（公顷）	0.006 4 （0.012 8）	0.025 4	0.005 6 （0.011 6）	0.029 4

注：括号内为 Bootstrap 标准误。 * 、 ** 、 *** 分别表示在 10%、5%、1% 水平上显著。

五、本章结论

本章基于龙泉市的农户调研数据使用双栏模型分析了公益林政策对农户林地流转的影响，并使用 Bootstrap 法检验了公益林政策通过林地流转影响农户收入的作用机制。实证结果表明：整体而言，公益林政策对农户林地流出面积有显著的正向影响，但是不同类型农户的政策效果存在异质性。具体而言，公益林政策能显著提高纯林户和兼业户的林地流出面积；显著提高非林户流出林地的概率，但对其流出面积没有显著影响。假说 3 得到验证。

公益林划界使得商品林地的细碎化程度增加，小块的林地难以产生规模收益，农户会流出林地以获得林地租金。对于纯林户，林业生产在其生计中占很大比重，因此他们会流出经营收益较差的林地，以调整林地经营规模。实证结果还表明公益林政策对其流入林地没有产生显著的正向影响，可能的原因是农户寻找合适的林地进行流入面临着较高的交易成本，阻碍了纯林户流入林地。对于兼业户，林地细碎化程度的增加降低了兼业户营林的积极性，使得林地流出面积增加。对于非林户，公益林政策只提高其流出林地概率而未对其流出面积产生影响的原因可能是，非林户拥有的投资收益高的林地较少，而且非林户对林地管护较少，其林地在流转市场上不具备竞争优势，加之非林户对林业生产的关注有限，因此政策并未提高非林户的林地流出面积。

尽管公益林政策会对农户林地流转行为产生影响，但是检验公益林政策通过林地流转影响农户收入的路径机制发现，该政策并不能通过影响林地流转进而影响农户收入，在各类型的农户中亦是如此。在受到公益林政策的影响后，农户会调整林地规模以应对政策冲击，但是从本章的结果来看，不同类型农户流转林地对收入影响的结果较为复杂。而且林业生产周期较长，目前来看为应对政策冲击产生的林地流转行为未必能带来收入的增加。

除了非农就业和林地流转外，农户还可能通过其他路径，比如改变林地投入规模或发展林下经济，以应对公益林政策的冲击。那么，公益林政策会对农户林地投入和发展林下经济产生何种影响，对不同兼业程度农户的影响作用又是否一致，这些问题将在接下来的章节逐一解答。

第八章 公益林政策对农户林地投入行为的影响

　　林业生产的投入水平直接关系着林区农户林地产出水平和家庭收入水平。农户对林地的投入行为不仅受到微观因素的影响，也会受到外部宏观因素的制约。理论分析认为面对公益林政策的冲击，农户的林地投入行为将会受到影响，进而会对农户收入产生影响。为了检验公益林政策是否通过影响农户的林地投入行为从而作用于农户收入，本章检验了公益林政策对农户林地自用工投入决策和林地资金投入决策的影响，并进行了作用机制检验。与前文研究保持一致，本章使用的数据仍然是基于 PSM 匹配后的共同域样本，即 608 个样本数据。由于农户林地自用工投入决策和林地资金投入决策都是两步决策，即参与决策与数量决策，而且只有两个决定同时成立才能构成一个完整的决策，因此本章也将使用双栏模型进行估计。

　　本章节对已有研究的边际贡献体现在以下三个方面：一是在研究内容上从林地自用工投入和林地资金投入两个方面评估了公益林政策效应，并探讨不同兼业程度农户的异质性，弥补了已有文献关于公益林政策对林地投入行为影响研究的关注不足。二是厘清了公益林政策通过影响农户林地投入行为进而影响农户收入的机理。三是使用 PSM - DID 解决了由选择性偏误带来的内生性问题，并进一步使用双栏模型解决了农户在林地投入行为的两步决策问题。

一、公益林政策对林地投入影响估计结果及分析

　　表 8 - 1 给出了公益林政策对农户林地自用工投入、林地资金投入影响

的双栏模型的回归结果，为了避免异方差对回归结果的影响，本研究计算了稳健标准误。表8-1中第（1）列的被解释变量是农户是否有林地自用工投入，第（2）列的被解释变量是农户自用工投入的数量，第（3）列的被解释变量是农户是否有资金投入，第（4）列的被解释变量是农户资金投入的金额。模型 Wald 卡方检验值为 96.70 和 120.97，达到 1% 的显著性水平，从整体上说明模型是适用的。

观察表8-1中农户林地自用工投入、资金投入决策的回归结果，可以发现，did 对农户是否有林地自用工投入和林地资金投入额均有显著的负向影响，而对林地自用工投入数量和是否有林地资金投入均没有显著影响。从表8-1第（1）列可以看出，did 对农户是否有林地自用工投入的回归系数为负数，且通过 1% 水平的显著性检验。说明在其他条件不变的情况下，公益林政策对农户是否有林地自用工投入有显著的负向影响，即公益林政策的实施显著降低了农户对林地投入自用工的概率。而 did 对林地投入自用工数量的回归系数为负数，但没有通过显著性检验。说明在其他条件不变的情况下，公益林政策对农户投入林地自用工数量的负向影响不显著，即公益林政策对农户投入林地自用工数量没有显著影响。进一步观察农户林地资金投入模型的回归结果，如表8-1第（3）列，可以看出 did 对农户是否有林地资金投入的回归系数为负，但没有通过显著性检验。说明在其他条件不变的情况下，公益林政策对农户是否有林地资金投入的负向影响不显著，即公益林政策对农户是否有林地资金投入没有显著影响。而 did 对农户林地投入资金数的回归系数均为负数，如表8-1第（4）列，且通过 5% 水平的显著性检验。说明在其他条件不变的情况下，公益林政策对农户林地资金投入额有显著的负向影响，即公益林政策的实施显著降低了农户对林地投入资金的金额。

公益林对农户林地投入的回归系数均未通过显著性检验，说明政策实施前，在其他条件不变的情况下，有公益林地农户与没有公益林地农户的林地投入情况没有显著差异。而时间虚拟变量 $year$ 对农户林地投入情况的回归系数均为正数，且通过 1% 或 5% 水平的显著性检验，说明在其他条件不变的情况下，农户对林地投入的自用工和资金存在随时间增长而增长的趋势，即使没有公益林政策，农户 2019 年的林地投入也要高于 2013 年。

观察表 8-1 中农户家庭特征变量的回归结果可以发现，年龄对农户是否有林地自用工投入和是否有林地资金投入都有显著的负向影响。教育对农户林地资金投入额有显著的正向影响。总劳动力数对农户是否有林地自用工投入和是否有林地资金投入都有显著的正向影响。在农户林地特征变量的回归结果中，林地面积对农户是否有林地自用工投入、林地自用工投入数量和林地资金投入额均有显著的正向影响。经济林地面积占比对农户是否有林地自用工投入、是否有林地资金投入和林地资金投入额均有显著的正向影响，而对农户林地自用工投入数量有显著的负向影响。竹林地面积占比对农户是否有林地自用工投入和是否有林地资金投入均有显著的正向影响。林地质量对农户林地自用工投入数量和是否有林地资金投入有显著的负向影响。而林地距离和林地坡度对农户林地资金投入额有显著的负向影响。

表 8-1 公益林政策对农户林地生产投入的影响

变量名称	林地自用工投入		林地资金投入	
	(1) 是否有自用工投入	(2) 投入自用工数	(3) 是否有资金投入	(4) 投入资金数
did	−0.906 7*** (0.221 5)	−56.048 1 (86.792 6)	−0.190 0 (0.256 6)	−0.777 4** (0.313 3)
公益林	−0.161 5 (0.154 9)	7.137 8 (73.376 6)	−0.024 9 (0.181 1)	−0.063 4 (0.253 1)
year	0.462 1*** (0.143 7)	125.157 1** (58.214 0)	0.354 4** (0.177 4)	0.838 9*** (0.218 4)
年龄	−0.017 0*** (0.006 6)	−3.945 1 (2.467 8)	−0.016 9** (0.007 9)	−0.007 5 (0.010 3)
教育	−0.030 2 (0.028 3)	−3.572 6 (10.547 6)	0.035 6 (0.029 7)	0.085 3** (0.042 6)
党员	−0.035 5 (0.158 4)	−29.960 0 (63.356 0)	0.009 4 (0.169 2)	0.118 8 (0.242 0)
总劳动力	0.170 1*** (0.049 7)	−1.805 0 (17.538 7)	0.107 8* (0.055 1)	0.097 5 (0.069 2)
林地面积	0.000 6** (0.000 3)	0.103 1** (0.051 6)	0.000 7 (0.000 4)	0.001 5*** (0.000 3)

（续）

变量名称	林地自用工投入		林地资金投入	
	（1） 是否有自用工投入	（2） 投入自用工数	（3） 是否有资金投入	（4） 投入资金数
地块数	−0.000 8 （0.023 7）	4.373 0 （8.722 1）	0.016 0 （0.039 1）	0.025 1 （0.037 1）
用材林占比	−0.162 9 （0.184 6）	−58.798 6 （72.208 8）	0.288 6 （0.200 6）	−0.209 8 （0.314 9）
经济林占比	0.988 3*** （0.287 7）	−219.384 5** （100.022 6）	1.530 3*** （0.375 1）	1.274 6*** （0.338 1）
竹林占比	0.400 8** （0.191 7）	58.007 3 （60.487 4）	0.856 5*** （0.236 1）	−0.110 2 （0.297 8）
林地质量	−0.072 6 （0.062 7）	−46.344 2* （27.854 5）	−0.556 4*** （0.068 6）	0.009 8 （0.098 6）
林地距离	−0.024 2 （0.017 7）	−14.000 8 （9.973 2）	−0.001 3 （0.016 2）	−0.053 3** （0.024 4）
林地坡度	0.004 6 （0.003 8）	−2.062 4 （1.516 0）	0.001 0 （0.004 9）	−0.012 0** （0.005 4）
Constant	0.389 5 （0.540 7）	122.401 4 （184.975 7）	0.920 5 （0.605 6）	8.176 7*** （0.839 2）
Wald chi2（16）	96.70		120.97	
Prob＞chi2	0.000 0		0.000 0	

注：括号内为稳健标准误。*、**、*** 表示 10%、5%、1%显著性水平。

具体而言，在农户林地自用工投入模型中，如表 8-1 第（1）列，年龄对农户是否有林地自用工投入的回归系数为负数，且通过 1%水平的显著性检验。说明在其他条件不变的情况下，年龄对农户是否有林地自用工投入有显著的负向影响，即户主年龄的增加会显著降低农户对林地投入自用工的概率。年龄对农户林地自用工投入数量的回归系数都为负数，如表 8-1 第（2）列，但没有通过显著性检验。说明户主年龄的变化对农户林地投入自用工的数量没有显著影响。在农户林地资金投入模型中，如表 8-1 第（3）列，年龄对农户是否有林地资金投入的回归系数为负数，且通过 5%水平的显著性检验。说明在其他条件不变的情况下，年龄对农户是否有林地资金投入有显著的负向影响，即户主年龄的增加会显著降低农户对林地投入资金的概率。而年龄对农户林地资金投入额的回归系数为负数，但没有通过显著性检验，如表8-1第（4）列。以上结果意味着随着农户年龄的增长，农户从事林业生产的积极性逐渐下降。可能的原因是，随着农户年龄的增长，其从事林业生产的能力越来越有限，因此随着户主年龄的增长，农户对林地自用工和资金的投入意愿均会下降。

教育对农户是否有林地自用工投入和林地自用工投入数量的回归系数都为负数，如表8-1第（1）列和第（2）列农户林地自用工投入模型，但均未通过显著性检验。说明在其他条件不变的情况下，教育对农户是否有林地自用工和林地自用工投入数量的负向影响不显著，即教育水平的变化对农户林地投入自用工的概率和投入自用工数量没有显著影响。而在农户林地资金投入模型中，如表8-1第（3）列，教育对农户是否有林地资金投入的回归系数为正数，但没有通过显著性检验。说明在其他条件不变的情况下，教育对农户是否有林地资金投入的正向影响不显著，即农户家庭教育水平的变化对农户林地投入资金的概率没有显著影响。而教育对农户林地资金投入额的回归系数为正数，且通过5%水平的显著性检验，如表8-1第（4）列。说明在其他条件不变的情况下，教育对农户林地资金投入额有显著的正向影响，即农户家庭教育水平的增加会显著提高农户对林地的资金投入额。可能的原因是，一般而言教育水平较高的农户往往更懂得科学经营林地，因此他们对林地的资金投入较多。

观察表8-1第（1）列中总劳动力数对农户是否有林地自用工投入的影响，可以看出，总劳动力数对农户是否有林地自用工投入的回归系数为正数，且通过1%水平的显著性检验。说明在其他条件不变的情况下，总劳动力数对农户是否有林地自用工投入存在显著的正向影响，即农户家庭劳动力数量的增加会显著提高农户对林地投入自用工的概率。总劳动力数对农户林地自用工投入数量的回归系数为负数，但没有通过显著性检验，如表8-1第（2）列。说明在其他条件不变的情况下，总劳动力数对农户林地自用工投入数量的负向影响不显著，即农户家庭劳动力数量的变化对农户林地投入自用工的数量没有显著影响。在农户林地资金投入模型中，如表8-1第（3）列，总劳动力数对农户是否有林地资金投入的回归系数为正数，且通过

10%水平的显著性检验。说明在其他条件不变的情况下，总劳动力对农户是否有林地资金投入有显著的正向影响，即农户家庭劳动力数量的增加会显著提高农户对林地投入资金的概率。总劳动力数对农户林地资金投入额的回归系数为正数，但没有通过显著性检验，如表8-1第（4）列。说明在其他条件不变的情况下，总劳动力数对农户林地资金投入额的正向影响不显著，即农户家庭劳动力数量的变化对农户林地资金投入额没有显著影响。可能的原因是，拥有劳动力数量多的农户家庭相对拥有更多的剩余劳动力，因此对林地投入自用工和资金的概率就相对较高。

在农户林地自用工投入模型中，如表8-1第（1）列和第（2）列，林地面积对农户是否有林地自用工投入和农户林地自用工投入数量的回归系数都为正数，且均通过5%水平的显著性检验。说明在其他条件不变的情况下，林地面积对农户是否有林地自用工投入和林地自用工投入数量均有显著正向影响，即农户家庭林地面积的增加会显著提高农户对林地投入自用工的概率和投入自用工的数量。在农户林地资金投入模型中，如表8-1第（3）列，林地面积对农户是否有林地资金投入的回归系数为正数，但没有通过显著性检验。说明在其他条件不变的情况下，林地面积对农户是否有林地资金投入的正向影响不显著，即农户家庭林地面积的变化对农户林地投入资金的概率没有显著影响。而林地面积对农户林地资金投入额的回归系数为正数，且通过1%水平的显著性检验，如表8-1第（4）列。说明在其他条件不变的情况下，林地面积对农户林地资金投入额有显著的正向影响，即农户家庭林地面积的增加会显著提高农户对林地的资金投入额。可能的原因是，农户家庭林地面积越大则生产经营需要的劳动力越多，因此农户对林地投入自用工的概率越大、投入自用工的数量也越多，同时所需要购买的种子、化肥、农药等生产资料也越多，投入资金也越多。

经济林面积占比对农户是否有林地自用工投入的回归系数为正数，如表8-1第（1）列农户林地自用工投入模型，且通过1%水平的显著性检验。说明在其他条件不变的情况下，经济林面积占比对农户是否有林地自用工投入具有显著的正向影响，即农户家庭经济林面积占比的增加会显著提高农户对林地投入自用工的概率。如表8-1第（2）列，经济林面积占比对农户林地自用工投入数量的回归系数为负数，且通过5%水平的显著性检验。

说明在其他条件不变的情况下，经济林面积占比对农户林地自用工投入数量具有显著的负向影响，即农户家庭经济林地面积占比的增加会显著降低农户对林地投入自用工的数量。在农户林地资金投入模型中，经济林面积占比对农户是否有林地资金投入和林地资金投入额的回归系数都为正数，如表8-1第（3）列和第（4）列，且均通过1%水平的显著性检验。说明在其他条件不变的情况下，经济林面积占比对农户是否有林地资金投入和林地资金投入额都具有显著的正向影响，即农户家庭经济林面积占比的增加会显著提高农户对林地投入资金的概率和投入资金的数量。可能的原因是，经济林的生产经营通常需要劳动和资本的密集投入，因此经济林面积占比较多的农户对林地投入自用工和资金的概率较大，投入资金金额也较多。而另一方面经济林面积较大的农户一般以林业大户为主，劳动力投入方式主要以雇工为主，自用工投入相对较少。

竹林面积占比对农户是否有林地自用工投入的回归系数为正数，如表8-1第（1）列农户林地自用工投入模型，且通过5%水平的显著性检验。说明在其他条件不变的情况下，竹林面积占比对农户是否有林地自用工投入具有显著的正向影响，即农户家庭竹林面积占比的增加会显著提高农户对林地投入自用工的概率。如表8-1第（2）列，竹林面积占比对农户林地自用工投入数量的回归系数为正数，但没有通过显著性检验。说明在其他条件不变的情况下，竹林面积占比对农户林地自用工投入数量的正向影响不显著，即农户家庭竹林地面积占比的变化农户对林地投入自用工数量没有显著影响。在农户林地资金投入模型中，竹林面积占比对农户是否有林地资金投入的回归系数为正数，如表8-1第（3）列，且通过1%水平的显著性检验。说明在其他条件不变的情况下，竹林面积占比对农户是否有林地资金投入具有显著的正向影响，即农户家庭竹林面积占比的增加会显著提高农户对林地投入资金的概率。竹林占比对农户林地资金投入额的回归系数为负数，如表8-1第（4）列，但没有通过显著性检验。说明在其他条件不变的情况下，竹林占比对农户林地资金投入额的负向影响不显著，即农户家庭竹林面积占比的变化对农户林地投入资金数量没有显著影响。可能的原因是，竹林的生产经营通常需要劳动和资本的密集投入，因此家庭竹林面积占比较多的农户对林地投入自用工和资金的概率都较大。

林地质量对农户是否有林地自用工投入的回归系数为负数，如表 8-1 第（1）列，但没有通过显著性检验。说明在其他条件不变的情况下，林地质量对农户是否有林地自用工投入的负向影响不显著，即农户家庭林地质量的变化对农户林地投入自用工的概率没有显著影响。如表 8-1 第（2）列，林地质量对农户林地自用工投入数量的回归系数为负数，且通过 10% 水平的显著性检验。说明在其他条件不变的情况下，林地质量对农户林地自用工投入数量有显著的负向影响，即农户家庭林地质量的提高会降低农户林地自用工投入的数量。在农户林地资金投入模型中，如表 8-1 第（3）列，林地质量对农户是否有林地资金投入的回归系数为负数，且通过 1% 水平的显著性检验。说明在其他条件不变的情况下，林地质量对农户是否有林地资金投入有显著的负向影响，即农户家庭林地质量的提高会显著降低农户对林地投入资金的概率。如表 8-1 第（4）列，林地质量占比对农户林地资金投入额的回归系数为正数，但没有通过显著性检验。可能的原因是，农户家庭的林地质量越好，则林地需要的劳动力和化肥等生产投入越少，因此农户家庭林地质量越好，农户对林地投入自用工的数量越少，投入资金的可能性也越小。

林地距离对农户是否有林地自用工投入和自用工投入数量的回归系数都为负数，如表 8-1 第（1）列和第（2）列，但均未通过显著性检验。说明在其他条件不变的情况下，林地距离对农户是否有林地自用工投入和自用工投入数量的负向影响不显著，即农户林地离家距离的变化对农户林地投入自用工的概率和投入自用工数量没有显著影响。在农户林地资金投入模型中，如表 8-1 第（3）列，林地距离对农户是否有林地资金投入的回归系数为负数，但没有通过显著性检验。说明在其他条件不变的情况下，林地距离对农户是否有林地资金投入有负向影响，但不显著，即农户家庭林地离家平均距离的变化对农户林地投入的概率没有显著影响。如表 8-1 第（4）列，林地距离对农户林地资金投入额的回归系数为负数，且通过 5% 水平的显著性检验。说明在其他条件不变的情况下，林地距离对农户林地资金投入额有显著的负向影响，即农户林地离家平均距离的增加将会降低农户对林地投入资金的金额。可能的原因是，农户家庭的林地离家平均距离越远，林地的经营和管护成本就越高，这会阻碍农户对林地的资金投入。

林地坡度对农户是否有林地自用工投入的回归系数为正数，如表 8-1

第（1）列，但没有通过显著性检验。说明在其他条件不变的情况下，林地坡度对农户是否有林地自用工投入的正向影响不显著，即农户家庭林地坡度的变化对农户林地投入自用工的概率没有显著影响。林地坡度对农户自用工投入数量的回归系数为负数，如表8-1第（2）列，但没有通过显著性检验。说明在其他条件不变的情况下，农户家庭林地坡度的变化对农户林地投入自用工数量没有显著影响。在农户林地资金投入模型中，如表8-1第（3）列，林地坡度对农户是否有林地资金投入的回归系数为正数，但没有通过显著性检验。说明在其他条件不变的情况下，农户家庭林地平均坡度的变化对农户林地投入资金的概率没有显著影响。如表8-1第（4）列，林地坡度对农户林地资金投入额的回归系数为负数，且均通过5%水平的显著性检验。说明在其他条件不变的情况下，林地坡度对农户林地资金投入额有显著的负向影响，即农户家庭林地坡度越陡峭农户对林地投入资金额越少。可能的原因是，农户家庭的林地平均坡度越陡，则经营起来越不方便，农户对林地投入资金的可能性越小。

二、公益林政策对林地投入影响的分组检验

本节检验了不同兼业类型下公益林政策对不同类型农户林地流转的回归结果。与前文研究保持一致，研究使用的样本为 PSM 匹配后的共同域样本，并基于已有研究将农户分为纯林户、兼业户和非林户。本节的实证检验均使用双栏模型，并计算了稳健标准误。各表中的第（1）列是分析公益林政策对农户是否有林地自用工投入的影响，第（2）列是分析公益林政策对农户林地自用工投入数量的影响，第（3）列是分析公益林政策对农户是否有林地资金投入的影响，第（4）列是分析公益林政策对农户林地资金投入额的影响。整体来看，本研究所关注的衡量公益林政策效应的变量 *did* 的系数在不同类型分组的子样本回归中的系数方向、显著性均有所不同。这意味着受到公益林政策冲击后不同类型农户林地投入行为的响应存在差异。

（一）公益林政策对纯林户林地投入的影响

表8-2是公益林政策对纯林户林地投入的回归结果。回归结果使用双

栏模型进行参数估计，模型的 Wald 卡方检验值为 56.34 和 40.28，均达到 1％的显著性水平，从整体上说明模型是适用的。

观察表 8-2 中纯林户林地自用工投入、资金投入决策的回归结果，可以发现，did 对纯林户是否有林地自用工投入有显著的负向影响，而对林地自用工投入数量、是否有林地资金投入和林地资金投入额均没有显著影响。从表 8-2 第（1）列可以看出，did 对纯林户是否有林地自用工投入的回归系数为负数，且通过 5％水平的显著性检验。说明在其他条件不变的情况下，公益林政策对纯林户是否有林地自用工投入有显著的负向影响，即公益林政策的实施显著降低了纯林户对林地投入自用工的概率。而 did 对纯林户对林地投入自用工数量的回归系数为正数，但没有通过显著性检验。说明在其他条件不变的情况下，公益林政策对纯林户投入林地自用工数量的正向影响不显著，即公益林政策对纯林户投入林地自用工数量没有显著影响。进一步观察纯林户林地资金投入模型的回归结果，如表 8-2 第（3）列，可以看出 did 对纯林户是否有林地资金投入和林地资金投入额的回归系数均为负数，但都没有通过显著性检验。说明在其他条件不变的情况下，公益林政策对纯林户是否有林地资金投入和林地资金投入额的负向影响不显著，即公益林政策的实施对纯林户林地资金投入概率和林地投入资金额没有显著影响。

公益林对纯林户林地投入的回归系数均未通过显著性检验，说明政策实施前，在其他条件不变的情况下，有公益林地的纯林户与没有公益林地的纯林户的林地投入情况没有显著差异。而时间虚拟变量 year 对纯林户林地投入资金额的回归系数为正数，且通过 1％水平的显著性检验，说明在其他条件不变的情况下，农户对林地投入的资金存在随时间增长而增长的趋势，即使没有公益林政策，非林户 2019 年的林地投入资金也要高于 2013 年。

观察表 8-2 中纯林户家庭特征变量的回归结果可以发现，年龄对纯林户是否有林地资金投入有显著的正向影响。教育对纯林户是否有林地自用工投入和林地资金投入额都有显著的正向影响。党员对纯林户是否有林地自用工投入和是否有林地资金投入有显著的负向影响，对纯林户林地自用工投入数量和林地资金投入额都有显著的正向影响。总劳动力数对纯林户是否有林地自用工投入有显著的正向影响。在纯林户林地特征变量的回归结果中，林地面积对纯林户林地自用工投入数量和林地资金投入额均有显著的正向影响。地块数对纯林户是否有林地自用工投入和是否有林地资金投入有显著的正向影响。用材林面积占比对纯林户是否有林地自用工投入、是否有林地资金投入和林地资金投入额均有显著的负向影响。经济林地面积占比对纯林户林地自用工投入数量有显著的负向影响，对纯林户是否有林地资金投入有显著的正向影响。林地质量对纯林户是否有林地资金投入有显著的负向影响，对纯林户林地资金投入额有显著的正向影响。林地距离对纯林户林地资金投入额有显著的负向影响。林地坡度对纯林户是否有林地自用工投入和林地资金投入额有显著的负向影响。

具体而言，年龄对纯林户是否有林地自用工投入的回归系数为正数，如表 8-2 第（1）列纯林户林地自用工投入模型，但没有通过显著性检验。说明在其他条件不变的情况下，年龄对纯林户是否有林地自用工的正向影响不显著，即户主年龄的变化对纯林户林地投入自用工的概率没有显著影响。年龄对纯林户林地自用工投入数量的回归系数为负数，如表 8-2 第（2）列，但没有通过显著性检验。说明在其他条件不变的情况下，年龄对纯林户林地自用工投入数量的负向影响不显著。在纯林户林地资金投入模型中，如表 8-2 第（3）列，年龄对纯林户是否有林地资金投入的回归系数为正数，且通过 10% 水平的显著性检验。说明在其他条件不变的情况下，年龄对纯林户是否有林地资金投入有显著的正向影响，即户主年龄的提高会显著提高纯林户林地投入资金的概率。年龄对纯林户林地资金投入额的回归系数为正数，但没有通过显著性检验，如表 8-2 第（4）列。说明在其他条件不变的情况下，户主年龄的变化对纯林户的林地资金投入额没有显著影响。可能的原因是，一般而言年龄较大的纯林户通常更加依赖林业生产，因此也会相应地增加对林地生产资料的投资，因此他们对林地投入资金的概率较大。

表 8-2　公益林政策对纯林户林地投入的影响

变量名称	林地自用工投入		林地资金投入	
	(1) 是否有自用工投入	(2) 投入自用工数	(3) 是否有资金投入	(4) 投入资金数
did	−1.005 9** (0.456 2)	18.753 3 (55.567 0)	−0.018 3 (0.582 7)	−0.809 5 (0.511 9)

（续）

变量名称	林地自用工投入		林地资金投入	
	（1）是否有自用工投入	（2）投入自用工数	（3）是否有资金投入	（4）投入资金数
公益林	0.176 2	−17.021 1	−0.082 8	0.590 7
	(0.352 7)	(51.348 7)	(0.460 8)	(0.400 1)
year	0.391 9	51.057 3	−0.035 0	0.860 4***
	(0.297 4)	(35.006 9)	(0.362 8)	(0.299 9)
年龄	0.006 8	−1.492 1	0.030 3*	0.020 2
	(0.012 5)	(1.520 1)	(0.017 2)	(0.016 4)
教育	0.130 2*	0.374 2	0.143 2	0.229 5**
	(0.073 7)	(9.252 2)	(0.096 0)	(0.089 7)
党员	−0.677 6*	99.059 2*	−0.785 6*	0.841 0*
	(0.406 5)	(52.422 9)	(0.420 5)	(0.508 0)
总劳动力	0.246 3*	−23.421 4	0.128 9	0.021 8
	(0.125 8)	(16.919 1)	(0.151 1)	(0.153 5)
林地面积	0.000 1	0.060 4**	−0.000 1	0.000 9***
	(0.000 3)	(0.028 1)	(0.000 4)	(0.000 3)
地块数	0.116 5**	3.231 9	0.288 3**	0.055 8
	(0.049 4)	(5.340 5)	(0.112 6)	(0.049 3)
用材林占比	−1.522 4***	−42.450 2	−0.846 3**	−1.226 3**
	(0.480 9)	(53.092 7)	(0.420 0)	(0.484 3)
经济林占比	−0.022 5	−254.877 4***	1.961 4***	−0.220 5
	(0.569 6)	(95.625 2)	(0.705 3)	(0.465 8)
竹林占比	0.143 4	−26.057 9	−0.214 2	−0.129 1
	(0.512 8)	(52.100 1)	(0.533 1)	(0.510 7)
林地质量	−0.107 5	9.010 2	−0.416 7***	0.367 3**
	(0.133 6)	(13.569 7)	(0.155 3)	(0.166 6)
林地距离	−0.022 6	−5.072 4	0.021 1	−0.086 4**
	(0.033 8)	(4.185 0)	(0.028 4)	(0.033 8)
林地坡度	−0.012 6*	−1.058 4	0.002 6	−0.014 9*
	(0.007 2)	(0.968 2)	(0.008 2)	(0.008 7)
Constant	−0.881 2	184.703 9	−1.953 8	6.473 1***
	(1.238 1)	(154.055 6)	(1.450 7)	(1.714 4)
Wald chi2 (16)	56.34		40.28	
Prob>chi2	0.000 0		0.000 4	

注：括号内为稳健标准误。＊、＊＊、＊＊＊表示 10%、5%、1%显著性水平。

教育对纯林户是否有林地自用工投入的回归系数为正数，如表 8-2 第 (1) 列纯林户林地自用工投入模型，且通过 10% 水平的显著性检验。说明在其他条件不变的情况下，农户家庭教育水平的增加会显著提高纯林户林地投入自用工的概率。教育对纯林户林地自用工投入数量的回归系数为正数，如表 8-2 第 (2) 列，但没有通过显著性检验。说明教育水平的变化对纯林户林地投入自用工数量没有显著影响。在纯林户林地资金投入模型中，如表 8-2 第 (3) 列，教育对纯林户是否有林地资金投入的回归系数为正数，但没有通过显著性检验。说明纯林户家庭教育水平的变化对纯林户林地投入资金的概率没有显著影响。教育对纯林户林地资金投入额的回归系数显著为正数，如表 8-2 第 (4) 列。说明纯林户家庭教育水平的增加会显著提高纯林户对林地的资金投入额。可能的原因是，一般而言教育水平较高的纯林户通常更懂得如何管护林地，因此他们对林地投入自用工的概率较高，同时教育水平高的纯林户在对林地投资时也会相应地增加对林地生产资料的投资，因此他们对林地的资金投入也较多。

在纯林户林地自用工投入模型中，如表 8-2 第 (1) 列，党员对纯林户是否有林地自用工投入的回归系数显著为负数，说明农户家庭成员中若有党员会显著降低纯林户对林地投入自用工的概率。如表 8-2 第 (2) 列，党员对纯林户自用工投入数量的回归系数显著为正数，说明家庭成员中若有党员会显著提高纯林户对林地投入自用工的数量。在纯林户林地资金投入模型中，如表 8-2 第 (3) 列，党员对纯林户是否有林地资金投入的回归系数为负数，且通过 10% 水平的显著性检验。说明在其他条件不变的情况下，党员对纯林户是否有林地资金投入有显著的负向影响，即农户家庭成员中若有党员会显著降低纯林户对林地投入资金的概率。而党员对纯林户林地资金投入额的回归系数显著为正数，如表 8-2 第 (4) 列。说明在其他条件不变的情况下，纯林户家庭成员中若有党员会显著提高纯林户的林地资金投入额。可能的原因是，拥有党员的纯林户家庭社会资本通常较高，能获取较多的林业经营技术，他们对林地的投入会更加注重投入效率，因此他们一般不会盲目地对林地投入生产要素，但是一旦决定投入便会投入更多的自用工和资金。

观察表 8-2 第 (1) 列中总劳动力数对纯林户是否有林地自用工投入的

影响，可以看出，总劳动力数对纯林户是否有林地自用工投入的回归系数为正数，且通过10%水平的显著性检验。说明在其他条件不变的情况下，总劳动力数对纯林户是否有林地自用工投入存在显著的正向影响，即纯林户家庭劳动力数量的增加会显著提高纯林户对林地投入自用工的概率。总劳动力对纯林户林地自用工投入数量的回归系数为负数，但没有通过显著性检验，如表8-2第（2）列。在纯林户林地资金投入模型中，如表8-2第（3）列和第（4）列，总劳动力对纯林户是否有林地资金投入和林地资金投入额的回归系数均为正数，但都没有通过显著性检验。说明在其他条件不变的情况下，纯林户家庭劳动力数量的增加对纯林户对林地投入资金的概率和林地资金投入额没有显著影响。可能的原因是，拥有劳动力数量多的纯林户家庭相对拥有更多的剩余劳动力，因此对林地投入自用工的概率就相对较高。

在纯林户林地自用工投入模型中，如表8-2第（1）列，林地面积对纯林户是否有林地自用工投入的回归系数为正数，但没有通过显著性检验。说明在其他条件不变的情况下，纯林户家庭林地面积的变化对纯林户林地投入自用工的概率没有显著影响。如表8-2第（2）列，林地面积对纯林户林地自用工投入数量的回归系数显著为正数，即纯林户家庭林地面积的增加会显著提高纯林户对林地投入自用工的数量。在纯林户林地资金投入模型中，如表8-2第（3）列，林地面积对纯林户是否有林地资金投入的回归系数为负数，但没有通过显著性检验。而林地面积对纯林户林地资金投入的回归系数为正数，且通过1%水平的显著性检验，如表8-2第（4）列。说明在其他条件不变的情况下，林地面积对纯林户林地资金投入有显著的正向影响，即纯林户家庭林地面积的增加会显著提高纯林户对林地的资金投入额。可能的原因是，纯林户家庭林地面积越大则生产经营需要投入的劳动力越多，因此纯林户对林地投入自用工的数量越多，同时所需要购买和投入的生产资料也越多，投入的资金也越多。

地块数对纯林户是否有林地自用工投入的回归系数显著为正数，如表8-2第（1）列纯林户林地自用工投入模型，说明纯林户家庭林地地块数量的增加会显著提高纯林户对林地投入自用工的概率。如表8-2第（2）列，地块数对纯林户林地自用工投入数量的回归系数为正数，但没有通过显著性检验，即纯林户家庭林地地块数量的增加对纯林户林地投入自用工数量没有显著影响。在纯林户林地资金投入模型中，地块数对纯林户是否有林地资金投入的回归系数为正数，如表8－2第（3）列，且通过5％水平的显著性检验。说明在其他条件不变的情况下，地块数对纯林户是否有林地资金投入有显著的正向影响，即纯林户家庭林地地块数量的增加会显著提高纯林户对林地投入资金的概率。地块数对纯林户林地资金投入额的回归系数为正数，如表8－2第（4）列，但没有通过显著性检验。说明纯林户家庭林地地块数量变化对纯林户林地投入资金金额没有显著影响。可能的原因是，农户家庭林地地块数量越多则可供选择经营的林地也相对更多，因此对林地投入自用工和资金的概率较大。

用材林面积占比对纯林户是否有林地自用工投入的回归系数显著为负数，如表8－2第（1）列纯林户林地自用工投入模型，说明在其他条件不变的情况下，用材林面积占比对纯林户是否有林地自用工投入具有显著的负向影响，即纯林户家庭用材林地面积占比的增加会显著降低纯林户对林地投入自用工的概率。如表8－2第（2）列，用材林面积占比对纯林户林地自用工投入数量的回归系数为负数，但没有通过显著性检验，即纯林户家庭用材林地面积占比的变化对纯林户林地投入自用工数量没有显著影响。在纯林户林地资金投入模型中，用材林面积占比对纯林户是否有林地资金投入和资产投入额的回归系数都为负数，如表8－2第（3）列和第（4）列，且均通过5％水平的显著性检验。说明在其他条件不变的情况下，用材林面积占比对纯林户是否有林地资金投入有显著的负向影响，即纯林户家庭林地地块数量的增加会显著降低纯林户对林地投入资金的概率和林地投入资金的金额。可能的原因是，调研样本区域内的用材林多为杉木或马尾松，该类林种经营时一般遵循"一年种三年抚"的规律，其他时间段对林地管护投入较少，由于本研究调研的样本时间可能没有落在这一时间段上，因此家庭用材林面积占比越多的纯林户其自用工和资金投入的概率较小。

经济林面积占比对纯林户是否有林地自用工投入的回归系数为负数，如表8－2第（1）列纯林户林地自用工投入模型，但没有通过显著性检验，即纯林户家庭经济林面积占比的变化对纯林户林地投入自用工的概率没有显著影响。如表8－2第（2）列，经济林面积占比对纯林户林地自用工投入数量的回归系数显著为负数，说明纯林户家庭经济林地面积占比的增加会显著降低纯林户对林地投入自用工的数量。在纯林户林地资金投入模型中，经济林面积占比对纯林户是否有林地资金投入的回归系数为正数，如表8－2第（3）列，且均通过1％水平的显著性检验。说明在其他条件不变的情况下，纯林户家庭经济林面积占比的增加会显著提高纯林户对林地投入资金的概率。经济林面积占比对纯林户林地资金投入额的回归系数为负数，如第（4）列，但没有通过显著性检验。说明纯林户家庭经济林面积占比的变化对纯林户林地投入资金数量没有显著影响。可能的原因是，经济林面积较大的纯林户多为林业经营大户，其劳动力投入方式主要以雇工为主，因此其自用工投入相对较少但对林地投入资金的概率较大。

林地质量对纯林户是否有林地自用工投入的回归系数为负数，如表8－2第（1）列，但没有通过显著性检验。说明纯林户家庭林地质量的变化对纯林户林地投入自用工的概率没有显著影响。如表8－2第（2）列，林地质量对纯林户林地投入自用工数量的回归系数为正数，但没有通过显著性检验。说明纯林户家庭林地质量的变化对纯林户林地投入自用工数量没有显著影响。在纯林户林地资金投入模型中，如表8－2第（3）列，林地质量对纯林户是否有林地资金投入的回归系数为负，且通过1％水平的显著性检验。说明在其他条件不变的情况下，林地质量对纯林户是否有林地资金投入有显著的负向影响，即纯林户家庭林地质量的提高会显著降低纯林户对林地投入资金的概率。如表8－2第（4）列，林地质量占比对纯林户林地资金投入额的回归系数显著为正数，即纯林户家庭林地质量的提高会增加纯林户对林地投入资金的金额。可能的原因是，纯林户家庭的林地质量越好，则林地需要的化肥等生产投入越少，因此纯林户对林地投入资金的可能性越小。而当纯林户决定投入资金时，一般会投入更多的金额以更好地改善林地质量。

林地距离对纯林户是否有林地自用工投入和自用工投入数量的回归系数都为负数，如表8－2第（1）列和第（2）列，但没有通过显著性检验，即纯林户林地离家距离的变化对纯林户林地投入自用工的概率和投入自用工数量都没有显著影响。在纯林户林地资金投入模型中，如表8－2第（3）列，林地距离对纯林户是否有林地资金投入的回归系数为正数，但没有通过显著性检验。说明纯林户家庭林地离家平均距离的变化对纯林户林地投入资金的概率没有显著影响。如表8－2第（4）列，林地距离对纯林户林地资金投入额的回归系数显著为负数，说明在其他条件不变的情况下，林地距离对纯林户林地资金投入额有显著的负向影响，即纯林户林地离家平均距离的增加将会降低纯林户对林地投入资金的金额。可能的原因是，纯林户家庭的林地离家平均距离越远，林地的经营和管护成本就越高，这会阻碍纯林户对林地的资金投入。

林地坡度对纯林户是否有林地自用工投入的回归系数为负数，如表8-2第（1）列，且通过10%水平的显著性检验。说明在其他条件不变的情况下，林地坡度对纯林户是否有林地自用工投入有显著的负向影响，即纯林户家庭林地坡度的增加会显著减少纯林户林地投入自用工的概率。林地坡度对纯林户自用工投入数量的回归系数为负数，如表8-2第（2）列，但没有通过显著性检验。在纯林户林地资金投入模型中，如表8-2第（3）列，林地坡度对纯林户是否有林地资金投入的回归系数为正数，但没有通过显著性检验，即纯林户家庭林地平均坡度的变化对纯林户林地投入资金的概率没有显著影响。如表8-2第（4）列，林地坡度对纯林户林地资金投入额的回归系数为负数，且通过10%水平的显著性检验。说明在其他条件不变的情况下，林地坡度对纯林户林地资金投入额有显著的负向影响，即纯林户家庭林地平均坡度越陡峭纯林户对林地投入资金额越低。可能的原因是，纯林户家庭的林地平均坡度越陡，则经营起来越不方便，纯林户对林地投入自用的可能性越小，同时投入资金的金额也越小。

（二）公益林政策对兼业户林地投入的影响

表8-3是公益林政策对兼业户林地投入的回归结果。回归结果使用双栏模型进行参数估计，模型的Wald卡方检验值为49.56和69.43，均达到1%的显著性水平，从整体上说明模型是适用的。

观察表8-3中兼业户林地自用工投入、资金投入决策的回归结果。从表8-3第（1）列和第（2）列可以看出，*did*对兼业户是否有林地自用工投入和林地投入自用工数量的回归系数都为负数，但均未通过显著性检验。说明在其他条件不变的情况下，公益林政策对兼业户是否有林地自用工投入和林地投入自用工数量的负向影响不显著，即公益林政策的实施对兼业户林地投入自用工概率和林地投入自用工数量都没有显著影响。进一步观察兼业户林地资金投入模型的回归结果，如表 8-3 第（3）列，可以看出 did 对兼业户是否有林地资金投入的回归系数为负数，但没有通过显著性检验。如表 8-3 第（4）列，did 对兼业户是否有林地资金投入额回归系数为负数，且通过 10% 水平的显著性检验。说明在其他条件不变的情况下，公益林政策对兼业户林地资金投入额有显著的负向影响，即公益林政策的实施降低了兼业户对林地的资金投入额。

公益林对兼业户是否有林地自用工投入的回归系数为负，且通过 10% 水平的显著性检验，说明政策实施前，在其他条件不变的情况下，有公益林地的兼业户自用工投入概率显著低于没有公益林地的兼业户。公益林对兼业户是否有林地资金投入和林地资金投入额的回归系数显著为负，且均通过 5% 水平的显著性检验，说明政策实施前，在其他条件不变的情况下，有公益林地的兼业户林地资金投入概率和林地资金投入额均显著低于没有公益林地的兼业户。而时间虚拟变量 $year$ 对纯林户林地自用工投入数量、是否有林地资金投入和林地资金投入额的回归系数都为正数，且均通过 5% 水平的显著性检验，说明在其他条件不变的情况下，即使没有公益林政策，农户对林地投入自用工的数量和投入资金均存在随时间增长而增长的趋势。

表 8-3　公益林政策对兼业户林地投入的影响

变量名称	林地自用工投入		林地资金投入	
	（1）是否有自用工投入	（2）投入自用工数	（3）是否有资金投入	（4）投入资金数
did	−0.512 6	−62.201 3	−0.517 6	−0.714 8*
	(0.402 4)	(59.165 1)	(0.577 8)	(0.427 6)
公益林	−0.485 2*	−4.819 4	−1.127 7**	−0.785 0**
	(0.291 4)	(44.798 7)	(0.556 8)	(0.379 6)
$year$	0.329 0	64.922 3**	1.059 2**	0.617 8**
	(0.258 2)	(28.592 8)	(0.433 7)	(0.276 5)
年龄	−0.007 2	−1.645 0	−0.032 6	−0.002 3
	(0.012 5)	(1.666 1)	(0.019 9)	(0.011 7)
教育	−0.101 3**	−6.657 3	0.103 7**	0.042 9
	(0.046 5)	(7.562 2)	(0.046 2)	(0.050 3)
党员	0.084 6	−24.458 1	0.271 1	0.664 2**
	(0.268 3)	(34.095 4)	(0.428 4)	(0.321 1)

（续）

变量名称	林地自用工投入		林地资金投入	
	（1） 是否有自用工投入	（2） 投入自用工数	（3） 是否有资金投入	（4） 投入资金数
总劳动力	0.298 7 ***	1.165 7	0.170 6	0.005 7
	(0.096 8)	(10.986 8)	(0.114 3)	(0.096 0)
林地面积	0.000 7	−0.016 0	0.001 8	0.001 4 ***
	(0.000 5)	(0.042 7)	(0.001 3)	(0.000 5)
地块数	−0.013 7	−4.887 4	0.307 4 ***	−0.134 7 **
	(0.055 8)	(6.660 8)	(0.110 7)	(0.056 1)
用材林占比	−0.056 9	25.246 1	0.875 2	0.374 3
	(0.326 9)	(47.957 0)	(0.537 2)	(0.489 1)
经济林占比	0.592 9	−58.533 0	0.549 7	1.576 6 ***
	(0.400 5)	(55.292 5)	(0.497 0)	(0.505 9)
竹林占比	−0.537 0	65.926 3	1.239 8 **	−0.909 8 *
	(0.336 5)	(45.983 5)	(0.562 9)	(0.465 9)
林地质量	−0.421 7 ***	−39.854 0 *	−1.168 3 ***	−0.559 9 ***
	(0.119 5)	(21.680 9)	(0.240 6)	(0.136 2)
林地距离	−0.103 7 **	−11.534 7	−0.072 1	−0.079 6
	(0.050 9)	(7.433 0)	(0.054 9)	(0.057 0)
林地坡度	0.014 4 **	−0.965 5	0.017 7	−0.030 2 ***
	(0.006 9)	(0.931 5)	(0.012 0)	(0.008 2)
Constant	0.551 9	192.957 6	0.662 7	10.540 3 ***
	(0.876 7)	(118.916 5)	(1.168 9)	(0.877 3)
Wald chi2（16）	49.56		69.43	
Prob＞chi2	0.000 0		0.000 0	

注：括号内为稳健标准误。＊、＊＊、＊＊＊表示10％、5％、1％显著性水平。

观察表 8-3 中兼业户家庭特征变量的回归结果可以发现，教育对兼业户是否有林地自用工投入有显著的负向影响，对是否有林地资金投入有显著的正向影响。党员对兼业户林地资金投入额有显著的正向影响。总劳动力数对兼业户是否有林地自用工投入有显著的正向影响。在兼业户林地特征变量的回归结果中，林地面积对兼业户林地资金投入额有显著的正向影响。地块数对兼业户是否有林地资金投入有显著的正向影响，而对兼业户林地资金投入额有显著的负向影响。经济林地面积占比对兼业户林地资金投入额有显著的正向影响。竹林面积占比对兼业户是否有林地资金投入有显著的正向影响，而对兼业户林地资金投入额有显著的负向影响。林地质量对兼业户林地投入都有显著的负向影响。林地距离对兼业户是否有林地自用工投入有显著的负向影响。林地坡度对兼业户是否有林地自用工投入有显著的正向影响，对兼业户林地资金投入额有显著的负向影响。

具体而言，教育对兼业户是否有林地自用工投入的回归系数显著为负数，如表8-3第（1）列兼业户林地自用工投入模型，说明农户家庭教育水平的增加会显著降低兼业户林地投入自用工的概率。教育对兼业户林地自用工投入数量的回归系数为负数，如表8-3第（2）列，但没有通过显著性检验，即教育水平的变化对兼业户林地投入自用工数量没有显著影响。在兼业户林地资金投入模型中，如表8-3第（3）列，教育对兼业户是否有林地资金投入的回归系数为正数，且通过5％水平的显著性检验。说明在其他条件不变的情况下，教育对兼业户是否有林地资金投入有显著的正向影响，即兼业户家庭教育水平的增加会提高兼业户对林地投入资金的概率。教育对兼业户林地资金投入额的回归系数为正数，但没有通过显著性检验，如表8-3第（4）列。可能的原因是，教育水平较高的兼业户通常拥有更高的收入，因此他们更可能选择雇工等资本投入，减少对林地自用工的投入。

在兼业户林地自用工投入模型中，如表8-3第（1）列，党员对兼业户是否有林地自用工投入的回归系数为正数，但没有通过显著性检验。说明农户家庭成员中是否拥有党员对兼业户林地投入自用工的概率没有显著影响。如表8-3第（2）列，党员对兼业户自用工投入数量的回归系数为负数，但没有通过显著性检验。说明家庭成员中是否拥有党员对兼业户林地投入自用工数量没有显著影响。在兼业户林地资金投入模型中，如表8-3第（3）列，党员对兼业户是否有林地资金投入的回归系数为正数，但没有通过显著性检验。说明农户家庭成员中是否拥有党员对兼业户林地投入资金概率没有显著影响。而党员对兼业户林地资金投入额的回归系数为正数，且通过5％水平的显著性检验，如表8-3第（4）列。说明在其他条件不变的情况下，党员对兼业户林地资金投入额有显著的正向影响，即兼业户家庭成员中若有党员会显著提高兼业户的林地资金投入额。可能的原因是，拥有党员的兼业户家庭社会资本通常较高，能获取较多的林业经营技术，因此他们可能花费更多的资金投入到林地上。

观察表8-3第（1）列中总劳动力数对兼业户是否有林地自用工投入的影响，可以看出，总劳动力数对兼业户是否有林地自用工投入的回归系数为正数，且通过1‰水平的显著性检验。说明在其他条件不变的情况下，总劳动力数对兼业户是否有林地自用工投入存在显著的正向影响，即兼业户家庭劳动力数量的增加会显著提高兼业户对林地投入自用工的概率。总劳动力数对兼业户林地自用工投入数量的回归系数为正数，但没有通过显著性检验，如表8-3第（2）列。说明在其他条件不变的情况下，兼业户家庭劳动力数量的变化对兼业户林地投入自用工数量没有显著影响。在兼业户林地资金投入模型中，如表8-3第（3）列和第（4）列，总劳动力对兼业户是否有林地资金投入和林地资金投入额的回归系数均为正数，但均未通过显著性检验。说明在其他条件不变的情况下，家庭劳动力数量的变化对兼业户林地资金投入没有显著影响。可能的原因是，拥有劳动力数量多的兼业户家庭相对拥有更多的剩余劳动力，因此他们对林地投入自用工的概率相对较高。

在兼业户林地自用工投入模型中，如表8-3第（1）列，林地面积对兼业户是否有林地自用工投入的回归系数为正数，但没有通过显著性检验。说明兼业户家庭林地面积的变化对兼业户林地投入自用工概率没有显著影响。如表8-3第（2）列，林地面积对兼业户林地自用工投入数量的回归系数为负数，但没有通过显著性检验，即兼业户家庭林地面积的变化对兼业户林地投入自用工数量没有显著影响。在兼业户林地流出模型中，如表8-3第（3）列，林地面积对兼业户是否有林地资金投入的回归系数为正数，但没有通过显著性检验。说明兼业户家庭林地面积的变化对兼业户林地投入资金概率没有显著影响。而林地面积对兼业户林地资金投入的回归系数为正数，且通过1‰水平的显著性检验，如表8-3第（4）列。说明在其他条件不变的情况下，林地面积对兼业户林地资金投入有显著的正向影响，即兼业户家庭林地面积的增加会显著提高兼业户对林地的资金投入额。可能的原因是，兼业户参与林业生产的劳动力有限，一般会通过资金投入来弥补自用工投入的不足，兼业户家庭林地面积越大则所需投入的生产资料也越多，需投入的资金也越多。

地块数对兼业户是否有林地自用工投入和自用投入数量的回归系数为负数，如表8-3第（1）列和第（2）列兼业户林地自用工投入模型，但没有通过显著性检验。说明在其他条件不变的情况下，兼业户家庭林地地块数量的变化对兼业户地投入自用工的概率和林地投入自用工数量没有显著影响。在兼业户林地资金投入模型中，地块数对兼业户是否有林地资金投入的回归系数为正数，如表8-3第（3）列，且均通过1%水平的显著性检验。说明在其他条件不变的情况下，地块数对兼业户是否有林地资金投入有显著的正向影响，即兼业户家庭林地地块数量的增加会显著提高兼业户对林地投入资金的概率。地块数对兼业户林地资金投入额的回归系数显著为负数，如表8-3第（4）列，说明在其他条件不变的情况下，地块数对兼业户林地资金投入额有显著的负向影响，即兼业户家庭林地地块数量的增加会降低兼业户对林地投入资金的金额。可能的原因是，兼业户的收入来源较为多样化，家庭林地地块数量越多则可供选择经营的林地也相对更多，因此对林地投入资金的概率较大，但林业收入又不是其主要的生计来源，所以对林地投入的资金金额较少。

经济林面积占比对兼业户是否有林地自用工投入的回归系数为正数，如表8-3第（1）列兼业户林地自用工投入模型，但没有通过显著性检验。说明兼业户家庭经济林面积占比的变化对兼业户林地投入自用工概率没有显著影响。如表8-3第（2）列，经济林面积占比对兼业户林地自用工投入数量的回归系数为负数，但没有通过显著性检验。说明兼业户家庭经济林地面积占比的变化对兼业户林地投入自用工数量没有显著影响。在兼业户林地资金投入模型中，经济林面积占比对兼业户是否有林地资金投入的回归系数为正数，如表8-3第（3）列，但没有通过显著性检验。经济林面积占比对兼业户林地资金投入额的回归系数为正数，如第（4）列，且通过1%水平的显著性检验。说明在其他条件不变的情况下，经济林面积占比对兼业户林地资金投入额具有显著的正向影响，即兼业户家庭经济林面积占比增加会提高兼业户对林地投入资金的数量。可能的原因是，经济林面积占比较大的兼业户多为林业经营大户，因此其对林地投入的资金金额较大。

在兼业户林地自用工投入模型中，如表8-3第（1）列，竹林面积占比对兼业户是否有林地自用工投入的回归系数为负数，但没有通过显著性检验。说明兼业户家庭竹林面积占比的变化对兼业户林地投入自用工概率没有显著影响。如表8-3第（2）列，竹林面积占比对兼业户林地自用工投入数量的回归系数为正数，但没有通过显著性检验。说明兼业户家庭竹林面积占比的变化对兼业户林地投入自用工数量没有显著影响。在兼业户林地资金投入模型中，如表8-3第（3）列，竹林面积占比对兼业户是否有林地资金投入的回归系数显著为正数，说明兼业户家庭竹林面积占比的增加会显著提高兼业户对林地投入资金的概率。如表8-3第（4）列，竹林面积占比对兼业户林地资金投入额的回归系数为负数，且通过10％水平的显著性检验。说明在其他条件不变的情况下，竹林面积占比对兼业户林地资金投入额有显著的负向影响，即兼业户家庭竹林面积占比的提高会减少兼业户对林地投入资金的金额。可能的原因是，兼业户家庭的竹林面积占比越多，则需要的化肥等生产投入越大，因此兼业户对林地投入资金的可能性越大，而林业生产只占兼业户收入的一部分，近年来竹材市场又不景气，因此投入金额相对较低。

林地质量对兼业户是否有林地自用工投入和自用工投入数量的回归系数都为负数，如表8-3第（1）列和第（2）列，且分别通过1％和10％水平的显著性检验。说明在其他条件不变的情况下，林地质量对兼业户是否有林地自用工投入和自用工投入数量有显著的负向影响，即兼业户家庭林地质量的提高会降低兼业户对林地投入自用工的概率和数量。在兼业户林地资金投入模型中，如表8-3第（3）列和第（4）列，林地质量对兼业户是否有林地资金投入和林地资金投入额的回归系数为负数，且均通过1％水平的显著性检验。说明林地质量对兼业户是否有林地资金投入和林地资金投入额有显著的负向影响，即兼业户家庭林地质量的提高会显著降低兼业户对林地投入现金的概率和和林地资金投入额。可能的原因是，家庭林地平均质量越好则需要自用工和资金投入越少，因此兼业户对林地投入自用工的可能性越小，同时投入资金的概率和金额也越小。

林地距离对兼业户是否有林地自用工投入的回归系数为负数，如表8-3第（1）列，且通过5％水平的显著性检验。说明在其他条件不变的情况下，林地距离对兼业户是否有林地自用工投入有显著的负向影响，即兼业户林地离家距离的增加会降低兼业户对林地投入自用工的概率。如表8-3第（2）

列，林地距离对兼业户是否有林地自用工投入数量的回归系数为负数，但未通过显著性检验。说明林地离家距离的变化对兼业户林地自用工投入的数量没有显著影响。在兼业户林地资金投入模型中，如表8-3第（3）列和第（4）列，林地距离对兼业户是否有林地资金投入和林地资金投入额的回归系数都为负数，但均未通过显著性检验。说明兼业户家庭林地离家平均距离的变化对兼业户林地投入资金概率和林地资金投入额没有显著影响。可能的原因是，兼业户家庭的林地离家平均距离越远，林地的经营和管护成本就越高，降低了农户经营的积极性，这会降低兼业户对林地投入自用工的概率。

林地坡度对兼业户是否有林地自用工投入的回归系数为正数，如表8-3第（1）列，且通过5％水平的显著性检验。说明在其他条件不变的情况下，林地坡度对兼业户是否有林地自用工投入有显著的正向影响，即兼业户家庭林地坡度的增加会显著提高兼业户林地投入自用工的概率。林地坡度对兼业户自用工投入数量的回归系数为负数，如表8-3第（2）列，但没有通过显著性检验，即兼业户家庭林地坡度的变化对兼业户林地投入自用工数量没有显著影响。在兼业户林地资金投入模型中，如表8-3第（3）列，林地坡度对兼业户是否有林地资金投入的回归系数为正数，但没有通过显著性检验。如表8-3第（4）列，林地坡度对兼业户林地资金投入额的回归系数为负数，且均通过1％水平的显著性检验。说明在其他条件不变的情况下，林地坡度对兼业户林地资金投入额有显著的负向影响，即兼业户家庭林地平均坡度越陡峭兼业户对林地投入资金的金额越低。可能的原因是，兼业户家庭的林地平均坡度越陡，则经营起来越不方便，这会增加兼业户对林地投入自用工的概率，但由于收益较差因此投入资金的金额较低。

（三）公益林政策对非林户林地投入的影响

表8-4是公益林政策对非林户林地投入的回归结果。回归结果使用双栏模型进行参数估计，模型的 Wald 卡方检验值为45.92和43.81，均达到1％的显著性水平，从整体上说明模型是适用的。

观察表8-4中非林户林地自用工投入、资金投入决策的回归结果，可以发现，*did* 对非林户是否有林地自用工投入和林地自用工投入数量都有显著的负向影响，而对是否有林地资金投入和林地资金投入额均没有显著影响。从表 8-4 第 （1） 列和第 （2） 列可以看出，*did* 对非林户是否有林地自用工投入和林地投入自用工数量的回归系数都为负数，且分别通过 1% 和 10% 水平的显著性检验。说明在其他条件不变的情况下，公益林政策对非林户是否有林地自用工投入和林地投入自用工数量有显著的负向影响，即公益林政策的实施降低了非林户林地投入自用工概率并减少了非林户对林地投入自用工的数量。进一步观察非林户林地资金投入模型的回归结果，如表 8-4 第 （3） 列和第 （4） 列，可以看出 *did* 对非林户是否有林地资金投入和林地资金投入额的回归系数都为负数，但均没有通过显著性检验。说明在其他条件不变的情况下，公益林政策对非林户是否有林地资金投入和林地资金投入额的负向影响都不显著，即公益林政策的实施对非林户林地资金投入概率和林地资金投入额没有显著影响。

公益林对非林户林地投入的回归系数均未通过显著性检验，说明政策实施前，在其他条件不变的情况下，有公益林地的非林户与没有公益林地的非林户的林地投入情况没有显著差异。而时间虚拟变量 *year* 对非林户是否投入林地自用工、是否有林地资金投入和林地资金投入额的回归系数都为正数，且均通过显著性检验，说明在其他条件不变的情况下，即使没有公益林政策，非林户对林地投入自用工的概率和投入资金均存在随时间增长而增长的趋势。

表 8-4　公益林政策对非林户林地投入的影响

变量名称	林地自用工投入		林地资金投入	
	（1） 是否有自用工投入	（2） 投入自用工数	（3） 是否有资金投入	（4） 投入资金数
did	−1.562 2***	−82.156 8*	−0.291 7	−0.704 7
	(0.395 3)	(46.737 4)	(0.374 8)	(0.558 1)
公益林	−0.168 8	12.336 8	0.313 4	0.515 6
	(0.256 5)	(8.952 6)	(0.274 1)	(0.461 0)
year	0.664 2***	7.402 9	0.497 9*	0.917 6**
	(0.237 9)	(6.204 4)	(0.265 0)	(0.438 7)
年龄	−0.028 7***	−7.391 3**	−0.043 1***	−0.030 0
	(0.010 9)	(3.547 5)	(0.012 3)	(0.023 5)
教育	−0.020 3	−23.226 0	−0.076 5	0.010 1
	(0.055 4)	(14.871 5)	(0.051 9)	(0.090 1)

（续）

变量名称	林地自用工投入		林地资金投入	
	（1） 是否有自用工投入	（2） 投入自用工数	（3） 是否有资金投入	（4） 投入资金数
党员	0.129 2 (0.293 7)	−65.442 6 (68.890 2)	0.204 8 (0.265 8)	0.250 4 (0.390 8)
总劳动力	0.158 9* (0.084 2)	6.906 0 (28.851 9)	0.164 0* (0.085 3)	0.275 5** (0.118 0)
林地面积	0.001 0 (0.000 7)	−0.217 1 (0.180 1)	0.001 2* (0.000 7)	0.001 5 (0.001 4)
地块数	−0.023 2 (0.028 3)	61.348 2** (25.733 1)	−0.027 2 (0.035 0)	0.118 5 (0.089 3)
用材林占比	0.188 0 (0.331 8)	−10.788 5 (8.047 7)	0.301 9 (0.311 1)	−0.270 6 (0.501 2)
经济林占比	2.897 4** (1.288 4)	11.138 8 (11.074 7)	7.009 8** (3.093 3)	3.619 1*** (1.213 5)
竹林占比	0.775 7* (0.397 4)	−50.296 3** (21.476 4)	0.621 1 (0.438 4)	−0.212 9 (0.535 1)
林地质量	0.160 6 (0.114 9)	−22.491 3 (31.491 9)	−0.656 0*** (0.124 1)	0.055 3 (0.198 6)
林地距离	0.006 1 (0.027 1)	−46.538 2* (25.460 3)	0.018 6 (0.028 1)	−0.043 6 (0.039 3)
林地坡度	0.004 0 (0.007 0)	0.126 9 (2.703 4)	−0.002 5 (0.007 1)	0.002 2 (0.010 7)
Constant	0.233 0 (0.869 2)	47.622 3* (27.462 1)	2.835 4*** (0.965 9)	7.738 1*** (1.583 7)
Wald chi2（16）	45.92		43.81	
Prob＞chi2	0.000 1		0.000 1	

注：括号内为稳健标准误。*、**、*** 表示10％、5％、1％显著性水平。

观察表8-4中非林户家庭特征变量的回归结果可以发现，年龄对非林户是否有林地自用工投入、林地自用工投入数量和是否有林地资金投入有显著的负向影响。总劳动力数对非林户是否有林地自用工投入、是否有林地资金投入和林地资金投入额都有显著的正向影响。在非林户林地特征变量的回归结果中，林地面积对非林户是否有林地资金投入有显著的正向影响。地块数对非林户林地自用工投入数量有显著的正向影响。经济林地面积占比对非林户是否有林地自用工投入、是否有林地资金投入和林地资金投入额有显著的正向影响。竹林面积占比对非林户是否有林地自用工投入有显著的正向影响，而对非林户林地自用工投入数量有显著的负向影响。林地质量对非林户是否有林地资金投入有显著的负向影响。林地距离对非林户林地自用工投入数量有显著的负向影响。

具体而言，年龄对非林户是否有林地自用工投入和林地自用工投入数量的回归系数都为负数，如表8-4第（1）列和第（2）列非林户林地自用工投入模型，且分别通过1％和5％水平的显著性检验。说明在其他条件不变的情况下，年龄对非林户是否有林地自用工和林地自用工投入数量都具有显著的负向影响，即随着户主年龄的提高会降低非林户林地投入自用工的概率和林地投入自用工的数量。在非林户林地资金投入模型中，如表8-4第（3）列，年龄对非林户是否有林地资金投入的回归系数显著为负数，说明随着非林户户主年龄的增加会显著降低非林户对林地投入资金的概率。年龄对非林户林地资金投入额的回归系数为负数，但没有通过显著性检验，如表8-4第（4）列，即随着非林户户主年龄的变化对其林地投入资金金额没有显著影响。可能的原因是非林户较少从事林业生产，因此年龄较大的非林户从事林业生产的积极性较低，他们对林地投入自用工的概率较小，投入自用工和资金的数量也较少。

观察表8-4第（1）列中总劳动力数对非林户是否有林地自用工投入的影响，可以看出，总劳动力数对非林户是否有林地自用工投入的回归系数显著为正数，说明非林户家庭劳动力数量的增加会显著提高非林户对林地投入自用工的概率。总劳动力数对非林户林地自用工投入数量的回归系数为正数，但没有通过显著性检验，如表8-4第（2）列。在非林户林地资金投入模型中，如表8-4第（3）列，总劳动力数对非林户是否有林地资金投入和林地资金投入额的回归系数均为正数，且分别通过10％和5％水平的显著性检验。说明在其他条件不变的情况下，总劳动力数对非林户是否有林地资金投入和非林户林地资金投入额有显著的正向影响，即非林户家庭劳动力数量的增加会提高非林户对林地资金投入的概率和金额。可能的原因是，拥有劳动力数量多的非林户家庭相对拥有更多的剩余劳动力，因此他们对林地投入自用工的概率较高，随之投入的资金数也相对较高。

　　林地面积对非林户是否有林地自用工投入的回归系数为正数，如表 8－4 第（1）列非林户林地自用工投入模型，但没有通过显著性检验。说明家庭林地面积的变化对非林户林地投入自用工的概率没有显著影响。林地面积对非林户林地自用工投入数量的回归系数为负数，如表 8－4 第（2）列，但没有通过显著性检验，即家庭林地面积的变化对非林户林地投入自用工数量没有显著影响。在非林户林地资金投入模型中，林地面积对非林户是否有林地资金投入的回归系数为正数，如表 8－4 第（3）列，且通过 10% 水平的显著性检验。说明在其他条件不变的情况下，林地面积对非林户是否有林地资金投入有显著的正向影响，即非林户家庭林地面积的增加会显著提高非林户林地投入资金的概率。林地面积对非林户林地资金投入额的回归系数为正数，如表 8－4 第（4）列，但没有通过显著性检验。说明非林户家庭林地面积的变化对非林户林地投入资金金额没有显著影响。可能的原因是，林地面积越大需要投入的生产资料越多，因此非林户对林地投入资金的概率也随之增加。

　　在非林户林地自用工投入模型中，地块数对非林户是否有林地自用工投入的回归系数为负数，如表 8－4 第（1）列，但没有通过显著性检验，即非林户家庭林地地块数量的变化对非林户林地投入自用工概率没有显著影响。如表 8－4 第（2）列，地块数对非林户林地自用工投入数量的回归系数为正数，且均通过 5% 水平的显著性检验。说明在其他条件不变的情况下，地块数对非林户林地自用工投入数量具有显著的正向影响，即非林户家庭林地地块数量的增加会提高对非林户对林地自用工投入的数量。在非林户林地资金投入模型中，地块数对非林户是否有林地资金投入的回归系数都为负数，如表 8－4 第（3）列，但没有通过显著性检验，即非林户家庭林地地块数量的变化对非林户林地投入资金概率没有显著影响。地块数对非林户林地资金投入额的回归系数为正数，如表 8－4 第（4）列，但没有通过显著性检验。说明非林户家庭林地地块数量的变化对非林户林地投入资金金额没有显著影响。可能的原因是，家庭林地地块数量越多则管护所需要的劳动力也相对较多，因此非林户投入的自用工较多。

经济林面积占比对非林户是否有林地自用工投入的回归系数显著为正数，如表8-4第（1）列非林户林地自用工投入模型，说明经济林面积占比对非林户是否有林地自用工投入具有显著的正向影响，即非林户家庭经济林面积占比的增加会提高非林户对林地自用工投入的概率。如表8-4第（2）列，经济林面积占比对非林户林地自用工投入数量的回归系数为正数，但没有通过显著性检验。即非林户家庭经济林地面积占比的变化对非林户林地投入自用工数量没有显著影响。在非林户林地资金投入模型中，经济林面积占比对非林户是否有林地资金投入和林地资金投入额的回归系数为正数，如表8-4第（3）列和第（4）列，且分别通过5％和1％水平的显著性检验。说明在其他条件不变的情况下，经济林面积占比对非林户是否有林地资金投入具有显著的正向影响，即非林户家庭经济林面积占比的增加会提高非林户对林地投入资金的概率和林地投入资金的数量。可能的原因是，经济林面积占比较大的非林户多为林业经营大户，因此其对林地投入自用工和资金的概率越大，投入资金的金额也较大。

竹林面积占比对非林户是否有林地自用工投入的回归系数显著为正数，如表8-4第（1）列非林户林地自用工投入模型，说明在其他条件不变的情况下，非林户家庭竹林地面积占比的增加会提高非林户对林地投入自用工的概率。竹林面积占比对非林户林地自用工投入数量的回归系数为负数，如表8-4第（2）列，且通过5％水平的显著性检验。说明在其他条件不变的情况下，竹林面积占比对非林户林地投入自用工数量有显著的负向影响，即非林户家庭竹林地面积占比的增加会提高非林户对林地投入自用工的数量。在非林户林地资金投入模型中，竹林面积占比对非林户是否有林地资金投入的回归系数为正数，如表8-4第（3）列，但没有通过显著性检验，即非林户家庭竹林地面积占比的变化对非林户林地投入资金概率没有显著影响。竹林面积占比对非林户林地资金投入额的回归系数为负数，如表8-4第（4）列，但没有通过显著性检验。说明非林户家庭竹林地面积占比的变化对非林户林地投入资金金额没有显著影响。可能的原因是，竹林的生产经营一般需要较多的劳动力投入，因此非林户投入自用工的概率较大，但是近年来由于竹材价格大幅下降，因此非林户投入自用工的数量较少。

林地质量对非林户是否有林地自用工投入的回归系数为正数，如表8-4

第（1）列，但没有通过显著性检验。说明林地质量对非林户是否有林地自用工投入的正向影响不显著。如表8-4第（2）列，林地质量对非林户自用工投入数量的回归系数为负数，但没有通过显著性检验，即非林户家庭林地质量的变化对非林户林地投入自用工数量没有显著影响。在非林户林地资金投入模型中，如表8-4第（3）列，林地质量对非林户是否有林地资金投入的回归系数为负数，且通过1%水平的显著性检验。说明在其他条件不变的情况下，林地质量对非林户是否有林地资金投入有显著的负向影响，即非林户家庭林地质量的提高会显著降低非林户对林地投入资金的概率。如表8-4第（4）列，林地质量对非林户林地资金投入额的回归系数为正数，但没有通过显著性检验。说明非林户家庭林地质量的变化对非林户林地投入资金金额没有显著影响。可能的原因是，非林户家庭的林地质量越好，则林地需要的化肥等生产投入越少，因此非林户对林地投入资金的可能性越小。

林地距离对非林户是否有林地自用工投入的回归系数为正数，如表8-4第（1）列，但没有通过显著性检验。林地距离对非林户自用工投入数量的回归系数为负数，如表8-4第（2）列，且通过10%水平的显著性检验。说明在其他条件不变的情况下，林地距离对非林户自用工投入数量有显著的负向影响，即非林户林地离家距离的增加会降低非林户对林地投入自用工的数量。在非林户林地资金投入模型中，如表8-4第（3）列，林地距离对非林户是否有林地资金投入的回归系数为正数，但没有通过显著性检验。说明非林户家庭林地离家平均距离的变化对非林户林地投入资金概率没有显著影响。如表8-4第（4）列，林地距离对非林户林地资金投入额的回归系数为负数，但没有通过显著性检验，即非林户家庭林地离家平均距离的变化对非林户林地资金投入额没有显著影响。可能的原因是，林地离家平均距离越远其经营和管护成本就越高，这会进一步降低非林户经营的积极性，这会减少非林户对林地的自用工投入。

三、公益林政策通过林地投入影响农户收入的机制检验

为了检验公益林政策影响农户短期和长期收入路径中，林地投入中介作用的大小，在前文表5-5、表5-7至表5-9的基础上，表8-5汇集了使

用 Bootstrap 方法进行中介效应的检验结果。

表 8-5　公益林政策通过林地投入影响农户收入的机制检验（Bootstrap）

样本		ln 短期收入		ln 长期收入	
		间接效应 （1）	间接效应/总效应 （2）	间接效应 （3）	间接效应/总效应 （4）
全样本	林地自用工投入	−0.065 8*** （0.022 2）	−0.383 0	−0.065 7*** （0.023 4）	−0.877 2
	林地资金投入	−0.027 3* （0.016 4）	−0.158 9	−0.027 7* （0.014 5）	−0.369 8
纯林户	林地自用工投入	−0.069 3 （0.046 0）	0.277 3	−0.077 0 （0.051 6）	0.180 6
	林地资金投入	−0.017 8 （0.036 2）	0.071 2	−0.020 2 （0.040 7）	0.047 4
兼业户	林地自用工投入	−0.030 6** （0.015 4）	−0.066 4	−0.026 7* （0.016 1）	−0.070 4
	林地资金投入	0.008 4 （0.019 1）	0.018 2	0.009 5 （0.023 7）	0.025 0
非林户	林地自用工投入	−0.056 7** （0.024 0）	−0.240 4	−0.056 8** （0.023 2）	−0.325 1
	林地资金投入	−0.038 0** （0.019 5）	−0.161 1	−0.037 6** （0.019 4）	−0.215 2

注：括号内为 Bootstrap 标准误。＊、＊＊、＊＊＊分别表示在 10％、5％、1％水平上显著。

检验结果表明，对于整体农户而言，林地自用工投入对 *did* 影响短期、长期收入的间接效应分别为−0.065 8 和−0.065 7，且均通过 1％水平的显著性检验，分别占 *did* 影响短期收入总效应的 38.3％和长期收入总效应的87.72％。这说明公益林政策可以通过降低林地自用工投入进而降低农户的短期、长期收入，即农户林地自用工投入的遮掩效应存在。林地资金投入对*did* 影响短期、长期收入的间接效应分别为−0.027 3 和−0.027 7，且均通过 10％水平的显著性检验，分别占 *did* 影响短期收入总效应的 15.89％和长期收入总效应的 36.98％。这说明公益林政策可以通过降低林地资金投入进而降低农户的短期、长期收入，即农户林地资金投入的遮掩效应存在。

对于兼业户来说，林地自用工投入对 *did* 影响短期、长期收入的间接效应分别为−0.030 6 和−0.026 7，且分别通过 5% 和 10% 水平的显著性检验，分别占 *did* 影响短期收入总效应的 6.64% 和长期收入总效应的 7.04%。这说明公益林政策可以通过降低林地自用工投入进而降低兼业户的短期、长期收入，即兼业户林地自用工投入的遮掩效应存在。

对于非林户来说，林地自用工投入对 *did* 影响短期、长期收入的间接效应分别为−0.056 7 和−0.056 8，且均通过 5% 水平的显著性检验，分别占 *did* 影响短期收入总效应的 24.04% 和长期收入总效应的 32.51%。这说明公益林政策可以通过降低林地自用工投入进而降低非林户的短期、长期收入，即非林户林地自用工投入的遮掩效应存在。林地资金投入对 *did* 影响短期、长期收入的间接效应分别为−0.038 0 和−0.037 6，且均通过 5% 水平的显著性检验，分别占 *did* 影响短期收入总效应的 16.11% 和长期收入总效应的 21.52%。这说明公益林政策可以通过降低林地资金投入进而降低非林户的短期、长期收入，即非林户林地资金投入的遮掩效应存在。

四、稳健性检验

为检验上述实证分析的可靠性，本研究使用 Two‐Part 模型进行稳健性检验。表 8‐6 给出了公益林政策对农户林地投入自用工影响的 Two‐Part 模型回归结果。可以看出，表 8‐6 各列中 *did* 对全样本农户林地投入自用工没有显著的影响，对纯林户林地投入自用工没有显著的影响，对兼业户林地投入自用工没有显著的影响，对非林户林地投入自用工有显著的负向影响。这与前文回归结果较为一致。

表 8‐6　公益林政策对农户林地投入自用工的影响（Two‐Part 模型）

变量名称	全样本 （1）	纯林户 （2）	兼业户 （3）	非林户 （4）
did	−8.735 5 （11.247 1）	9.843 6 （19.596 8）	−26.900 7 （17.763 9）	−44.171 2*** （15.469 2）
公益林	1.846 2 （8.239 9）	−4.485 9 （16.704 3）	3.566 1 （12.843 5）	12.643 1 （11.349 4）

（续）

变量名称	全样本 （1）	纯林户 （2）	兼业户 （3）	非林户 （4）
year	17.676 7***	17.246 9	24.075 8**	12.621 8
	(6.709 5)	(11.138 6)	(9.856 6)	(9.769 6)
年龄	−0.541 4	−0.437 6	−0.526 6	−1.106 9**
	(0.335 6)	(0.566 7)	(0.583 0)	(0.529 9)
教育	−0.506 0	0.559 3	−1.994 1	−3.527 6*
	(1.365 4)	(2.966 7)	(2.513 4)	(1.849 4)
党员	−4.126 0	35.723 2*	−7.427 1	−13.460 1
	(7.732 3)	(21.503 7)	(12.678 5)	(9.206 7)
总劳动力	−0.452 2	−9.983 0	−0.039 2	3.778 9
	(2.501 0)	(6.488 2)	(4.158 5)	(4.134 0)
林地面积	0.016 2*	0.028 3**	−0.003 9	−0.042 0**
	(0.008 7)	(0.014 4)	(0.010 1)	(0.020 4)
地块数	0.686 1	0.702 2	−1.061 3	9.253 4***
	(1.302 4)	(1.579 6)	(2.092 3)	(2.987 8)
用材林占比	−8.017 5	−13.975 3	8.581 5	−27.188 2*
	(10.177 6)	(21.134 1)	(16.055 8)	(14.940 8)
经济林占比	−27.025 8***	−65.742 2***	−17.870 7	16.712 5
	(10.200 8)	(21.455 4)	(16.147 9)	(26.440 9)
竹林占比	7.157 5	−12.917 9	21.610 0	−66.331 5***
	(9.708 2)	(21.041 1)	(17.510 2)	(16.493 4)
林地质量	−5.217 4*	3.849 2	−10.329 9*	−0.676 0
	(2.982 0)	(5.323 6)	(5.741 1)	(3.848 9)
林地距离	−1.630 8*	−1.628 5	−3.707 0*	−5.066 3***
	(0.904 8)	(1.075 4)	(2.182 5)	(1.521 7)
林地坡度	−0.273 4	−0.371 8	−0.314 3	−0.140 0
	(0.208 8)	(0.367 4)	(0.364 7)	(0.331 6)
Constant	95.296 7***	120.233 7**	118.626 5***	130.570 9***
	(25.719 6)	(57.329 0)	(43.988 3)	(38.389 3)

注：括号内为稳健标准误。*、**、***表示10%、5%、1%显著性水平。

表8-7给出了公益林政策对农户林地投入资金影响的Two-Part模型回归结果。可以看出，表8-7各列中*did*对全样本农户林地投入资金有显著的负向影响，对纯林户林地投入资金的负向影响没有通过显著性检验，对

兼业户林地投入资金有显著的负向影响，对非林户林地投入资金的负向影响没有通过显著性检验。这与前文回归结果较为一致。

表 8-7　公益林政策对农户林地投入资金的影响（Two-Part 模型）

变量名称	全样本 （1）	纯林户 （2）	兼业户 （3）	非林户 （4）
did	−0.777 4** （0.313 3）	−0.809 5 （0.512 1）	−0.696 2* （0.421 7）	−0.704 6 （0.589 2）
公益林	−0.063 4 （0.253 2）	0.590 7 （0.400 3）	−0.785 0** （0.379 8）	0.515 5 （0.428 6）
year	0.838 9*** （0.218 5）	0.860 4*** （0.300 0）	0.617 8** （0.276 7）	0.917 4** （0.420 9）
年龄	−0.007 5 （0.010 3）	0.020 2 （0.016 4）	−0.002 3 （0.011 7）	−0.030 0 （0.020 6）
教育	0.085 3** （0.042 6）	0.229 5** （0.089 7）	0.042 9 （0.050 3）	0.010 1 （0.090 2）
党员	0.118 8 （0.242 1）	0.841 0* （0.508 2）	0.664 2** （0.321 3）	0.250 4 （0.475 3）
总劳动力	0.097 5 （0.069 2）	0.021 8 （0.153 5）	0.005 7 （0.096 0）	0.275 4** （0.136 8）
林地面积	0.001 5*** （0.000 3）	0.000 9*** （0.000 3）	0.001 4*** （0.000 5）	0.001 5 （0.000 9）
地块数	0.025 1 （0.037 1）	0.055 8 （0.049 3）	−0.134 7** （0.056 1）	0.118 5 （0.074 4）
用材林占比	−0.209 7 （0.315 0）	−1.226 3** （0.484 5）	0.374 3 （0.489 4）	−0.270 5 （0.496 4）
经济林占比	1.274 6*** （0.338 2）	−0.220 5 （0.466 0）	1.576 6*** （0.506 2）	3.618 9** （1.501 2）
竹林占比	−0.110 2 （0.297 8）	−0.129 1 （0.511 0）	−0.909 8* （0.466 2）	−0.212 9 （0.576 0）
林地质量	0.009 8 （0.098 7）	0.367 3** （0.166 7）	−0.559 9*** （0.136 3）	0.055 3 （0.196 4）
林地距离	−0.053 3** （0.024 4）	−0.086 4** （0.033 8）	−0.079 6 （0.057 1）	−0.043 6 （0.046 0）

（续）

变量名称	全样本 （1）	纯林户 （2）	兼业户 （3）	非林户 （4）
林地坡度	−0.012 0 ** （0.005 4）	−0.014 9 * （0.008 7）	−0.030 2 *** （0.008 3）	0.002 2 （0.011 6）
Constant	8.176 7 *** （0.839 4）	6.473 1 *** （1.715 2）	10.540 3 *** （0.877 8）	7.738 1 *** （1.581 2）

注：括号内为稳健标准误。*、**、*** 表示 10%、5%、1% 显著性水平。

进一步地，为了检验公益林政策通过林地投入影响农户收入影响作用机制的稳健性，本研究使用农户人均收入来代替上文使用的总收入进行稳健性检验，表 8-8 给出了 Bootstrap 检验的结果。检验结果表明，对于整体农户而言，公益林政策可以通过降低林地自用工投入、林地资金投入进而降低农户的人均短期、长期收入，即农户林地自用工投入和资金投入的遮掩效应存在。对于兼业户来说，公益林政策可以通过降低林地自用工投入进而降低兼业户的人均短期、长期收入，即兼业户林地自用工投入的遮掩效应存在。对于非林户来说，公益林政策可以通过降低林地自用工投入、林地资金投入进而降低非林户的人均短期、长期收入，即非林户林地自用工和资金投入的遮掩效应存在。

表 8-8 公益林政策通过林地投入影响农户人均收入的机制检验（Bootstrap）

样本		ln 人均短期收入		ln 人均长期收入	
		间接效应 （1）	间接效应/总效应 （2）	间接效应 （3）	间接效应/总效应 （4）
全样本	林地自用工投入	−0.048 1 ** （0.020 1）	−0.319 0	−0.048 0 ** （0.019 7）	−0.910 4
	林地资金投入	−0.025 4 * （0.014 8）	−0.168 4	−0.025 7 * （0.015 6）	−0.488 1
纯林户	林地自用工投入	−0.057 6 （0.050 0）	0.214 1	−0.065 2 （0.068 2）	0.144 9
	林地资金投入	−0.008 0 （0.011 1）	0.029 9	−0.010 4 （0.043 1）	0.023 2

（续）

样本		ln 人均短期收入		ln 人均长期收入	
		间接效应 （1）	间接效应/总效应 （2）	间接效应 （3）	间接效应/总效应 （4）
兼业户	林地自用工投入	−0.021 6* （0.012 7）	−0.047 7	−0.017 7* （0.009 7）	−0.047 8
	林地资金投入	−0.000 4 （0.015 4）	−0.000 9	0.000 7 （0.032 0）	0.001 8
非林户	林地自用工投入	−0.020 1* （0.011 0）	−0.105 1	−0.020 2** （0.010 2）	−0.154 3
	林地资金投入	−0.044 8** （0.021 3）	−0.233 8	−0.044 4** （0.021 8）	−0.339 8

注：括号内为 Bootstrap 标准误。*、**、*** 分别表示在 10%、5%、1% 水平上显著。

五、本章结论

基于龙泉市的农户调研数据，本章使用双栏模型分析了公益林政策对农户林地投入的影响，并使用 Bootstrap 法检验了公益林政策通过林地投入影响农户收入的作用机制。实证结果表明：整体而言，公益林政策显著降低了农户对林地投入自用工的概率以及投入资金的金额，而且不同类型农户的政策效果存在异质性。具体而言，公益林政策能显著降低纯林户林地投入自用工的概率，显著减少兼业户林地资金投入额，显著降低非林户林地投入自用工的概率以及投入自用工的数量。假说 4 得到验证。

林地被划归公益林后，农户可供经营的商品林地减少。由于面积较小的商品林地投资收益较小，农户也难以通过追加当前经营商品林地所需的劳动力、资本等要素来增加林业收入，这会降低农户营林抚育的积极性。林地上原本配套的生产要素会被挤出，直观来讲这会增加农户的离林趋势，降低农户对林地的投入。因此农户对林地投入自用工的概率下降，投入的资金也相对减少。而对于纯林户，他们对林业生产的依赖较高，如果纯林户选择营林抚育那么一般都会按照固定规程进行。因此尽管纯林农对林地投入自用工的概率下降，但是投入自用工的数量并未减少。兼业户对林业生产的依赖相对弱于纯林户，他们会降低对林业生产的资金投入，进一步脱离林业生产。非林户对林业生产的依赖更小，当林业生产的收益下降时他们可能干脆放弃林业生产，减少对林地的自用工投入。

作用机制检验表明，公益林政策通过降低农户林地自用工和资金投入导致农户收入下降，即农户的林地投入行为在政策对农户收入的影响中存在遮掩效应。而对于纯林户，公益林政策不能通过林地投入进而影响纯林户收入。对于兼业户，公益林政策会通过降低林地自用工投入导致其收入下降。对于非林户，公益林政策会通过降低非林户的林地自用工和资金投入进而减少其收入。

根据分析框架，在前文章节本研究实证分析了公益林政策影响农户收入中非农就业、林地流转和林地投入的路径。公益林政策是否还会通过影响农户发展林下经济行为进而影响农户收入，不同类型农户间又是否会存在差异，这是本研究接下来研究的内容。

第九章　公益林政策对农户林下经济投入行为的影响

通常来讲林木生产周期普遍较长，而林下经济作为快速高效的新兴林业产业模式，可在短期内完成产业资金的回收，实现林业产业结构调整和林业经济可持续发展。理论分析认为面对公益林政策的实施，农户可以通过发展林下经济来应对政策冲击，进而会对农户收入产生影响。为了检验公益林政策是否通过影响农户发展林下经济投入行为从而作用于农户收入，本章检验了公益林政策对农户林下经济自用工投入决策和林下经济资金投入决策的影响，并进行了作用机制检验。与前文研究保持一致，本章使用的数据仍然是基于 PSM 匹配后的 608 个共同域样本数据。考虑到农户林下经济自用工投入决策和资金投入决策都是两步决策，即参与决策与数量决策，而且只有两个决定同时成立才能构成一个完整的决策，因此本章也将使用双栏模型进行估计。

本章节对已有研究的边际贡献体现在以下三个方面：一是在研究内容上从林下经济自用工投入和资金投入两个方面评估了公益林政策效应，并探讨不同兼业程度农户的异质性，弥补了已有文献关于公益林政策对林下经济投入行为影响研究的关注不足。二是厘清了公益林政策通过影响农户林下经济投入行为进而影响农户收入的作用机理。三是在使用 PSM‐DID 解决内生性问题的基础上，进一步使用双栏模型解决了农户林下经济投入行为的两步决策问题。

一、公益林政策对林下经济投入行为影响的估计结果分析

表 9‐1 给出了公益林政策对农户林下自用工投入、林下资金投入影响

的双栏模型的回归结果，为了避免异方差对回归结果的影响，本研究计算了稳健标准误。表9-1中第（1）列的被解释变量是农户是否有林下自用工投入，第（2）列的被解释变量是农户林下自用工投入的数量，第（3）列的被解释变量是农户是否有林下资金投入，第（4）列的被解释变量是农户林下资金投入的金额。各模型均通过 Wald 检验，整体上说明模型是适用的。

观察表9-1中农户林下自用工投入、资金投入决策的回归结果，可以发现，*did* 对农户是否有林下自用工投入、林下自用工投入数量、是否有林下资金投入和林下资金投入额均没有显著影响。从表9-1第（1）列可以看出，*did* 对农户是否有林下自用工投入的回归系数为负数，但没有通过显著性检验。说明在其他条件不变的情况下，公益林政策对农户是否有林下自用工投入的负向影响不显著，即公益林政策的实施对农户林下投入自用工的概率没有显著影响。而 *did* 对农户对林下投入自用工数量的回归系数为正数，如表9-1第（2）列，但没有通过显著性检验。说明在其他条件不变的情况下，公益林政策对农户投入林地自用工数量的正向影响不显著，即公益林政策对农户投入林地自用工数量没有显著影响。进一步观察农户林下资金投入模型的回归结果，如表9-1第（3）列，可以看出 *did* 对农户是否有林下资金投入的回归系数为负数，但没有通过显著性检验。说明在其他条件不变的情况下，公益林政策对农户是否有林下资金投入的负向影响不显著，即公益林政策对农户林下资金投入概率没有显著影响。*did* 对农户林下资金投入额的回归系数为正数，如表9-1第（4）列，但没有通过显著性检验。说明在其他条件不变的情况下，公益林政策对农户林下资金投入额的负向影响不显著，即公益林政策对农户林下资金投入额没有显著影响。

公益林对农户是否有林下自用工和是否有林下资金投入的回归系数均为正数，且分别通过5%和10%水平的显著性检验。说明政策实施前，在其他条件不变的情况下，有公益林地的农户对林下经济自用工和资金投入的概率要高于没有公益林地的农户。而时间虚拟变量 *year* 对农户发展林下经济投入资金额的回归系数为正数，且通过10%水平的显著性检验，说明在其他条件不变的情况下，农户对林下经济投入的资金额存在随时间增长而增长的趋势，即使没有公益林政策，农户2019年的林下经济资金投入也要高于2013年。

观察表9-1中农户家庭特征变量的回归结果可以发现，只有党员对农户林下自用工投入数量和林下资金投入额有显著的正向影响。在农户林地特征变量中，林地面积对农户是否有林下资金投入和资金投入数量均有显著的正向影响。地块数对农户林下资金投入额有显著的正向影响。用材林地面积占比对农户是否有林下自用工投入、是否有林下资金投入和林下资金投入额均有显著的正向影响。经济林地面积占比对农户是否有林下自用工投入有显著的正向影响。竹林地面积占比对农户是否有林下自用工投入和是否有林下资金投入均有显著的正向影响。林地质量对农户是否有林下自用工投入和是否有林下资金投入均有显著的负向影响。林地距离对农户林下自用工投入数量和林下资金投入额均有显著的负向影响。

　　具体而言，观察表9-1第（1）列中党员对农户是否有林下自用工投入的影响，可以看出，党员对农户是否有林下自用工投入的回归系数为负数，但没有通过显著性检验。即农户家庭拥有党员的情况对农户林下投入自用工概率没有显著影响。党员对农户林下自用工投入数量的回归系数为正数，且通过5%水平的显著性检验，如表9-1第（2）列。说明农户家庭拥有党员会提高农户对林下投入自用工的数量。在农户林下资金投入模型中，如表9-1第（3）列，党员对农户是否有林下资金投入的回归系数为正数，但没有通过显著性检验。党员对农户林下资金投入额的回归系数显著为正数，如表9-1第（4）列。说明在其他条件不变的情况下，党员对农户林下资金投入额有显著的正向影响，即农户家庭拥有党员会提高农户对林下资金投入的金额。可能的原因是，拥有党员的农户家庭社会资本通常较高，他们一般能获取到收益较高的林下经济经营项目，因此农户家庭拥有党员会显著提高其对林下经济投入自用工的数量和投入现金的金额。

表9-1　公益林政策对农户林下经济投入的影响

变量名称	林下自用工投入		林下资金投入	
	（1） 是否有自用工投入	（2） 投入自用工数	（3） 是否有资金投入	（4） 投入资金数
did	−0.040 2 （0.241 0）	18.384 3 （50.965 5）	−0.043 9 （0.262 7）	0.263 6 （0.693 9）
公益林	0.360 8** （0.177 0）	4.019 5 （42.706 9）	0.315 2* （0.185 8）	0.314 2 （0.475 7）

（续）

变量名称	林下自用工投入		林下资金投入	
	(1) 是否有自用工投入	(2) 投入自用工数	(3) 是否有资金投入	(4) 投入资金数
year	0.122 3 (0.166 8)	33.385 8 (37.547 6)	0.075 4 (0.184 7)	0.734 7* (0.417 4)
年龄	0.006 7 (0.007 0)	−1.574 6 (1.831 0)	−0.005 3 (0.007 5)	−0.029 9 (0.026 6)
教育	0.046 7 (0.035 5)	7.507 8 (5.496 7)	0.022 9 (0.035 3)	0.011 8 (0.089 4)
党员	−0.099 2 (0.200 4)	82.875 7** (39.434 3)	0.134 2 (0.194 6)	2.261 3*** (0.521 2)
总劳动力	0.083 8 (0.056 5)	1.061 5 (14.839 9)	0.024 3 (0.060 7)	0.280 9 (0.207 5)
林地面积	0.000 2 (0.000 2)	0.075 2 (0.051 5)	0.000 4* (0.000 2)	0.001 3* (0.000 8)
地块数	0.027 0 (0.022 1)	−1.867 6 (7.126 8)	0.033 8 (0.023 8)	0.197 5** (0.085 6)
用材林占比	0.534 4** (0.227 5)	63.128 8 (59.905 1)	0.696 6** (0.270 6)	2.076 5** (1.002 2)
经济林占比	1.173 5*** (0.282 8)	5.988 1 (61.655 9)	0.549 0 (0.341 7)	2.076 3 (1.385 7)
竹林占比	0.614 8*** (0.230 7)	6.008 1 (62.314 7)	0.764 0*** (0.263 6)	0.463 6 (1.039 0)
林地质量	−0.349 8*** (0.080 1)	6.955 6 (16.767 3)	−0.147 7* (0.075 5)	0.166 4 (0.205 2)
林地距离	−0.013 4 (0.019 2)	−20.099 2** (10.227 4)	−0.037 0 (0.022 8)	−0.207 3*** (0.073 1)
林地坡度	−0.001 9 (0.004 1)	−0.741 0 (1.253 0)	0.001 4 (0.004 5)	−0.016 4 (0.010 9)
Constant	−2.281 7*** (0.616 5)	−41.624 6 (147.308 5)	−1.858 6*** (0.659 7)	4.778 9** (2.251 6)
Wald chi2 (16)	53.66		29.29	
Prob＞chi2	0.000 0		0.014 7	

注：括号内为稳健标准误。＊、＊＊、＊＊＊表示 10％、5％、1％显著性水平。

在农户林下自用工投入模型中，如表9-1第（1）列和第（2）列，林地面积对农户是否有林下自用工投入和农户林下自用工投入数量的回归系数都为正数，但都没有通过显著性检验。说明农户家庭林地面积的变化对农户林下投入自用工的概率和投入自用工数量没有显著影响。在农户林下资金投入模型中，如表9-1第（3）列和第（4）列，林地面积对农户是否有林下资金投入和林下资金投入额的回归系数都为正数，且均通过10％水平的显著性检验。说明在其他条件不变的情况下，林地面积对农户是否有林下资金投入和林下资金投入额有显著的正向影响，即农户家庭林地面积的增加会提高农户对林下投入资金的概率和投入金额。可能的原因是，农户家庭林地面积越大则发展林下经济的面积可能越大，因此农户对林下经济投入资金的可能性和投入金额也越大。

地块数对农户是否有林下自用工投入的回归系数为正数，如表9-1第（1）列农户林下自用工投入模型，但没有通过显著性检验。说明农户家庭林地地块数量的变化对农户林下投入自用工概率没有显著影响。如表9-1第（2）列，地块数对农户林下自用工投入数量的回归系数为负数，但没有通过显著性检验，即农户家庭林地地块数量的变化对农户林下投入自用工数量没有显著影响。在农户林下资金投入模型中，地块数对农户是否有林下资金投入的回归系数为正数，如表9-1第（3）列，但没有通过显著性检验。地块数对农户林下资金投入额的回归系数为正数，如表9-1第（4）列，且通过5％水平的显著性检验。说明在其他条件不变的情况下，地块数对农户林下资金投入额具有显著的正向影响，即农户家庭林地地块数的增加会显著提高农户对林下的投入资金额。可能的原因是，农户家庭林地地块数越多则可供选择的林下经济经营产品可能越丰富，因此地块数越多的农户投入资金金额也较多。

用材林面积占比对农户是否有林下自用工投入的回归系数显著为正数，如表9-1第（1）列农户林下自用工投入模型，说明在其他条件不变的情况下，农户家庭用材林面积占比的增加会显著提高农户对林下投入自用工的概率。如表9-1第（2）列，用材林面积占比对农户林下自用工投入数量的回归系数为正数，但未通过显著性检验，即农户家庭用材林地面积占比的变化对农户林下投入自用工数量没有显著影响。在农户林下资金投入模型中，用材林面积占比对农户是否有林下资金投入和林下资金投入额的回归系数都为正数，如表9-1第（3）列和第（4）列，且均通过5%水平的显著性检验。说明在其他条件不变的情况下，用材林面积占比对农户是否有林下资金投入和林下资金投入额都具有显著的正向影响，即农户家庭用材林面积占比的增加会显著提高农户对林下投入资金的概率和投入资金的数量。可能的原因是，用材林的生长周期较长，在林木漫长的生长过程中一般不需要较多的劳动力投入，因此农户会选择发展林下经济来解决劳动力剩余问题和获得收入，因此用材林面积占比较多的农户对林下投入自用工和现金的概率较大，投入资金金额也较多。

经济林面积占比对农户是否有林下自用工投入的回归系数显著为正数，如表9-1第（1）列农户林下自用工投入模型，说明在其他条件不变的情况下，农户家庭经济林面积占比的增加会显著提高农户对林下投入自用工的概率。如表9-1第（2）列，经济林面积占比对农户林下自用工投入数量的回归系数为正数，但没有通过显著性检验。说明农户家庭经济林地面积占比的变化对农户林下投入自用工数量没有显著影响。在农户林下资金投入模型中，经济林面积占比对农户是否有林下资金投入和林下资金投入额的回归系数都为正数，如表9-1第（3）列和第（4）列，但均未通过显著性检验。说明农户家庭经济林面积占比的变化对农户林下投入资金的概率和林下投入资金的数量没有显著影响。原因是，种植经济林地的农户可能会选择伴种一些林下经济来提高收入，因此经济林面积占比较大的农户对林下经济投入自用工概率较大。

竹林面积占比对农户是否有林下自用工投入的回归系数为正数，如表9-1第（1）列农户林下自用工投入模型，且通过1%水平的显著性检验。说明在其他条件不变的情况下，竹林面积占比对农户是否有林下自用工投入具有显著的正向影响，即农户家庭竹林面积占比的增加会显著提高农户对林下投入自用工的概率。如表9-1第（2）列，竹林面积占比对农户林下自用工投入数量的回归系数为正数，但没有通过显著性检验，即农户家庭竹林地面积占比的变化对农户林下投入自用工数量没有显著影响。在农户林下资金投入模型中，竹林面积占比对农户是否有林下资金投入的回归系数为正数，如表9-1第（3）列，且通过1%水平的显著性检验。说明在其他条件不变的情况下，竹林面积占比对农户是否有林下资金投入具有显著的正向影响，即农户家庭竹林面积占比的增加会显著提高农户对林下投入资金的概率。竹林面积占比对农户林下资金投入额的回归系数为正数，如表9-1第（4）列，但没有通过显著性检验。说明农户家庭竹林面积占比的变化对农户林下投入资金数量没有显著影响。原因是，竹林的生产经营通常需要劳动和资本的密集投入，因此农户可能会在经营竹林的同时投入适当劳动力或资金来发展林下经济，因此家庭竹林面积占比较多的农户对林下投入自用工和资金的概率都较大。

在农户林下自用工投入模型中，林地质量对农户是否有林下自用工投入的回归系数为负数，如表9-1第（1）列，且通过1%水平的显著性检验。说明在其他条件不变的情况下，林地质量对农户是否有林下自用工投入有显著的负向影响，即农户家庭林地质量的提高会降低农户对林下投入自用工的概率。林地质量对农户林下投入自用工数量的回归系数为正数，如表9-1第（2）列，但没有通过显著性检验。说明农户家庭林地质量的变化对农户林下投入自用工数量没有显著影响。在农户林下资金投入模型中，如表9-1第（3）列，林地质量对农户是否有林下资金投入的回归系数为负数，且通过10%水平的显著性检验。说明在其他条件不变的情况下，林地质量对农户是否有林下资金投入有显著的负向影响，即农户家庭林地质量的提高会显著降低农户对林下投入资金的概率。如表9-1第（4）列，林地质量对农户林下资金投入额的回归系数为正数，但没有通过显著性检验。说明农户家庭林地质量的变化对农户投入林下资金金额没有显著影响。可能的原因有两个方面，一方面是农户家庭的林地质量越好，则林地需要的化肥等生产投入越少，因此农户家庭林地质量越好，农户对林下投入自用工和资金的可能性越小。另一方面是农户可能会选择土壤肥力较差的林地发展林下经济来弥补收入不足，因此林地质量越好的农户家庭发展林下经济的可能性越小，这导致了林地质量对农户林下投入自用工和资金的概率产生了负向影响。

林地距离对农户是否有林下自用工投入的回归系数为负数，如表9-1第（1）列，但没有通过显著性检验。说明在其他条件不变的情况下，农户林地离家距离的变化对农户林下投入自用工概率没有显著影响。林地距离对农户林下自用工投入数量的回归系数为负数，如表9-1第（2）列，且通过5％水平的显著性检验。说明在其他条件不变的情况下，林地距离对农户林下自用工投入数量有显著的负向影响，即农户林地离家距离的增加会降低农户对林下经济投入自用工的数量。在农户林下资金投入模型中，如表9-1第（3）列，林地距离对农户是否有林下资金投入的回归系数为负数，但没有通过显著性检验，即农户家庭林地离家平均距离的变化对农户林下投入资金概率没有显著影响。如表9-1第（4）列，林地距离对农户林下资金投入额的回归系数为负数，且均通过1％水平的显著性检验。说明林地距离对农户林下资金投入额有显著的负向影响，即农户林地离家平均距离的增加将会降低农户对林下经济投入资金的金额。可能的原因是，农户家庭的林地离家平均距离越远，林下经济经营起来就越不方便，这会阻碍农户对林下经济的自用工和资金投入。

二、公益林政策对林下经济投入行为影响的分组检验

本节检验了不同兼业类型下公益林政策对不同类型农户发展林下经济投入自用工和资金的回归结果。与前文研究保持一致，研究使用的样本为PSM匹配后的共同域样本，并基于已有文献将农户分为纯林户、兼业户和非林户。本节的实证检验均使用双栏模型，并计算了稳健标准误。各表中的第（1）列是分析公益林政策对农户是否有林下自用工投入的影响，第（2）列是分析公益林政策对农户林下自用工投入数量的影响，第（3）列是分析公益林政策对农户是否有林下资金投入的影响，第（4）列是分析公益林政策对农户林下资金投入额的影响。整体来看，本研究所关注的衡量公益林政策效应变量 did 的系数在不同类型分组的子样本回归中的系数方向、显著性均有所不同。这意味着受到公益林政策冲击后不同类型农户林下经济投入行为的响应存在差异。

（一）公益林政策对纯林户林下经济投入行为的影响

表9-2是公益林政策对纯林户林下经济投入行为的回归结果。回归结果使用双栏模型进行参数估计，模型的 Wald 卡方检验值为38.92和37.58，

均达到 1％的显著性水平，从整体上说明模型是适用的。

观察表 9－2 中纯林户林下自用工投入、资金投入决策的回归结果，可以发现，*did* 对纯林户林下自用工投入数量和林下资金投入额均有显著的正向影响，而对是否有林下自用工投入和是否有林下资金投入均没有显著影响。从表 9－2 第（1）列可以看出，*did* 对纯林户是否有林下自用工投入的回归系数为负数，但没有通过显著性检验。说明在其他条件不变的情况下，公益林政策对纯林户是否有林下自用工投入的负向影响不显著，即公益林政策的实施对纯林户是否投入林下自用工概率没有显著影响。而 *did* 对纯林户对林地投入自用工数量的回归系数为正数，如表 9－2 第（2）列，且通过 10％水平的显著性检验。说明在其他条件不变的情况下，公益林政策对纯林户投入林下自用工数量有显著的正向影响，即公益林政策的实施会显著提高纯林户对林下经济投入自用工的数量。进一步观察纯林户林下资金投入模型的回归结果，如表 9－2 第（3）列，可以看出 *did* 对纯林户是否有林下资金投入的回归系数为正数，但没有通过显著性检验。说明在其他条件不变的情况下，公益林政策对纯林户是否有林下资金投入的正向影响不显著，即公益林政策的实施对纯林户林下资金投入概率没有显著影响。如表 9－2 第（4）列，*did* 对纯林户林下资金投入额的回归系数为正数，且通过 10％水平的显著性检验。说明在其他条件不变的情况下，公益林政策对纯林户林下资金投入额有显著的正向影响，即公益林政策的实施会提高纯林户林下资金投入的金额。

公益林对纯林户是否有林下自用工、是否有林下资金投入和林下资金投入额的回归系数均为正数，且分别通过 1％或 10％水平的显著性检验。说明政策实施前，在其他条件不变的情况下，有公益林地的纯林户对林下经济自用工、资金投入的概率和资金投入额要高于没有公益林地的纯林户。而时间虚拟变量 *year* 对纯林户发展林下经济投入的回归系数均为正数，但均未通过显著性检验，说明在其他条件不变的情况下，纯林户对林下经济的投入不存在随时间增长而增长的趋势，即使没有公益林政策，纯林户 2019 年的林下经济投入也与 2013 年差别不显著。

观察表 9－2 中纯林户家庭特征变量的回归结果可以发现，年龄对纯林户林下资金投入额有显著的正向影响。教育对纯林户林下资金投入额有显著的正向影响。党员对纯林户是否有林下资金投入有显著的正向影响，而对林下资金投入额有显著的负向影响。总劳动力数对纯林户林下自用工投入数量有显著的负向影响。在纯林户林地特征变量的回归结果中，林地面积对纯林户是否有林下自用工投入、是否有林下资金投入和林下资金投入额有显著的负向影响。地块数对纯林户是否有林下资金投入和林下资金投入额有显著的正向影响。用材林地面积占比对纯林户林下自用工投入数量有显著的正向影响，而对纯林户林下资金投入额有显著的负向影响。经济林地面积占比对纯林户是否有林下资金投入有显著的负向影响。竹林地面积占比对纯林户林下资金投入额有显著的负向影响。林地距离对纯林户是否有林下资金投入有显著的负向影响，而对纯林户林下资金投入额有显著的正向影响。林地坡度对纯林户是否有林下自用工投入有显著的正向影响，但对林下自用工投入数量和林下资金投入额都有显著的负向影响。

具体而言，观察表 9-2 第（1）列和（2）列中年龄对纯林户是否有林下自用工投入和林下自用工投入数量的影响，可以看出，年龄的回归系数均没有通过显著性检验。在纯林户林下资金投入模型中，如表 9-2 第（3）列，年龄对纯林户是否有林下资金投入的回归系数为负数，但未通过显著性检验。年龄对纯林户林下资金投入额的回归系数为正数，且通过 1% 水平的显著性检验，如表 9-2 第（4）列。说明在其他条件不变的情况下，年龄对纯林户林下资金投入额有显著的正向影响，即随着纯林户家庭户主年龄的增大会提高纯林户对林下资金投入的金额。可能的原因是，年龄越大则生计来源越会受到限制，对纯林户而言，年龄较大后从事合适的林下经济经营将有助于提高其收入，因此年龄越大的纯林户对林下经济投入资金的金额越高。

教育对纯林户是否有林下自用工投入和林下自用工投入数量的回归系数分别为负数和正数，如表 9-2 第（1）列和（2）列，但都没有通过显著性检验。在纯林户林下资金投入模型中，如表 9-2 第（3）列，教育对纯林户是否有林下资金投入的回归系数为负数，但没有通过显著性检验。说明纯林户家庭教育水平对纯林户林下投入资金概率没有显著影响。教育对纯林户林下资金投入额的回归系数为正数，且通过 1% 水平的显著性检验，如表 9-2第（4）列。说明在其他条件不变的情况下，教育对纯林户林下资金投入额有显著的正向影响，即随着纯林户教育水平的提高会提高纯林户对林下资金投入的金额。原因是，拥有教育水平较高的纯林户家庭往往拥有更高的人力资本，他们可能会投入更多资金发展林下经济以提高收入。

表 9 - 2　公益林政策对纯林户林下经济投入的影响

变量名称	林下自用工投入		林下资金投入	
	(1) 是否有自用工投入	(2) 投入自用工数	(3) 是否有资金投入	(4) 投入资金数
did	−0.003 7 (0.453 0)	39.069 4* (21.056 1)	0.226 0 (0.534 8)	0.741 6* (0.436 4)
公益林	1.226 1*** (0.356 2)	−17.717 2 (13.236 8)	1.088 0*** (0.391 0)	0.731 7* (0.394 0)
year	0.150 6 (0.324 9)	2.191 9 (11.094 1)	0.052 3 (0.417 4)	0.233 4 (0.407 0)
年龄	−0.010 1 (0.012 8)	1.645 1 (1.054 2)	−0.015 1 (0.014 0)	0.085 6*** (0.031 6)
教育	−0.098 4 (0.072 2)	1.899 4 (4.163 1)	−0.018 4 (0.076 6)	0.502 9*** (0.140 9)
党员	0.018 8 (0.361 5)	−24.478 3 (19.955 3)	0.731 5** (0.372 1)	−2.878 5*** (0.683 7)
总劳动力	0.088 4 (0.133 8)	−12.245 6* (6.432 5)	−0.080 5 (0.138 1)	0.007 0 (0.173 8)
林地面积	−0.001 1*** (0.000 3)	−0.007 0 (0.038 5)	−0.001 4* (0.000 7)	−0.006 4*** (0.001 7)
地块数	0.037 4 (0.051 0)	−0.971 4 (2.063 8)	0.105 4* (0.062 0)	0.451 0*** (0.110 5)
用材林占比	−0.147 3 (0.398 2)	78.092 4** (38.920 9)	0.187 8 (0.571 7)	−6.795 3*** (1.118 9)
经济林占比	0.032 1 (0.495 4)	17.697 1 (32.357 4)	−1.728 8** (0.797 7)	−0.867 3 (2.675 2)
竹林占比	−0.271 0 (0.455 4)	63.962 1 (42.385 0)	0.845 8 (0.603 2)	−7.497 1*** (1.867 7)
林地质量	0.043 6 (0.138 2)	4.866 4 (4.610 0)	0.169 4 (0.155 8)	0.020 2 (0.250 7)
林地距离	−0.020 3 (0.023 9)	−0.388 8 (1.142 6)	−0.057 2** (0.028 3)	0.170 8*** (0.064 3)
林地坡度	0.017 9** (0.008 3)	−1.991 6** (0.829 2)	−0.005 5 (0.008 2)	−0.039 6*** (0.010 5)

（续）

变量名称	林下自用工投入		林下资金投入	
	（1） 是否有自用工投入	（2） 投入自用工数	（3） 是否有资金投入	（4） 投入资金数
Constant	−0.523 9	−40.018 5	−0.665 5	3.387 9**
	(1.179 5)	(58.861 7)	(1.426 7)	(1.419 8)
Wald chi2（16）	38.92		37.58	
Prob＞chi2	0.000 7		0.001 0	

注：括号内为稳健标准误。*、**、***表示10％、5％、1％显著性水平。

党员对纯林户是否有林下自用工投入的回归系数为正数，如表9-2第（1）列，但没有通过显著性检验。说明纯林户家庭拥有党员的情况对纯林户林下投入自用工概率没有显著影响。党员对纯林户林下自用工投入数量的回归系数为负数，但没有通过显著性检验，如表9-2第（2）列，即纯林户家庭拥有党员情况对纯林户林下投入自用工数量没有显著影响。在纯林户林下资金投入模型中，如表9-2第（3）列，党员对纯林户是否有林下资金投入的回归系数显著为正数，说明在其他条件不变的情况下，纯林户家庭若拥有党员会提高纯林户对林下经济投入资金的概率。党员对纯林户林下资金投入额的回归系数为负数，且通过1％水平的显著性检验，如表9-2第（4）列。说明党员对纯林户林下资金投入额有显著的负向影响，即纯林户家庭拥有党员会降低纯林户对林下资金投入的金额。可能的原因是，拥有党员的纯林户家庭社会资本通常较高，他们一般能找到投资低收益较高的林下经济经营项目，因此纯林户家庭拥有党员会显著提高其对林下经济投资金的概率，但是投入的资金较少。

总劳动力数对纯林户是否有林下自用工投入的回归系数为正数，如表9-2第（1）列，但没有通过显著性检验，即纯林户家庭拥有总劳动力的情况对纯林户林下投入自用工概率没有显著影响。总劳动力数对纯林户林下自用工投入数量的回归系数为负数，且通过10％水平的显著性检验，如表9-2第（2）列。说明纯林户家庭拥有总劳动力越多则纯林户对林下投入自用工数量越少。在纯林户林下资金投入模型中，如表9-2第（3）列，总劳动力数对纯林户是否有林下资金投入的回归系数为负数，但没有通过显著性检验。说明纯林户家庭拥有总劳动力数量对纯林户林下经济投入资金的概率没有显著影响。如表9-2第（4）列，总劳动力数对纯林户林下投入资金金额的回归系数为正数，但没有通过显著性检验。说明纯林户家庭总劳动力数量的变化对纯林户林下经济投入资金金额没有显著影响。原因是拥有劳动力数量越多的纯林户可能更倾向于从事传统的林业生产，因此劳动力数量越多的纯林户对林下经济投入自用工的数量越少。

在纯林户林下自用工投入模型中，如表9-2第（1）列，林地面积对纯林户是否有林下自用工投入的回归系数为负数，且通过1%水平的显著性检验。说明在其他条件不变的情况下，林地面积对纯林户是否有林下自用工投入有显著的负向影响，即纯林户家庭林地面积的增加会降低纯林户对林下投入自用工的概率。如表9-2第（2）列，林地面积对纯林户林下自用工投入数量的回归系数为负数，但没有通过显著性检验。说明纯林户家庭林地面积的变化对纯林户林下投入自用工数量没有显著影响。在纯林户林下资金投入模型中，如表9-2第（3）列，林地面积对纯林户是否有林下资金投入的回归系数显著为负数，说明在林地面积对纯林户是否有林下资金投入有显著的负向影响，即纯林户家庭林地面积的增加会降低纯林户对林下投入资金的概率。林地面积对纯林户林下资金投入的回归系数显著为负数，如表9-2第（4）列。说明纯林户家庭林地面积的增加会降低纯林户对林下经济资金投入的金额。可能的原因是，对于纯林户而言，家庭林地面积越大则越有利于林地的规模经营，因此纯林户对发展林下经济的积极性不高，因此纯林户对林下经济投入自用工和资金的可能性较小，投入的资金也较少。

地块数对纯林户是否有林下自用工投入的回归系数为正数，如表9-2第（1）列纯林户林下自用工投入模型，但没有通过显著性检验。说明纯林户家庭林地地块数量的变化对纯林户林下经济投入自用工概率没有显著影响。如表9-2第（2）列，地块数对纯林户林下自用工投入数量的回归系数为负数，但没有通过显著性检验，即纯林户家庭林地地块数量的变化对纯林户林下经济投入自用工数量没有显著影响。在纯林户林下资金投入模型中，地块数对纯林户是否有林下资金投入和林下资金投入额的回归系数都为正数，如表9-2第（3）列和第（4）列，且分别通过10%和1%水平的显著性检验。说明在其他条件不变的情况下，地块数对纯林户是否有林下资金投入和林下资金投入额均具有显著的正向影响，即纯林户家庭林地地块数量的增加会显著提高纯林户对林下投入资金的概率和金额。可能的原因是，纯林户家庭林地地块数越多则可供选择的林下经济经营产品可能越丰富，因此地块数越多的纯林户投入资金的概率越高金额也越大。

用材林面积占比对纯林户是否有林下自用工投入的回归系数为负数，如表9-2第（1）列纯林户林下自用工投入模型，但未通过显著性检验。说明纯林户家庭用材林面积占比的变化对纯林户林下投入自用工概率没有显著影响。如表9-2第（2）列，用材林面积占比对纯林户林下自用工投入数量的回归系数显著为正数，说明纯林户家庭用材林地面积占比的增加会提高纯林户林下经济投入自用工的数量。在纯林户林下资金投入模型中，用材林面积占比对纯林户是否有林下资金投入的回归系数为正数，如表9-2第（3）列，但未通过显著性检验，即家庭用材林面积占比的变化对纯林户林下经济资金投入概率没有显著影响。用材林面积占比对纯林户林下资金投入额的回归系数为负数，如表9-2第（4）列，且通过1%水平的显著性检验。说明在纯林户家庭用材林面积占比的增加会显著降低纯林户对林下经济投入资金的金额。可能的原因是，用材林的生长周期较长，纯林户会选择发展林下经济来解决劳动力剩余问题和获得额外收入，因此用材林面积占比较多的纯林户对林下投入自用工的数量较大。但是由于经营林下经济往往存在风险，而且纯林户前期用材林的种植抚育已投入了大量的资金，为了保证资金的流动性，纯林户对林下经济投入资金金额较少。

经济林面积占比对纯林户是否有林下自用工投入和林下自用工投入数量的回归系数都为正数，如表9-2第（1）列和第（2）列纯林户林下自用工投入模型，但均未通过显著性检验。说明在其他条件不变的情况下，纯林户家庭经济林面积占比的变化对纯林户林下经济投入自用工概率和数量都没有显著影响。在纯林户林下资金投入模型中，经济林面积占比对纯林户是否有林下资金投入的回归系数为负数，如表9-2第（3）列，且通过5%水平的显著性检验。说明在其他条件不变的情况下，经济林面积占比对纯林户是否有林下资金投入有显著的负向影响，即家庭经济林面积占比的增加会降低纯林户对林下经济投入资金的概率。经济林面积占比对纯林户林下资金投入额的回归系数为负数，如表9-2第（4）列，但没有通过显著性检验。可能的原因是，经济林面积占比较大的纯林户一般会专注经营经济林对发展林下经济的意愿较低，因此对林下经济投入资金的概率越低。

竹林面积占比对纯林户是否有林下自用工投入的回归系数为负数，如表9-2第（1）列纯林户林下自用工投入模型，但没有通过显著性检验，即竹林面积占比的变化对纯林户林下投入自用工的概率没有显著影响。如表9-2第（2）列，竹林面积占比对纯林户林下自用工投入数量的回归系数为正数，但没有通过显著性检验。在纯林户林下资金投入模型中，竹林面积占比对纯林户是否有林下资金投入的回归系数为正数，如表9-2第（3）列，但没有通过显著性检验。说明竹林面积占比的变化对纯林户林下经济投入资金的概率没有显著影响。竹林面积占比对纯林户林下资金投入额的回归系数为负数，如表9-2第（4）列，且通过1%水平的显著性检验。说明在其他条件不变的情况下，竹林面积占比对纯林户林下资金投入额有显著的负向影响，即纯林户家庭竹林面积占比的增加会降低纯林户对林下经济投入资金的金额。原因是竹林地面积占比较大意味着农户可供选择的林下经济产品有限，因此纯林户对林下经济投入的资金有限。

在纯林户林下自用工投入模型中，林地距离对纯林户是否有林下自用工投入和林下自用工投入数量的回归系数都为负数，如表9-2第（1）列和第（2）列，但均没有通过显著性检验。说明林地离家距离的变化对纯林户林下投入自用工的概率和数量没有显著影响。在纯林户林下资金投入模型中，如表9-2第（3）列，林地距离对纯林户是否有林下资金投入的回归系数为负数，且均通过5%水平的显著性检验。说明在其他条件不变的情况下，林地距离对纯林户是否有林下资金投入有显著的负向影响，即纯林户家庭林地离家平均距离的增加会降低纯林户对林下经济投入资金的概率。如表9-2第（4）列，林地距离对纯林户林下资金投入额的回归系数为正数，且通过1%水平的显著性检验。说明纯林户林地离家平均距离的增加将会提高纯林户对林下经济投入资金的金额。可能的原因是，纯林户家庭的林地离家平均距离越远，林下经济经营起来就越不方便，这会阻碍纯林户对林下经济的资金投入，而当纯林户决定发展林下经济后也需要投入更多资金。

林地坡度对纯林户是否有林下自用工投入的回归系数为正数，如表9-2第（1）列纯林户林下自用工投入模型，且通过5%水平的显著性检验。说明在其他条件不变的情况下，林地坡度对纯林户是否有林下自用工投入有显著的正向影响，即纯林户家庭林地坡度的增加会提高纯林户对林下经济投入自用工的概率。林地坡度对纯林户林下自用工投入数量的回归系数显著为负数，如表9-2第（2）列纯林户林下自用工投入模型，说明林地坡度对纯林户林下自用工投入数量有显著的负向影响，即纯林户家庭林地坡度的增加会降低纯林户对林下经济投入自用工的数量。在纯林户林下资金投入模型中，如表9-2第（4）列，林地坡度对纯林户林下资金投入额的回归系数显著为负数，说明纯林户家庭林地平均坡度的增加会降低纯林户对林下经济投入资金的金额。可能的原因是，纯林户家庭的林地平均坡度越陡从事林业生产的收益越低，则越有必要通过发展林下经济来弥补收入不足。但是由于陡峭的林地较多发展林下经济也较为困难，因此纯林户对林下经济投入自用工数量较少，投入的资金金额也越小。

（二）公益林政策对兼业户林下经济投入行为的影响

表9-3是公益林政策对兼业户林下经济投入行为的回归结果。回归结果使用双栏模型进行参数估计，模型的 Wald 卡方检验值为 47.12 和 34.72，均达到 1% 的显著性水平，从整体上说明模型是适用的。

观察表9-3中兼业户林下经济自用工投入、资金投入决策的回归结果，可以发现，did 对兼业户是否有林下自用工投入、林下自用工投入数量、是否有林下资金投入和林下资金投入额均没有显著影响。从表9-3第（1）列可以看出，did 对兼业户是否有林下自用工投入的回归系数为正数，但没有通过显著性检验。说明公益林政策的实施对兼业户投入林下经济自用工的概率没有显著影响。如表9-3第（2）列，did 对兼业户林下投入自用工数量的回归系数为负数，但没有通过显著性检验。进一步观察兼业户林下资金投入模型的回归结果，如表9-3第（3）列，可以看出 did 对兼业户是否有林下资金投入的回归系数为负数，但没有通过显著性检验，即公益林政策的实施对兼业户林下经济资金投入概率没有显著影响。如表9-3第（4）列，did 对兼业户林下资金投入额的回归系数为正数，但没有通过显著性检验。说明在其他条件不变的情况下，公益林政策对兼业户林下资金投入额的正向影响不显著，即公益林政策的实施对兼业户林下经济资金投入额没有显著影响。

公益林对兼业户林下资金投入额的回归系数为正数，且通过 1％水平的显著性检验。说明政策实施前，在其他条件不变的情况下，有公益林地的兼业户对林下经济资金投入额要高于没有公益林地的兼业户。而时间虚拟变量 $year$ 对兼业户发展林下经济投入资金额的回归系数为正数，且通过 5％水平的显著性检验。说明在其他条件不变的情况下，兼业户对林下经济投入的资金额存在随时间增长而增长的趋势，即使没有公益林政策，兼业户 2019 年的林下经济投入的资金额也要高于 2013 年。

观察表 9-3 中兼业户家庭特征变量的回归结果可以发现，年龄对兼业户是否有林下自用工投入有显著的正向影响。教育对兼业户是否有林下自用工投入有显著的正向影响，对林下资金投入额有显著的负向影响。党员对兼业户林下资金投入额有显著的正向影响。在兼业户林地特征变量的回归结果中，林地面积对兼业户是否有林下自用工投入和是否有林下资金投入有显著的正向影响。地块数对兼业户是否有林下自用工投入和是否有林下资金投入有显著的正向影响，对林下资金投入额有显著的负向影响。用材林地面积占比和经济林地面积占比对兼业户是否有林下自用工投入、是否有林下资金投入和林下资金投入额均有显著的正向影响。竹林面积占比对兼业户林下资金投入额有显著的正向影响。林地质量对兼业户是否有林下自用工投入和林下资金投入额有显著的负向影响。林地距离和林地坡度对兼业户是否有林下自用工投入有显著的负向影响。

表 9-3 公益林政策对兼业户林下经济投入的影响

变量名称	林下自用工投入		林下资金投入	
	（1） 是否有自用工投入	（2） 投入自用工数	（3） 是否有资金投入	（4） 投入资金数
did	0.029 4 (0.470 9)	−55.107 0 (158.734 9)	−0.029 9 (0.519 6)	0.681 8 (0.766 4)
公益林	−0.133 5 (0.351 5)	−23.589 4 (115.548 0)	−0.489 4 (0.326 6)	4.460 8*** (1.556 0)
$year$	0.228 7 (0.284 1)	52.164 5 (50.824 4)	0.111 8 (0.320 6)	1.346 7** (0.569 1)

（续）

变量名称	林下自用工投入		林下资金投入	
	(1) 是否有自用工投入	(2) 投入自用工数	(3) 是否有资金投入	(4) 投入资金数
年龄	0.035 4 ** (0.013 7)	−4.076 7 (4.234 8)	−0.008 0 (0.015 5)	−0.098 2 (0.068 3)
教育	0.102 8 * (0.059 8)	−19.166 4 (21.979 7)	−0.021 0 (0.039 1)	−0.892 9 * (0.504 8)
党员	−0.069 7 (0.335 4)	285.896 8 (232.996 6)	0.304 5 (0.332 2)	7.125 9 ** (3.012 9)
总劳动力	0.156 0 (0.101 1)	5.858 4 (51.351 9)	0.026 5 (0.097 3)	−0.265 4 (0.544 8)
林地面积	0.001 1 * (0.000 6)	0.057 1 (0.078 2)	0.001 6 *** (0.000 5)	0.000 6 (0.001 6)
地块数	0.122 8 ** (0.056 1)	−93.777 9 (89.225 6)	0.087 4 * (0.049 9)	−1.676 5 *** (0.469 7)
用材林占比	1.324 4 *** (0.462 3)	−8.148 5 (174.472 9)	1.519 0 ** (0.655 4)	2.340 3 ** (1.061 6)
经济林占比	2.068 5 *** (0.502 6)	283.709 8 (341.952 6)	1.754 3 *** (0.626 6)	10.825 0 ** (4.747 9)
竹林占比	0.674 0 (0.454 3)	−125.593 7 (175.490 6)	0.924 5 (0.587 3)	7.672 3 * (4.263 8)
林地质量	−0.663 8 *** (0.150 9)	−152.241 4 (153.001 4)	−0.126 7 (0.129 4)	−1.851 7 * (1.024 8)
林地距离	−0.110 2 ** (0.052 8)	0.271 4 (38.874 9)	−0.033 0 (0.051 8)	0.466 6 (0.787 4)
林地坡度	−0.018 9 ** (0.008 3)	2.399 2 (3.239 6)	0.017 0 (0.010 5)	0.060 2 (0.069 2)
Constant	−4.290 5 *** (1.013 9)	427.520 0 (389.661 4)	−2.894 7 *** (1.086 9)	14.572 3 *** (4.957 2)
Wald chi2 (16)	47.12		34.72	
Prob＞chi2	0.000 0		0.002 7	

注：括号内为稳健标准误。＊、＊＊、＊＊＊表示 10％、5％、1％显著性水平。

具体而言，观察表9-3第（1）列中年龄对兼业户是否有林下自用工投入的影响，可以看出，年龄对兼业户是否有林下自用工投入的回归系数为正数，且通过5％水平的显著性检验。说明在其他条件不变的情况下，年龄对兼业户是否有林下自用工投入有显著的正向影响，即随着兼业户户主年龄的增加会提高兼业户对林下投入自用工的概率。年龄对兼业户林下自用工投入数量的回归系数为负数，但都没有通过显著性检验，如表9-3第（2）列。在兼业户林下资金投入模型中，如表9-3第（3）列和第（4）列，年龄对兼业户是否有林下资金投入和资金投入额的回归系数都为负数，但都没有通过显著性检验。说明兼业户户主年龄的变化对兼业户林下经济投入资金概率和资金投入额没有显著影响。可能的原因是，年龄越大则生计来源越会受到限制，对兼业户而言，年龄较大后从事合适的林下经济经营将有助于提高其收入，因此年龄越大的兼业户对林下经济投入自用工的概率越大。

教育对兼业户是否有林下自用工投入的回归系数为正数，如表9-3第（1）列，且通过10％水平的显著性检验。说明在其他条件不变的情况下，兼业户家庭教育水平的增加会提高兼业户对林下经济投入自用工的概率。教育对兼业户林下自用工投入数量的回归系数为负数，但没有通过显著性检验，如表9-3第（2）列。说明家庭教育水平的变化对兼业户林下经济投入自用工数量没有显著影响。在兼业户林下资金投入模型中，如表9-3第（3）列，教育对兼业户是否有林下资金投入的回归系数为负数，但没有通过显著性检验，即兼业户家庭教育水平对兼业户林下投入资金概率没有显著影响。教育对兼业户林下资金投入额的回归系数为负数，且通过10％水平的显著性检验，如表9-3第（4）列。说明在其他条件不变的情况下，教育对兼业户林下资金投入额有显著的负向影响，即兼业户家庭拥有较高教育水平会降低兼业户对林下资金投入的金额。可能的原因是，拥有教育水平较高的兼业户家庭往往拥有更高的人力资本，他们可能会选择发展林下经济，但是出于投资理性他们投入的资金较少。

党员对兼业户是否有林下自用工投入的回归系数为负数，如表9-3第（1）列，但没有通过显著性检验。说明家庭拥有党员的情况对兼业户林下经济投入自用工概率没有显著影响。如表9-3第（2）列，党员对兼业户林下自用工投入数量的回归系数为正数，但没有通过显著性检验，即家庭拥有党员的情况对兼业户林下经济自用工数量没有显著影响。在兼业户林下资金投入模型中，如表9-3第（3）列，党员对兼业户是否有林下资金投入的回归系数为正数，但没有通过显著性检验。说明家庭拥有党员的情况对兼业户林下经济投入资金的概率没有显著影响。如表9-3第（4）列，党员对兼业户林下投入资金额的回归系数为正数，且通过5％水平的显著性检验。说明在其他条件不变的情况下，党员对兼业户林下投入资金金额有显著的正向影响，即家庭若拥有党员会显著提高兼业户林下经济投入资金的金额。可能的原因是拥有党员的兼业户家庭会拥有相对更多的高收益的林下经济项目信息，因此能选择个别高收益的林下经济项目进行大规模投资。

在兼业户林下自用工投入模型中，如表9-3第（1）列，林地面积对兼业户是否有林下自用工投入的回归系数为正数，且通过10％水平的显著性检验。说明在其他条件不变的情况下，林地面积对兼业户是否有林下自用工投入有显著的正向影响，即兼业户家庭林地面积的增加会提高兼业户对林下经济投入自用工的概率。如表9-3第（2）列，林地面积对兼业户林下自用工投入数量的回归系数为正数，但没有通过显著性检验。说明兼业户家庭林地面积的变化对兼业户林下投入自用工数量没有显著影响。在兼业户林下资金投入模型中，如表9-3第（3）列，林地面积对兼业户是否有林下资金投入的回归系数显著为正数，说明林地面积的增加会提高兼业户对林下投入资金的概率。如表9-3第（4）列，林地面积对兼业户林下资金投入额的回归系数为正数，但没有通过显著性检验。说明家庭林地面积的变化对兼业户林下投入资金金额没有显著影响。可能的原因是，对于兼业户而言，家庭林地面积越大则越适合发展林下经济，因此兼业户对林下经济投入自用工和资金的可能性较大。

地块数对兼业户是否有林下自用工投入的回归系数为正数，如表9-3第（1）列兼业户林下自用工投入模型，且通过5％水平的显著性检验。说明在其他条件不变的情况下，兼业户家庭林地地块数量的增加会提高兼业户对林下经济投入自用工的概率。如表9-3第（2）列，地块数占比对兼业户林下自用工投入数量的回归系数为负数，但没有通过显著性检验。说明兼业户家庭林地地块数量的变化对兼业户林下经济投入自用工数量没有显著影响。在兼业户林下资金投入模型中，地块数对兼业户是否有林下资金投入的回归系数显著为正数，如表9-3第（3）列，说明兼业户家庭林地地块数量增加会提高兼业户对林下经济投入资金的概率。地块数对兼业户林下资金投入额的回归系数显著为负数，如表9-3第（4）列，说明地块数的增加会降低兼业户对林下经济投入资金的金额。可能的原因是，兼业户家庭林地地块数越多则可供选择的林下经济经营产品可能越丰富，因此地块数越多的兼业户对林下经济投入自用工和资金概率较大，但为了分散风险投入的资金较少。

用材林面积占比对兼业户是否有林下自用工投入的回归系数为正数，如表9-3第（1）列兼业户林下自用工投入模型，且通过1‰水平的显著性检验。说明在其他条件不变的情况下，用材林面积占比对兼业户是否有林下自用工投入具有显著的正向影响，即兼业户家庭用材林面积占比的增加会提高兼业户对林下经济投入自用工的概率。如表9-3第（2）列，用材林面积占比对兼业户林下自用工投入数量的回归系数为负数，但没有通过显著性检验。说明兼业户家庭用材林地面积占比的变化对兼业户林下经济投入自用工数量没有显著影响。在兼业户林下资金投入模型中，用材林面积占比对兼业户是否有林下资金投入和林下资金投入额的回归系数都为正数，如表9-3第（3）列和第（4）列，且均通过5‰水平的显著性检验。说明在其他条件不变的情况下，兼业户家庭用材林面积占比的增加会提高兼业户对林下经济资金投入的概率和投入资金金额。可能的原因是，用材林面积占比较大的兼业户会选择发展林下经济来解决劳动力剩余问题，因此用材林面积占比较大的兼业户对林下投入自用工和资金的概率较大，对林下经济投入资金金额也较多。

经济林面积占比对兼业户是否有林下自用工投入的回归系数显著为正数，如表9-3第（1）列兼业户林下自用工投入模型，说明兼业户家庭经济林面积占比的增加会提高兼业户对林户林下经济投入自用工的概率。经济林面积占比对兼业户林下自用工投入数量的回归系数为正数，如表9-3第（2）列，但没有通过显著性检验，即家庭经济林面积占比的变化对兼业户林下经济投入自用工数量没有显著影响。在兼业户林下资金投入模型中，经济林占比对兼业户是否有林下资金投入和林下资金投入额的回归系数都为正数，如表9-3第（3）列和第（4）列，且分别通过1‰和5‰水平的显著性检验。说明在其他条件不变的情况下，经济林占比对兼业户是否有林下资金投入和投入资金金额有显著的正向影响，即兼业户家庭经济林面积占比的增加会提高兼业户对林下经济投入资金的概率和投入资金金额。可能的原因是，经济林面积占比较大的兼业户一般会伴生地适当种植一定的林下经济作物提高林业生产的收入，因此经济林面积占比较大的兼业户对林下经济投入自用工和资金的概率较高，对林下经济投入资金金额也较多。

在兼业户林下自用工投入模型中，如表9-3第（1）列，竹林面积占比对兼业户是否有林下自用工投入的回归系数为正数，但没有通过显著性检验。说明家庭竹林面积占比的变化对兼业户林下经济投入自用工的概率没有显著影响。如表9-3第（2）列，竹林面积占比对兼业户林下自用工投入数量的回归系数为负数，但没有通过显著性检验，即竹林面积占比的变化对兼业户林下投入自用工数量没有显著影响。在兼业户林下资金投入模型中，如表9-3第（3）列，竹林面积占比对兼业户是否有林下资金投入的回归系数为正数，但没有通过显著性检验，即竹林面积占比的变化对兼业户林下投入资金的概率没有显著影响。如表9-3第（4）列，竹林面积占比对兼业户林下资金投入额的回归系数为正数，且通过10%水平的显著性检验。说明在其他条件不变的情况下，竹林面积占比对兼业户林下资金投入额有显著的正向影响，即家庭竹林面积占比的增加会提高兼业户对林下经济投入资金的金额。可能的原因是，在兼业户确定发展林下经济后，由于适合在竹林下发展的林下经济项目需要大规模的投资，因此兼业户对林下经济投入资金的金额较多。

在兼业户林下自用工投入模型中，林地质量对兼业户是否有林下自用工投入的回归系数为负数，如表9-3第（1）列，且通过1%水平的显著性检验。说明在其他条件不变的情况下，林地质量对兼业户是否有林下自用工投入有显著的负向影响，即兼业户家庭林地平均质量的提高会显著降低兼业户对林下经济投入自用工的概率。林地质量对兼业户林下自用工投入数量的回归系数为负数，如表9-3第（2）列，但没有通过显著性检验。在兼业户林下资金投入模型中，林地质量对兼业户是否有林下资金投入的回归系数为负数，如表9-3第（3）列，但没有通过显著性检验，即兼业户家庭林地平均质量的变化对兼业户林下经济投入资金概率没有显著影响。林地质量对兼业户林下资金投入额的回归系数为负数，如表9-3第（4）列，且通过10%

水平的显著性检验。说明在其他条件不变的情况下，林地质量对兼业户林下资金投入额有显著的负向影响，即家庭林地质量的提高会降低兼业户对林下经济投入资金的数量。可能的原因是，兼业户一般不以林业收入为主要来源，家庭林地质量越好时林木生产已经能获得较高的收入，不需要发展林下经济来增加家庭收入，因此兼业户对林下经济投入自用工的概率相对较小，投入的资金也相对较少。

在兼业户林下自用工投入模型中，林地距离对兼业户是否有林下自用工投入的回归系数显著为负数，如表9-3第（1）列，说明在其他条件不变的情况下，林地距离对兼业户是否有林下自用工投入有显著的负向影响，即林地离家距离的增加会降低兼业户对林下经济投入自用工的概率。林地距离对兼业户林下自用工投入数量的回归系数为正数，如表9-3第（2）列，但没有通过显著性检验。在兼业户林下资金投入模型中，如表9-3第（3）列，林地距离对兼业户是否有林下资金投入的回归系数为负数，但没有通过显著性检验。说明林地离家平均距离的变化对兼业户林下经济投入资金概率没有显著影响。如表9-3第（4）列，林地距离对兼业户林下资金投入额的回归系数为正数，但没有通过显著性检验，即林地离家平均距离的变化对兼业户林下经济投入资金金额没有显著影响。可能的原因是，兼业户家庭的林地离家平均距离越远，林下经济经营起来就越不方便，这会降低兼业户对林下经济投入自用工的概率。

林地坡度对兼业户是否有林下自用工投入的回归系数为负数，如表9-3第（1）列兼业户林下自用工投入模型，且通过5％水平的显著性检验。说明在其他条件不变的情况下，林地坡度对兼业户是否有林下自用工投入有显著的负向影响，即兼业户家庭林地坡度的增加会降低兼业户对林下经济投入自用工的概率。林地坡度对兼业户林下自用工投入数量的回归系数为正数，如表9-3第（2）列兼业户林下自用工投入模型，但没有通过显著性检验。在兼业户林下资金投入模型中，如表9-3第（3）列和第（4）列，林地坡度对兼业户是否有林下资金投入和资金投入额的回归系数都为正数，但均没有通过显著性检验。说明兼业户家庭林地平均坡度的变化对兼业户林下经济投入资金概率和资金投入额没有显著影响。可能的原因是，兼业户家庭的林地平均坡度越陡峭，林下经济经营起来就越不方便，这会降低兼业户对林下经济投入自用工的概率。

（三）公益林政策对非林户林下经济投入行为的影响

表 9-4 是公益林政策对非林户林下经济投入行为的回归结果。回归结果使用双栏模型进行参数估计，模型的 Wald 卡方检验值为 65.53 和 58.06，均达到 1% 的显著性水平，从整体上说明模型是适用的。

观察表 9-4 中非林户林下经济自用工投入、资金投入决策的回归结果，可以发现，did 对非林户是否有林下自用工投入、林下自用工投入数量、是否有林下资金投入和林下资金投入额均没有显著影响。从表 9-4 第（1）列和第（2）列可以看出，did 对非林户是否有林下自用工投入和林下投入自用工数量的回归系数都为负数，但没有通过显著性检验。说明在其他条件不变的情况下，公益林政策对非林户是否有林下自用工投入和林下投入自用工数量的负向影响不显著，即公益林政策的实施对非林户是否投入林下经济自用工的概率和林下经济投入自用工数量都没有显著影响。进一步观察非林户林下资金投入模型的回归结果，如表 9-4 第（3）列，可以看出 did 对非林户是否有林下资金投入的回归系数为负数，但没有通过显著性检验。说明在其他条件不变的情况下，公益林政策对非林户是否有林下资金投入的负向影响不显著，即公益林政策的实施对非林户林下经济资金投入概率没有显著影响。如表 9-4 第（4）列，did 对非林户林下资金投入额的回归系数为正数，但没有通过显著性检验。说明在其他条件不变的情况下，公益林政策对非林户林下资金投入额的正向影响不显著，即公益林政策的实施对非林户林下经济资金投入额没有显著影响。

公益林对非林户林下经济投入的回归系数都没有通过显著性检验。说明政策实施前，在其他条件不变的情况下，有公益林地的非林户对林下经济投入与没有公益林地的非林户没有显著区别。而时间虚拟变量 $year$ 对非林户发展林下经济投入资金额的回归系数为负数，且通过 5% 水平的显著性检验。说明在其他条件不变的情况下，非林户对林下经济投入的资金额存在随时间增长而下降的趋势，即使没有公益林政策，非林户 2019 年的林下经济投入的资金额也要低于 2013 年。

观察表 9-4 中非林户家庭特征变量的回归结果可以发现，年龄对非林户林下资金投入额有显著的正向影响。教育对非林户是否有林下自用工投入和是否有林下资金投入均有显著的正向影响。党员对非林户是否有林下自用工投入和是否有林下资金投入有显著的负向影响，对林下资金投入额有显著的正向影响。总劳动力数对非林户是否有林下自用工投入和是否有林下资金投入均有显著的正向影响，而对非林户林下资金投入额有显著的负向影响。

在非林户林地特征变量的回归结果中，林地面积对非林户是否有林下自用工投入和是否有林下资金投入均有显著的正向影响。地块数对非林户是否有林下自用工投入有显著的负向影响，而对是否有林下资金投入有显著的正向影响。用材林地面积占比对非林户是否有林下自用工投入、是否有林下资金投入和林下资金投入额有显著的正向影响。经济林地面积占比对非林户是否有林下资金投入有显著的负向影响。竹林地面积占比对非林户是否有林下自用工投入和是否有林下资金投入有显著的正向影响。林地质量对非林户是否有林下自用工投入、是否有林下资金投入和林下资金投入额有显著的负向影响。林地距离对非林户是否有林下自用工投入和是否有林下资金投入有显著的负向影响，对非林户林下资金投入额有显著的正向影响。林地坡度对非林户是否有林下自用工投入和是否有林下资金投入有显著的负向影响。

表 9 - 4　公益林政策对非林户林下经济投入的影响

变量名称	林下自用工投入		林下资金投入	
	（1） 是否有自用工投入	（2） 投入自用工数	（3） 是否有资金投入	（4） 投入资金数
did	−0.177 8 (0.516 1)	−6.736 0 (13.756 7)	−0.372 4 (0.509 0)	0.322 6 (0.735 7)
公益林	−0.332 3 (0.371 9)	21.646 7 (18.963 2)	0.157 9 (0.372 1)	2.107 7 (1.339 7)
year	0.092 7 (0.366 6)	5.008 0 (12.026 5)	0.216 6 (0.381 4)	−1.184 0** (0.577 3)
年龄	−0.001 9 (0.015 9)	−0.411 8 (1.434 6)	−0.012 9 (0.014 8)	0.238 6*** (0.067 3)
教育	0.572 6*** (0.105 6)	−5.522 8 (5.812 2)	0.365 2*** (0.103 3)	−0.641 0 (0.462 9)
党员	−1.907 5*** (0.485 5)	−169.321 1 (158.339 5)	−1.400 3*** (0.459 5)	15.477 3* (9.267 9)

（续）

变量名称	林下自用工投入		林下资金投入	
	（1） 是否有自用工投入	（2） 投入自用工数	（3） 是否有资金投入	（4） 投入资金数
总劳动力	0.332 1** (0.141 4)	−3.542 7 (7.312 9)	0.281 8** (0.131 4)	−1.160 9** (0.527 3)
林地面积	0.001 7*** (0.000 6)	0.085 4 (0.082 7)	0.001 3** (0.000 6)	−0.008 9 (0.008 0)
地块数	−0.076 0* (0.045 2)	9.459 6 (6.140 4)	−0.065 9 (0.044 1)	2.003 2*** (0.472 6)
用材林占比	0.964 5** (0.445 5)	9.286 6 (31.078 6)	0.912 5** (0.456 8)	6.061 5*** (1.703 4)
经济林占比	1.087 0 (1.091 9)	19.998 3 (53.610 2)	−5.813 0*** (1.463 9)	153.182 9 (163.361 4)
竹林占比	1.528 8*** (0.514 5)	−37.489 1 (36.255 3)	1.489 6*** (0.498 2)	0.754 7 (2.012 7)
林地质量	−0.657 4*** (0.226 1)	117.972 5 (102.299 2)	−0.668 7*** (0.218 9)	−9.901 3* (5.769 7)
林地距离	−0.282 1** (0.111 5)	−1.072 6 (9.729 4)	−0.249 6** (0.115 2)	1.500 4*** (0.536 8)
林地坡度	−0.032 4*** (0.009 9)	0.553 6 (0.653 7)	−0.019 8** (0.009 6)	0.047 3 (0.040 8)
Constant	−4.714 1*** (1.389 4)	57.227 5 (92.556 0)	−3.135 6** (1.325 6)	−11.559 2*** (3.875 2)
Wald chi2（16）	65.53		58.06	
Prob＞chi2	0.000 0		0.000 0	

注：括号内为稳健标准误。＊、＊＊、＊＊＊表示 10％、5％、1％显著性水平。

具体而言，观察表 9-4 第（1）列和第（2）列中非林户林下自用工投入模型，可以看出，在其他条件不变的情况下，非林户户主年龄的变化对非林户林下经济投入自用工的概率和林下经济投入自用工数量没有显著影响。在非林户林下资金投入模型中，如表 9-4 第（3）列，年龄对非林户是否有林下资金投入的回归系数为负数，但没有通过显著性检验。年龄对非林户林下资金投入额的回归系数为正数，且通过 1％水平的显著性检验，如表 9-4

第（4）列。说明在其他条件不变的情况下，年龄对非林户林下资金投入额有显著的正向影响，即非林户户主年龄越大对林下资金投入的金额越多。可能的原因是，年龄较大的非林户从其他生计获取的收入有限，年龄较大后从事合适的林下经济经营将有助于提高其收入，但其个人的劳动能力有限，因此年龄越大的非林户对林下经济投入资金的金额越多。

　　教育对非林户是否有林下自用工投入的回归系数为正数，如表9-4第（1）列，且通过1%水平的显著性检验。说明在其他条件不变的情况下，教育对非林户是否有林下自用工投入有显著的正向影响，即非林户家庭教育水平的增加会提高非林户林下经济投入自用工的概率。教育对非林户林下自用工投入数量的回归系数为负数，但没有通过显著性检验，如表9-4第（2）列。在非林户林下资金投入模型中，如表9-4第（3）列，教育对非林户是否有林下资金投入的回归系数为正数，且通过1%水平的显著性检验。说明在其他条件不变的情况下，教育对非林户是否有林下资金投入有显著的正向影响，即非林户家庭教育水平的增加会提高非林户林下投入资金的概率。教育对非林户林下资金投入额的回归系数为负数，但没有通过显著性检验，如表9-4第（4）列。可能的原因是，拥有教育水平较高的非林户家庭往往拥有更高的人力资本，他们可能更会意识到发展林下经济的经济效益，因此对发展林下经济投入劳动力和资金的概率更高。

　　党员对非林户是否有林下自用工投入的回归系数显著为负数，如表9-4第（1）列，说明在其他条件不变的情况下，党员对非林户是否有林下自用工投入有显著的负向影响，即非林户家庭拥有党员的增加会降低非林户林下经济投入自用工的概率。党员对非林户林下自用工投入数量的回归系数为负数，但没有通过显著性检验，如表9-4第（2）列。在非林户林下资金投入模型中，如表9-4第（3）列，党员对非林户是否有林下资金投入的回归系数显著为负数，说明在其他条件不变的情况下，非林户家庭拥有党员会降低非林户林下投入资金的概率。党员对非林户林下资金投入额的回归系数为正数，且通过10%水平的显著性检验，如表9-4第（4）列。说明在其他条件不变的情况下，党员对非林户林下资金投入额有显著的正向影响，即非林户家庭拥有党员会提高非林户对林下经济资金投入的金额。可能的原因是，拥有党员的非林户家庭往往拥有更高的社会资本，他们可能拥有更多的生计来源，从事林下经济的意愿较低，因此对林下经济投入自用工和资金的概率较小。但是社会资本高的非林户从事林下经济时也能选择更好的林下经济经营项目，从而会投入更多的资金。

总劳动力数对非林户是否有林下自用工投入的回归系数为正数，如表9-4第（1）列，且通过5%水平的显著性检验。说明在其他条件不变的情况下，总劳动力数对非林户是否有林下自用工投入有显著的正向影响，即非林户家庭拥有总劳动力数量的增加会提高非林户对林下经济投入自用工的概率。总劳动力数对非林户是否有林下自用工投入的回归系数为负数，如表9-4第（2）列，但没有通过显著性检验。在非林户林下资金投入模型中，如表9-4第（3）列，总劳动力数对非林户是否有林下资金投入的回归系数显著为正数，说明非林户家庭若拥有总劳动力数量的增加会提高非林户对林下经济投入资金的金额。如表9-4第（4）列，总劳动力数对非林户林下投入资金金额的回归系数为负数，且通过5%水平的显著性检验。说明在其他条件不变的情况下，总劳动力数对非林户林下投入资金金额有显著的负向影响，即非林户家庭拥有总劳动力数量的增加会降低非林户林下经济投入资金的金额。可能的原因是拥有劳动力数量越多的非林户选择发展林下经济的概率越大，但是由于非林户不以林业生产为主要收入来源，因此劳动力数量越多的非林户尽管对林下经济投入自用工和现金的概率较大但对林下经济投入的资金较少。

在非林户林下自用工投入模型中，如表9-4第（1）列，林地面积对非林户是否有林下自用工投入的回归系数为正数，且通过1%水平的显著性检验。说明在其他条件不变的情况下，林地面积对非林户是否有林下自用工投入有显著的正向影响，即非林户家庭林地面积的增加会提高非林户对林下经济投入自用工的概率。如表9-4第（2）列，林地面积对非林户林下自用工投入数量的回归系数为正数，但没有通过显著性检验。在非林户林下资金投入模型中，如表9-4第（3）列，林地面积对是否有林下资金投入的回归系数显著为正数，说明林地面积对非林户是否有林下资金投入有显著的正向影响，即非林户家庭林地面积的增加会提高非林户对林下投入资金的概率。如表9-4第（4）列，林地面积对非林户林下资金投入额的回归系数为负数，但没有通过显著性检验。说明非林户家庭林地面积的变化对非林户林下投入资金金额没有显著影响。可能的原因是，对于非林户而言，家庭林地面积越大则越适合发展林下经济，因此林地面积越大的非林户对林下经济投入自用工和资金的可能性较大。

地块数对非林户是否有林下自用工投入的回归系数显著为负数，如表9-4第（1）列非林户林下自用工投入模型，说明非林户家庭林地地块数量的增加会降低非林户对林下经济投入自用工的概率。如表9-4第（2）列，地块数对非林户林下自用工投入数量的回归系数为正数，但没有通过显著性检验，即非林户家庭林地地块数量的变化对非林户林下经济投入自用工数量没有显著影响。在非林户林下资金投入模型中，地块数对非林户是否有林下资金投入的回归系数为负数，如表9-4第（3）列，但没有通过显著性检验。说明非林户家庭林地地块数量的变化对非林户林下经济投入资金概率没有显著影响。地块数对非林户林下资金投入额的回归系数为正数，如表9-4第（4）列，且通过1%水平的显著性检验。说明在其他条件不变的情况下，地块数对非林户林下资金投入额具有显著的正向影响，即非林户家庭地块数的增加会提高非林户对林下经济投入现金的金额。可能的原因是，地块数越多林地细碎化会越严重，林下经济经营起来交通成本较高，因此，地块数越多的非林户对林下经济投入自用工概率较小。但是从另一方面来看，非林户家庭林地地块数越多则可供选择的林下经济经营项目越丰富，因此非林户投入资金越多。

用材林面积占比对非林户是否有林下自用工投入的回归系数为正数，如表9-4第（1）列非林户林下自用工投入模型，且通过5%水平的显著性检验。说明在其他条件不变的情况下，用材林面积占比对非林户是否有林下自用工投入具有显著的正向影响，即非林户家庭用材林面积占比的增加会提高非林户对林下经济投入自用工的概率。如表9-4第（2）列，用材林面积占比对非林户林下自用工投入数量的回归系数为正数，但没有通过显著性检验，即非林户家庭用材林地面积占比的变化对非林户林下经济投入自用工数量没有显著影响。在非林户林下资金投入模型中，用材林面积占比对非林户是否有林下资金投入和林下资金投入额的回归系数都为正数，如表9-4第（3）列和第（4）列，且分别通过5%和1%水平的显著性检验。说明在其他条件不变的情况下，用材林面积占比对非林户是否有林下资金投入和林下资金投入额都有显著的正向影响，即非林户家庭用材林面积占比的增加会提高非林户对林下经济资金投入的概率和投入资金的金额。可能的原因是，用材林面积占比较大的非林户会选择发展林下经济来解决劳动力剩余问题，因此用材林面积占比较大的非林户对林下投入自用工和资金的概率较大，对林下经济投入资金金额也较多。

经济林面积占比对非林户是否有林下自用工投入和自用工投入数量的回归系数都为正数，如表9-4第（1）列和第（2）列非林户林下自用工投入模型，但都没有通过显著性检验。说明在其他条件不变的情况下，经济林面积占比对非林户是否有林下自用工投入和投入数量的正向影响不显著，即非林户家庭经济林面积占比的变化对非林户林下经济投入自用工概率和自用工投入数量没有显著影响。在非林户林下资金投入模型中，经济林占比对非林户是否有林下资金投入的回归系数为负数，如表9-4第（3）列，且通过1‰水平的显著性检验。说明在其他条件不变的情况下，经济林面积占比对非林户是否有林下资金投入有显著的负向影响，即非林户家庭经济林面积占比的增加会降低非林户对林下经济投入资金的概率。经济林面积占比对非林户林下资金投入额的回归系数为正数，如表9-4第（4）列，但没有通过显著性检验，即非林户家庭经济林面积占比的变化对非林户林下经济投入资金数量没有显著影响。可能的原因是，非林户用于林业经营的时间相对有限，经济林面积占比较大的非林户一般不会发展林下经济，因此经济林面积占比较大的非林户对林下经济投入资金的概率较小。

竹林面积占比对非林户是否有林下自用工投入的回归系数为正数，如表9-4第（1）列非林户林下自用工投入模型，且通过1‰水平的显著性检验。说明在其他条件不变的情况下，竹林面积占比对非林户是否有林下自用工投入有显著的正向影响，即非林户家庭竹林面积占比的增加会提高非林户对林下经济投入自用工的概率。竹林面积占比对非林户林下自用工投入数量的回归系数为负数，如表9-4第（2）列，但没有通过显著性检验。在非林户林下资金投入模型中，竹林面积占比对非林户是否有林下资金投入的回归系数显著为正数，如表9-4第（3）列，说明非林户家庭竹林面积占比的增加会提高非林户对林下经济投入资金的概率。竹林面积占比对非林户林下资金投入额的回归系数为正数，如表9-4第（4）列，但没有通过显著性检验，即非林户家庭竹林面积占比的变化对非林户林下经济投入资金数量没有显著影响。可能的原因是，由于竹林的生长周期相对较短，非农户可能会在经营竹林地的时候附带经营林下经济，因此竹林面积占比较大的非林户对林下经济投入自用工和现金的概率较大。

在非林户林下自用工投入模型中，林地质量对非林户是否有林下自用工投入的回归系数为负数，如表9-4第（1）列，且通过1%水平的显著性检验。说明在其他条件不变的情况下，林地质量对非林户是否有林下自用工投入有显著的负向影响，即非林户家庭林地平均质量的增加会显著降低非林户对林下经济投入自用工的概率。林地质量对非林户林下自用工投入数量的回归系数为正数，如表9-4第（2）列，但没有通过显著性检验。在非林户林下资金投入模型中，林地质量对非林户是否有林下资金投入和资金投入额的回归系数都为负数，如表9-4第（3）列和第（4）列，且分别通过1%和10%水平的显著性检验。说明在其他条件不变的情况下，林地质量对非林户是否有林下资金投入和资金投入额具有显著的负向影响，即非林户家庭林地平均质量的提高会降低非林户对林下经济投入资金的概率和资金投入额。原因是，非林户一般不以林业收入为主要来源，家庭林地质量越好时林木生产已经能获得较高的收入，不需要发展林下经济来增加家庭收入，因此非林户对林下经济投入自用工和现金的概率较低，同时对林下经济投入资金的数量也相对较少。

在非林户林下自用工投入模型中，林地距离对非林户是否有林下自用工投入的回归系数为负数，如表9-4第（1）列，且通过5%水平的显著性检验。说明在其他条件不变的情况下，林地距离对非林户是否有林下自用工投入有显著的负向影响，即非林户林地离家距离的增加会降低非林户对林下经济投入自用工的概率。林地距离对非林户林下自用工投入数量的回归系数为负数，如表9-4第（2）列，但没有通过显著性检验。在非林户林下资金投入模型中，如表9-4第（3）列，林地距离对非林户是否有林下资金投入的回归系数显著为负数，说明非林户家庭林地离家平均距离增加会降低非林户对林下经济投入资金的概率。如表9-4第（4）列，林地距离对非林户林下资金投入额的回归系数显著为正数，说明非林户林地离家平均距离的增加将会提高非林户对林下经济投入资金的金额。可能的原因是，非林户家庭的林地离家平均距离越远，林下经济经营起来就越不方便，这会降低非林户对林下经济投入自用工和资金的概率，而且如果非林户要发展林下经济会相对投入更多的资金。

林地坡度对非林户是否有林下自用工投入的回归系数为负数，如表9-4第（1）列非林户林下自用工投入模型，且通过1%水平的显著性检验。说明在其他条件不变的情况下，林地坡度对非林户是否有林下自用工投入有显著的负向影响，即非林户家庭林地坡度的增加会降低非林户对林下经济投入自用工的概率。林地坡度对非林户林下自用工投入数量的回归系数为正数，如表9-4第（2）列非林户林下自用工投入模型，但没有通过显著性检验。在非林户林下资金投入模型中，如表9-4第（3）列，林地坡度对非林户是否有林下资金投入的回归系数显著为负数，说明非林户家庭林地平均坡度的增加会降低非林户对林下经济投入资金的概率。如表9-4第（4）列，林地坡度对非林户林下资金投入额的回归系数为正数，但没有通过显著性检验，即非林户家庭林地平均坡度的变化对非林户林下经济投入资金金额没有显著影响。可能的原因是，非林户家庭的林地平均坡度越陡峭，林下经济经营起来就越不方便，这会降低非林户对林下经济投入自用工和资金的概率。

三、公益林政策通过林下投入影响农户收入的机制检验

为了检验公益林政策影响农户短期和长期收入路径中，林下投入中介作用的大小，在前文表5-5、表5-7至表5-9的基础上，表9-5汇集了使用Bootstrap方法进行中介效应的检验结果。检验结果表明，对于纯林户而言，林下自用工投入对 *did* 影响短期、长期收入的间接效应分别为0.022 6和0.033 7，且分别通过10%和5%水平的显著性检验，分别占 *did* 影响短期收入总效应的9.04%和长期收入总效应的7.90%。这说明公益林政策可以通过提高林下自用工投入进而提高纯林户的短期、长期收入。即林下自用工投入的提高降低了公益林政策对纯林户收入的负向影响，林下自用工投入的遮掩效应存在。林下资金投入对 *did* 影响短期、长期收入的间接效应分别为0.016 7和0.020 8，且分别通过5%和1%水平的显著性检验，分别占 *did* 影响短期收入总效应的6.68%和长期收入总效应的4.88%。这说明公益林政策可以通过提高林下资金投入进而提高纯林户的短期、长期收入。即

林下资金投入的提高降低了公益林政策对纯林户收入的负向影响，纯林户林下资金投入的遮掩效应存在。

表9-5　公益林政策通过林下投入影响农户收入的机制检验（Bootstrap）

样本		ln 短期收入		ln 长期收入	
		间接效应 （1）	间接效应/总效应 （2）	间接效应 （3）	间接效应/总效应 （4）
全样本	林下自用工投入	0.000 2 (0.006 4)	0.001 2	0.000 1 (0.006 7)	0.001 3
	林下资金投入	0.000 3 (0.005 6)	0.001 7	0.000 3 (0.005 2)	0.004 0
纯林户	林下自用工投入	0.022 6* (0.012 7)	−0.090 4	0.033 7** (0.014 9)	−0.079 0
	林下资金投入	0.016 7** (0.007 3)	−0.066 8	0.020 8*** (0.006 8)	−0.048 8
兼业户	林下自用工投入	0.000 1 (0.023 4)	0.000 2	0.000 1 (0.017 8)	0.000 3
	林下资金投入	0.000 1 (0.011 5)	0.000 2	0.000 5 (0.008 2)	0.001 3
非林户	林下自用工投入	−0.010 0 (0.032 5)	−0.042 4	−0.009 8 (0.039 0)	−0.056 1
	林下资金投入	−0.011 3 (0.013 8)	−0.047 9	−0.011 0 (0.026 4)	−0.063 0

注：括号内为 Bootstrap 标准误。*、**、*** 分别表示在 10%、5%、1%水平上显著。

四、稳健性检验

为检验上述实证分析的可靠性，本研究使用 Two-Part 模型进行稳健性检验。表9-6 给出了公益林政策对农户林下投入自用工影响的 Two-Part 模型回归结果。可以看出，表9-6 各列中 *did* 对全样本农户林下投入自用工的正向影响没有通过显著性检验，对纯林户农户林下投入自用工有显著的正向影响，对兼业户农户林下投入自用工的负向影响没有通过显著性检验，对非林户农户林下投入自用工的负向影响没有通过显著性检验。这与前文回归结果较为一致。

表9-6 公益林政策对农户林下投入自用工的影响（Two-Part 模型）

变量名称	全样本 （1）	纯林户 （2）	兼业户 （3）	非林户 （4）
did	3.979 6 （9.704 4）	19.057 8** （7.702 6）	−8.581 6 （18.716 9）	−4.889 9 （12.918 1）
公益林	0.302 4 （7.235 2）	−6.600 8 （4.693 5）	−2.498 6 （12.057 5）	18.894 5 （15.590 7）
year	5.623 6 （6.492 2）	1.455 8 （4.559 3）	11.411 4 （9.417 3）	3.301 3 （10.956 6）
年龄	−0.213 7 （0.347 1）	0.374 6 （0.268 7）	−0.974 1* （0.556 9）	−0.324 6 （1.299 1）
教育	1.780 9 （1.201 4）	−0.090 2 （2.012 6）	0.080 6 （1.977 4）	−4.422 8 （4.428 7）
党员	17.950 8* （10.608 0）	−13.267 7 （11.128 6）	42.418 0*** （15.042 1）	−150.572 0 （138.851 9）
总劳动力	−0.269 1 （2.635 3）	−5.366 5*** （1.962 1）	−2.324 8 （4.388 7）	−3.522 6 （6.874 1）
林地面积	0.011 7 （0.007 6）	−0.001 7 （0.014 3）	0.012 8 （0.010 7）	0.079 3 （0.071 2）
地块数	−0.204 4 （1.269 6）	−0.070 9 （1.178 4）	−4.998 9 （4.168 6）	8.739 6 （5.603 9）
用材林占比	12.651 7 （9.069 4）	27.702 9*** （9.404 5）	−9.185 0 （23.796 7）	9.524 6 （28.367 6）
经济林占比	1.758 5 （9.244 6）	−3.618 0 （12.793 2）	7.169 8 （26.766 6）	19.968 2 （42.992 5）
竹林占比	2.548 3 （8.804 5）	18.869 5* （9.699 3）	−11.614 4 （22.686 3）	−31.651 8 （30.781 3）
林地质量	1.763 2 （3.594 9）	2.390 8 （2.198 4）	−12.708 8* （7.615 7）	110.229 9 （91.348 5）
林地距离	−2.678 3*** （0.678 7）	−0.136 4 （0.493 0）	−2.774 1 （3.016 6）	−1.416 5 （9.145 5）
林地坡度	−0.093 5 （0.181 9）	−0.934 5** （0.384 7）	−0.025 0 （0.409 8）	0.493 1 （0.582 3）
Constant	29.431 1 （28.256 4）	36.493 6 （33.897 6）	116.607 8** （48.856 9）	50.511 3 （82.402 9）

注：括号内为稳健标准误。 * 、 ** 、 *** 表示10%、5%、1%显著性水平。

表9-7给出了公益林政策对农户林下投入资金影响的 Two-Part 模型回归结果。可以看出，表9-7各列中 *did* 对全样本农户林下投入资金的正向影响没有通过显著性检验，对纯林户林下投入资金有显著的正向影响，对兼业户林下投入资金的正向影响没有通过显著性检验，对非林户林下投入资金的正向影响没有通过显著性检验。这与前文回归结果较为一致。

表9-7　公益林政策对农户林下投入资金的影响（Two-Part 模型）

变量名称	全样本 （1）	纯林户 （2）	兼业户 （3）	非林户 （4）
did	0.266 8 (0.694 9)	0.741 6* (0.442 7)	0.681 9 (0.780 3)	0.322 6 (0.747 1)
公益林	0.307 3 (0.475 0)	0.731 7* (0.399 8)	4.460 8*** (1.584 2)	2.107 5 (1.360 5)
year	0.729 3* (0.416 3)	0.233 4 (0.412 9)	1.346 6** (0.579 4)	−1.184 0** (0.586 3)
年龄	−0.029 8 (0.026 6)	0.085 6*** (0.032 1)	−0.098 2 (0.069 5)	0.238 6*** (0.068 3)
教育	0.011 3 (0.089 6)	0.502 9*** (0.142 9)	−0.892 9* (0.514 0)	−0.640 9 (0.470 1)
党员	2.253 4*** (0.521 9)	−2.878 5*** (0.693 6)	7.126 0** (3.067 5)	15.477 3 (9.412 3)
总劳动力	0.280 7 (0.208 0)	0.007 0 (0.176 4)	−0.265 3 (0.554 6)	−1.160 9** (0.535 5)
林地面积	0.001 3* (0.000 8)	−0.006 4*** (0.001 8)	0.000 6 (0.001 6)	−0.008 9 (0.008 1)
地块数	0.197 4** (0.085 8)	0.451 0*** (0.112 1)	−1.676 5*** (0.478 2)	2.003 1*** (0.479 9)
用材林占比	2.074 9** (1.003 3)	−6.795 3*** (1.135 2)	2.340 3** (1.080 9)	6.061 3*** (1.730 0)
经济林占比	2.071 8 (1.389 0)	−0.867 3 (2.714 1)	10.825 2** (4.833 8)	153.160 4 (165.907 1)
竹林占比	0.466 7 (1.038 5)	−7.497 1*** (1.894 9)	7.672 5* (4.340 9)	0.754 4 (2.044 0)

（续）

变量名称	全样本 （1）	纯林户 （2）	兼业户 （3）	非林户 （4）
林地质量	0.169 1 （0.204 5）	0.020 2 （0.254 3）	−1.851 7* （1.043 3）	−9.901 4* （5.859 6）
林地距离	−0.206 7*** （0.073 3）	0.170 8*** （0.065 3）	0.466 7 （0.801 7）	1.500 3*** （0.545 2）
林地坡度	−0.016 4 （0.010 9）	−0.039 6*** （0.010 6）	0.060 2 （0.070 5）	0.047 2 （0.041 4）
Constant	4.783 0** （2.256 2）	3.387 9** （1.440 4）	14.571 9*** （5.046 6）	−11.558 7*** （3.935 3）

注：括号内为稳健标准误。*、**、*** 表示10%、5%、1%显著性水平。

进一步地，为了检验公益林政策通过林下投入影响农户收入作用机制的稳健性，本研究使用农户人均收入来代替上文使用的总收入进行稳健性检验，表9-8给出了Bootstrap检验的结果。检验结果表明，对于纯林户而言，公益林政策可以通过提高林下自用工投入进而提高纯林户的人均短期、长期收入。即林下自用工投入的提高，降低了公益林政策对纯林户人均收入的负向影响，林下自用工投入的遮掩效应存在。另外，公益林政策也可以通过提高林下资金投入进而提高纯林户的人均短期、长期收入。即林下资金投入的提高，降低了公益林政策对纯林户人均收入的负向影响，纯林户林下资金投入的遮掩效应存在。

表9-8 公益林政策通过林下投入影响农户人均收入的机制检验（Bootstrap）

样本		ln 人均短期收入		ln 人均长期收入	
		间接效应 （1）	间接效应/总效应 （2）	间接效应 （3）	间接效应/总效应 （4）
全样本	林下自用工投入	0.000 6 （0.004 7）	0.003 0	0.000 5 （0.007 2）	0.005 0
	林下资金投入	0.000 3 （0.006 1）	0.001 8	0.000 3 （0.006 2）	0.003 4
纯林户	林下自用工投入	0.047 1** （0.020 7）	−0.203 2	0.058 2** （0.022 9）	−0.142 0
	林下资金投入	0.028 4*** （0.010 1）	−0.122 4	0.032 5*** （0.011 6）	−0.079 4

（续）

样本		ln 人均短期收入		ln 人均长期收入	
		间接效应 （1）	间接效应/总效应 （2）	间接效应 （3）	间接效应/总效应 （4）
兼业户	林下自用工投入	0.000 1 (0.018 3)	0.000 1	0.000 1 (0.028 1)	0.000 2
	林下资金投入	0.002 1 (0.006 3)	0.004 5	0.002 6 (0.013 4)	0.006 5
非林户	林下自用工投入	−0.010 4 (0.023 0)	−0.043 1	−0.010 2 (0.013 1)	−0.056 9
	林下资金投入	−0.012 2 (0.046 2)	−0.050 9	−0.012 0 (0.039 0)	−0.066 9

注：括号内为 Bootstrap 标准误。＊、＊＊、＊＊＊分别表示在 10％、5％、1％水平上显著。

五、本章结论

本章基于龙泉市的农户调研数据使用双栏模型分析了公益林政策对农户发展林下经济投入的影响，并使用 Bootstrap 法检验了公益林政策通过林下经济投入影响农户收入的作用机制。实证结果表明：整体而言，公益林政策对农户林下经济投入没有显著影响，但是不同类型农户的政策效果存在异质性。具体而言，公益林政策能显著提高纯林户对林下经济投入自用工的数量和投资金额，但对兼业户和非林户发展林下经济投入没有显著影响。假说 5 得到验证。

公益林政策对农户林下经济投入没有显著影响，但是不同兼业类型农户的政策效果存在差异。尽管发展林下经济是农户应对公益林政策冲击的生计调整策略的选择之一，但是发展林下经济需要有一定的现实条件，比如掌握相关技术和拥有合适的林地等。由于纯林户对林业生产更为熟悉，在可经营的商品林面积减少的情况下，纯林户更会转向发展林下经济来应对政策冲击。因此公益林政策能显著提高纯林户对林下经济投入自用工的数量和投入资金。而兼业户和非林户对林业生产的依赖有限，在不具备相关条件的情况下，他们更可能会转向非农就业来提高收入，因此公益林政策对他们的影响作用不显著。

检验公益林政策通过林下经济投入影响农户收入的路径机制发现，对于农户总体样本，发展林下经济在公益林政策对收入的影响中不存在中介或遮掩效应。但对于纯林户，公益林政策会通过提高纯林户对林下经济投入自用工和资金的规模来遮掩该政策对收入的负向影响。而对于兼业户和非林户，公益林政策不能通过影响林下经济投入行为进而对其收入产生影响。

在科学地检验公益林政策对农户收入的影响及其路径机制后，政府应该如何设计相关配套支持政策是本研究接下来要探讨的问题。

第十章　农户对公益林配套发展林下经济支持政策的响应分析

　　在集体林权改革后，政府制定了林地流转、林权抵押贷款、森林保险等一系列的相关政策来支持林区经济发展。在已有研究中，学者们从促进劳动力转移就业、林业规模化经营和发展林下经济等方面提出了应对生态保护政策冲击的建议。然而，鉴于以下三个方面的原因，本研究主要探讨发展林下经济作为公益林支持政策时农户的响应：

　　首先，前文发现发展林下经济对各类型农户都能显著提高其收入，而其他生计调整策略对不同农户的增收作用存在差别，这为从提供发展林下经济支持政策以应对公益林政策对农户增收的负面冲击提供了科学证据。

　　其次，林下经济作为林业产业新业态，相较于只经营林木，发展林下经济能在保护和促进林木生长的基础上获得经济与生态的双收益，这为支持公益林发展林下经济提供了现实依据。

　　最后，近年来林下经济的相关研究获得了业界和学界的广泛关注，尤其是在2020年11月国家发改委、国家林草局等十部门联合发布《关于科学利用林地资源促进木本粮油和林下经济高质量发展的意见》明确指出鼓励发展林下种养殖及相关产业，这为支持公益林发展林下经济提供了政策实施的可行性。

　　为了分析支持发展林下经济政策实施后农户的响应，本章使用自然实验的方法设计选择实验，将农户随机分成控制组和实验组，检验了不同林下经济支持政策农户的参与意愿。

　　本章节对已有研究的边际贡献体现在以下三个方面：一是在研究内容上分析了不同林下经济支持政策对农户发展林下经济意愿的影响，弥补了已有文献关于不同林下经济支持政策下农户参与意愿研究的不足。二是使用选择实验的方法解决了已有相关研究中可能存在的内生性问题。三是在控制农户兼业类型差异的基础上，本章节重点分析了公益林户的参与意愿。

一、实证分析中的样本说明及独立样本检验

（一）选择实验设计思路

为了探究农户对发展林下经济支持政策的响应，本研究设置了选择实验进行检验。首先将 319 户样本农户随机分成两组，即实验组（共计 159 户）和控制组（共计 160 户）。对实验组农户提供不同的发展林下经济支持政策供其选择，询问其在每种支持政策下发展林下经济的意愿。对控制组农户不提供发展林下经济支持政策，询问其发展林下经济的意愿。由于实验组和控制组是完全随机产生的，因此不会带来回归模型中随机偏误项不为零的困扰。

调研发现龙泉市林下经济的发展模式可以归纳为三种：林下养殖、林药模式和林菌模式。林下养殖是利用林下空间发展立体养殖，包括林蜂、林禽、林蛙等。林药模式主要是指在林下种植中草药，调研发现当地最多种植的林下中草药有黄精、灵芝、石斛、三七等。林菌模式主要是指在林下种植菌类，包括在林下种植香菇、木耳、竹荪等。

对于农户发展林下经济支持政策，本研究首先对调研地区的林下经济经营户进行了详细访谈，了解其经营的主要产品、生产过程和生产经营中存在的困难。然后基于经营户访谈内容、已有文献及对发展林下经济相关支持政策制定支持政策的初步方案，并与当地政府林业部门相关人员进行对接探讨可行的林下经济支持政策。最后通过对农户的预调研进一步优化了支持政策设计。本研究设计了种苗购买补贴支持、化肥饲料购买补贴支持、种养技术支持、信贷支持和销售渠道支持政策，涵盖了农户发展林下经济的产前、产中和产后三个环节。

（二）农户参与发展林下经济意愿的基本情况

表 10-1 给出了各种支持政策下控制组和实验组农户参与不同林下经济

发展模式的情况。从表10-1中可以看出各类支持政策下农户最愿意发展的林下经济模式是林药模式，其次是林下养殖，最后是林菌模式。从提高农户发展林下经济意愿的程度来看，提供销售渠道最能提高农户发展林下经济的意愿。在提供销售渠道支持时，愿意发展林下经济的比率为49.69%。提高发展意愿最低的支持政策为信贷支持，比率为42.14%。而在不提供任何支持政策时，农户愿意发展林下经济的比率仅为32.5%。这在一定程度上说明各类支持政策具有提高农户发展林下经济意愿的作用。

表10-1 各类支持政策下的农户发展林下经济意愿

单位：人，%

支持政策		林下养殖		林药模式		林菌模式		不发展	
		人数	占比	人数	占比	人数	占比	人数	占比
实验组	种苗	25	15.72	30	18.87	19	11.95	85	53.46
	化肥、饲料	28	17.61	33	20.75	13	8.18	85	53.46
	种养技术	25	15.72	29	18.24	19	11.95	86	54.09
	信贷	21	13.21	29	18.24	17	10.69	92	57.86
	销售渠道	19	11.95	40	25.16	20	12.58	80	50.31
控制组	无	15	9.38	24	15.00	13	8.13	108	67.50

表10-2给出了解释变量的统计信息和独立样本检验（Kruskal-Wallis检验）结果。结果表明除了林地面积外，其余各个变量均不显著，表明两组样本农户的各项社会经济特征差异不大。

表10-2 解释变量的统计信息和独立样本检验结果

	变量解释	平均值	标准差	卡方
公益林	家中是否有公益林地（有=1；无=0）	0.43	0.50	0.03
纯林户	是否为纯林户（是=1；无=0）	0.35	0.48	1.35
兼业户	是否为兼业户（是=1；无=0）	0.29	0.45	0.45
非林户	是否为非林户（是=1；无=0）	0.36	0.48	0.17
年龄	户主年龄（岁）	56.86	9.13	0.04
教育	家庭成员的平均教育水平（年）	7.20	2.36	1.09
党员	家庭成员中有无党员（有=1；无=0）	0.23	0.42	0.32
劳动力总数	家庭劳动力总数数量（人）	3.00	1.22	0.02
林地面积	家庭林地总面积（亩）	161.95	356.03	3.24

（续）

	变量解释	平均值	标准差	卡方
林地地块数	家庭林地总块数（块）	3.62	2.31	0.14
用材林占比	用材林地占总林地面积的比值	0.42	0.40	0.01
经济林占比	经济林地占总林地面积的比值	0.11	0.26	0.01
竹林占比	竹林地占总林地面积的比值	0.28	0.35	0.69
地块平均质量	林地地块的加权平均质量（好＝3；中＝2；差＝1）	0.77	1.08	2.05
离家距离	林地地块离家的加权平均距离（公里）	3.85	4.69	0.07
平均坡度	林地地块的加权平均坡度（度）	27.30	14.64	0.05

　　注：纯林户、兼业户、非林户的划分根据前文第五章的标准确定。卡方是指 Kruskal – Wallis 检验的卡方值。

二、模型估计结果及分析

（一）农户对林下经济支持政策的响应

　　根据调研实际本研究将农户的林下经济发展模式分为林下养殖、林药模式和林菌模式。由于农户存在多种并列选择，本章使用 mLogit 进行回归并且计算了稳健标准误，探讨各种支持政策下农户发展林下经济的意愿。由于使用 mLogit 需要满足无关方案的独立性（Independence of Irrelevant Alternatives，IIA），因此本节使用豪斯曼检验 IIA 假定是否满足，检验结果表明，各回归模型均满足了 IIA 假定。

　　表10-3给出了种苗购买支持政策下农户林下经济发展意愿。可以发现，种苗购买支持政策显著提高了农户发展林下养殖、林药模式和林菌模式的意愿。而且种苗购买支持政策对提高农户发展林下养殖的促进作用最强，其次为林菌模式，最次为林药模式。对于林下养殖农户是否会选择养殖鸡、鸭、鹅等家禽或者养殖蜜蜂等，调研发现目前龙泉市主要发展林下养蜂。蜜蜂的品种差别会导致采蜜量存在较大差异，而且对气候变化适应能力、抗病能力也存在差异，蜂苗价格也存在差别。对菌种来说通过肉眼难辨认其质量好坏，但是菌种价格相对较低，而中草药的种苗质量较好辨认。因此提供种苗购买支持对提高农户林下养殖意愿最为明显，对林药模式促进作用相对较小。

表 10 - 3　提供种苗购买支持下的农户林下经济发展意愿

变量名称	林下养殖	林药模式	林菌模式
是否支持	0.803 0**	0.559 6*	0.702 7*
	(0.387 8)	(0.331 9)	(0.394 9)
兼业户	−1.884 8***	−0.007 1	−0.715 0
	(0.493 2)	(0.409 2)	(0.547 9)
非林户	−2.008 7***	−0.586 0	−1.013 4*
	(0.518 1)	(0.443 7)	(0.535 7)
年龄	−0.005 3	−0.029 7	0.002 6
	(0.021 2)	(0.021 3)	(0.021 4)
教育	−0.259 3**	−0.049 8	−0.016 9
	(0.120 3)	(0.076 3)	(0.101 3)
党员	−0.346 1	−0.109 0	−0.192 8
	(0.515 8)	(0.455 5)	(0.603 8)
劳动力总数	0.281 2*	0.234 7	−0.159 5
	(0.150 6)	(0.148 0)	(0.230 9)
林地面积	0.000 7	0.001 0**	0.000 1
	(0.000 6)	(0.000 5)	(0.000 6)
林地地块数	0.131 6*	0.016 1	0.006 7
	(0.068 9)	(0.072 3)	(0.085 3)
用材林占比	0.267 0	0.416 4	0.627 4
	(0.653 4)	(0.578 1)	(0.618 5)
经济林占比	−0.601 3	−0.090 7	−0.724 4
	(0.931 6)	(0.737 6)	(0.978 2)
竹林占比	0.012 5	−0.320 6	−1.230 0
	(0.720 4)	(0.632 1)	(0.863 5)
地块平均质量	−0.603 7**	−0.240 9	−0.408 6*
	(0.279 8)	(0.181 3)	(0.211 6)
离家距离	0.055 7	0.053 5	0.018 2
	(0.034 0)	(0.032 9)	(0.040 1)
平均坡度	−0.003 0	−0.023 5*	−0.016 8
	(0.015 1)	(0.013 2)	(0.011 5)
Constant	0.146 9	0.504 4	−0.170 5
	(1.910 2)	(1.869 5)	(1.807 1)

（续）

变量名称	林下养殖	林药模式	林菌模式
不发展（chi2）		12.841	
林下养殖（chi2）		10.431	
林药模式（chi2）		16.966	
林菌模式（chi2）		14.665	
样本量	319	319	319

注：括号内为稳健标准误。＊、＊＊、＊＊＊分别表示在10％、5％、1％水平上显著。

表10-4给出了化肥饲料购买支持下农户林下经济发展意愿。观察表10-4的回归结果，可以看出提供化肥饲料购买支持对农户发展林下养殖意愿有正向影响，且通过5％水平的显著性检验，说明在其他条件不变的情况下，化肥饲料购买支持政策对提高农户发展林下养殖意愿有显著的正向影响。在5％显著水平下，给定其他条件不变，化肥饲料购买支持政策显著提高了农户发展林药模式的意愿。然而，在其他条件不变的情况下，提供化肥饲料购买补贴时农户不会选择发展林菌模式的林下经济。比较各类林下经济发展模式中的回归系数可以发现，化肥饲料购买支持政策更能提高农户发展林下养殖的意愿，其次是林药模式，而对林菌模式没有显著影响。可能的原因是，养殖家禽一般需要一定的饲料支出且支出较大，种植林下中草药也会需要适当的化肥支出，而对于菌类来说这类支出较少，因此提供化肥饲料购买支持时，农户更愿意发展林下养殖和林药模式的林下经济。

表10-4 提供化肥饲料购买支持下的农户林下经济发展意愿

变量名称	林下养殖	林药模式	林菌模式
是否支持	0.901 4＊＊ （0.370 9）	0.659 1＊＊ （0.324 1）	0.230 8 （0.433 7）
兼业户	−1.420 1＊＊＊ （0.480 6）	0.223 3 （0.422 5）	−1.560 3＊＊＊ （0.592 2）
非林户	−1.257 1＊＊＊ （0.476 1）	−0.258 7 （0.448 1）	−1.747 5＊＊＊ （0.562 0）
年龄	−0.013 3 （0.019 9）	−0.014 3 （0.019 2）	0.006 0 （0.022 4）
教育	−0.241 1＊＊ （0.102 3）	0.017 0 （0.068 3）	−0.049 0 （0.101 2）

（续）

变量名称	林下养殖	林药模式	林菌模式
党员	−0.451 2	−0.024 5	−0.048 7
	(0.510 0)	(0.430 6)	(0.557 2)
劳动力总数	0.302 5**	0.108 3	−0.186 0
	(0.146 4)	(0.146 4)	(0.223 0)
林地面积	0.000 3	0.001 0**	0.000 4
	(0.000 6)	(0.000 4)	(0.000 5)
林地地块数	0.133 1	0.031 0	0.054 5
	(0.087 0)	(0.075 6)	(0.088 7)
用材林占比	−0.641 0	−0.215 4	0.663 4
	(0.566 5)	(0.575 4)	(0.720 2)
经济林占比	−1.476 4	−0.053 4	−1.095 6
	(0.981 4)	(0.683 2)	(1.164 9)
竹林占比	−0.834 1	−0.457 9	−1.269 4
	(0.673 7)	(0.612 3)	(0.996 6)
地块平均质量	−0.232 4	−0.016 1	−0.401 5
	(0.229 4)	(0.166 6)	(0.257 7)
离家距离	0.051 6	0.057 0*	0.020 4
	(0.032 8)	(0.029 1)	(0.045 3)
平均坡度	−0.004 0	−0.023 8*	−0.019 4
	(0.014 0)	(0.013 1)	(0.012 6)
Constant	0.696 0	−0.618 0	0.229 0
	(1.852 7)	(1.701 1)	(1.958 0)
不发展（chi2）		18.771	
林下养殖（chi2）		14.199	
林药模式（chi2）		18.418	
林菌模式（chi2）		12.509	
样本量	319	319	319

注：括号内为稳健标准误。*、**、***表示10%、5%、1%显著性水平。

表10-5给出了种养技术支持政策下农户林下经济发展意愿。可以看出种养技术支持政策对农户发展林下养殖有显著的正向影响，且通过5%水平的显著性检验。通过表10-5还可以发现，在其他条件不变的情况下，种养技术支持政策对农户选择发展林菌模式有显著的正向影响，且通过10%水平的显著性检验。而在其他条件不变的情况下，提供种养技术支持时农户不

会选择发展林药模式的林下经济。比较种养技术支持下各类林下经济模式的发展意愿可以看出，该支持政策更能提高农户发展林下养殖和林菌模式的意愿，而对提高农户发展林药模式的意愿影响不大。对于林下养蜂需要农户具备一定的技术手段才能养殖成功，林下养殖食用菌与之类似，也需要农户掌握一定的养殖技术，这对农户养殖成功获取较高收益水平有较大影响。因此，种养技术支持对提高农户发展林下养殖和林菌模式意愿有重要影响。

表 10 - 5   提供种养技术支持下的农户林下经济发展意愿

变量名称	林下养殖	林药模式	林菌模式
是否支持	0.774 9**	0.501 5	0.705 0*
	(0.379 5)	(0.330 3)	(0.404 0)
兼业户	−1.565 7***	0.539 9	−0.487 4
	(0.460 7)	(0.480 8)	(0.536 2)
非林户	−1.581 2***	0.111 1	−0.771 8
	(0.525 0)	(0.482 2)	(0.517 8)
年龄	0.002 0	−0.022 6	0.004 0
	(0.021 3)	(0.021 0)	(0.020 2)
教育	−0.222 4*	−0.042 6	−0.078 9
	(0.119 5)	(0.073 3)	(0.105 0)
党员	0.457 6	0.146 1	−0.983 1
	(0.500 2)	(0.448 9)	(0.601 8)
劳动力总数	0.052 5	0.188 3	0.158 1
	(0.165 4)	(0.148 0)	(0.200 2)
林地面积	0.000 6	0.001 0**	−0.000 1
	(0.000 5)	(0.000 4)	(0.000 6)
林地地块数	0.118 7	0.099 0	0.084 7
	(0.078 5)	(0.083 6)	(0.098 5)
用材林占比	−0.088 5	−0.184 9	0.197 7
	(0.626 9)	(0.579 4)	(0.631 2)
经济林占比	−0.617 1	−0.462 0	−1.254 1
	(0.855 7)	(0.770 3)	(1.150 7)
竹林占比	−0.653 4	−0.554 9	−0.988 6
	(0.723 4)	(0.614 5)	(0.761 4)

（续）

变量名称	林下养殖	林药模式	林菌模式
地块平均质量	−0.451 6*	−0.104 1	−0.426 8*
	(0.234 5)	(0.172 9)	(0.251 1)
离家距离	0.052 6	0.075 6**	0.074 8**
	(0.041 9)	(0.032 6)	(0.037 2)
平均坡度	−0.031 0**	−0.010 8	−0.018 8
	(0.015 2)	(0.013 0)	(0.012 1)
Constant	1.128 3	−0.919 5	−1.025 5
	(1.946 8)	(1.850 1)	(1.856 7)
不发展（chi2）		18.651	
林下养殖（chi2）		16.618	
林药模式（chi2）		13.638	
林菌模式（chi2）		11.058	
样本量	319	319	319

注：括号内为稳健标准误。*、**、*** 表示 10%、5%、1% 显著性水平。

观察表 10-6 可以发现，提供信贷支持政策对农户发展各类林下经济模式均没有通过显著检验，说明提供信贷支持政策不能提高农户发展林下经济的意愿。可能的原因是农户多为风险厌恶者，调研发现农户担心发展林下经济未必能获得较高收益，通常不会选择大规模经营，因此贷款需求有限。另外，农户多认为贷款手续较为复杂，就林权抵押贷款的实施情况来看，从银行走贷款程序手续繁琐且复杂，农户有厌恶贷款的情绪。因此，提供信贷支持政策对提高农户发展林下经济意愿作用有限。

表 10-6 提供信贷支持下的农户林下经济发展意愿

变量名称	林下养殖	林药模式	林菌模式
是否支持	0.463 8	0.467 2	0.454 3
	(0.384 6)	(0.332 1)	(0.404 9)
兼业户	−1.253 3***	1.467 1***	−0.244 5
	(0.470 0)	(0.544 8)	(0.597 2)
非林户	−1.428 2***	0.815 8	−0.211 4
	(0.520 0)	(0.561 2)	(0.559 4)

（续）

变量名称	林下养殖	林药模式	林菌模式
年龄	0.013 0	0.007 0	0.003 4
	(0.021 1)	(0.020 7)	(0.020 5)
教育	−0.150 4	0.015 7	−0.094 0
	(0.112 9)	(0.070 0)	(0.103 7)
党员	−0.283 2	0.012 1	−1.069 5*
	(0.579 3)	(0.471 8)	(0.587 6)
劳动力总数	0.146 5	0.051 2	0.224 1
	(0.166 6)	(0.152 7)	(0.199 9)
林地面积	−0.000 1	0.001 4***	0.001 0**
	(0.000 6)	(0.000 4)	(0.000 5)
林地地块数	0.080 6	−0.041 1	−0.056 6
	(0.058 9)	(0.078 8)	(0.116 9)
用材林占比	−0.243 2	−0.002 2	0.658 1
	(0.611 8)	(0.551 2)	(0.665 1)
经济林占比	−1.751 9	0.154 9	−0.653 9
	(1.107 9)	(0.749 5)	(1.187 4)
竹林占比	−0.740 3	−0.149 9	−0.110 1
	(0.736 9)	(0.581 9)	(0.767 0)
地块平均质量	−0.146 1	−0.223 7	−0.321 6
	(0.231 1)	(0.179 7)	(0.227 1)
离家距离	0.037 8	0.036 3	0.031 4
	(0.031 7)	(0.031 1)	(0.035 5)
平均坡度	−0.016 1	−0.010 9	−0.001 8
	(0.014 4)	(0.012 2)	(0.012 2)
Constant	−0.482 7	−2.814 5	−2.009 9
	(1.978 9)	(1.769 1)	(1.828 8)
不发展（chi2）		14.554	
林下养殖（chi2）		10.489	
林药模式（chi2）		13.255	
林菌模式（chi2）		10.675	
样本量	319	319	319

注：括号内为稳健标准误。*、**、*** 表示 10%、5%、1%显著性水平。

观察表 10-7 可以发现，销售渠道支持显著提高了农户林药模式和林菌模式的发展意愿。但是提供销售渠道支持政策并没有显著提高农户发展林下养殖的意愿。比较回归系数可以看出，销售渠道支持政策对提高农户发展林药模式的促进作用最强，其次为林菌模式。目前龙泉市林下养蜂产业发展较好，高山蜂蜜价格较高销路良好；而林下养殖家禽一般都是供自家食用，部分农户会将林下养殖的家禽卖到附近的民宿或者农家乐，规模较大的养殖大户目前还比较少见。而对于中草药和食用菌，不同的销售渠道销售价格差别较大，因此在提供销售渠道支持政策时，更能提高发展林药模式和林菌模式的愿意。

表 10-7　提供销售渠道支持下的农户林下经济发展意愿

变量名称	林下养殖	林药模式	林菌模式
是否支持	0.598 1	0.918 2***	0.782 9**
	(0.387 9)	(0.321 1)	(0.390 7)
兼业户	−0.910 0*	−0.569 7	−1.448 1***
	(0.537 7)	(0.395 4)	(0.531 4)
非林户	−0.982 3*	−0.856 2**	−1.113 8**
	(0.539 3)	(0.405 3)	(0.489 4)
年龄	0.023 0	−0.029 1	0.008 1
	(0.021 7)	(0.020 8)	(0.018 6)
教育	−0.119 7	−0.055 2	−0.116 4
	(0.099 0)	(0.074 1)	(0.105 6)
党员	0.118 9	0.066 0	−0.405 5
	(0.513 3)	(0.448 3)	(0.549 8)
劳动力总数	0.236 1	0.144 2	−0.109 3
	(0.164 2)	(0.145 1)	(0.221 0)
林地面积	0.000 8	0.001 0*	0.000 5
	(0.000 7)	(0.000 5)	(0.000 6)
林地地块数	0.093 8	0.083 3	0.023 0
	(0.073 7)	(0.069 4)	(0.112 8)
用材林占比	−0.185 0	0.304 1	0.356 1
	(0.586 2)	(0.558 9)	(0.623 6)
经济林占比	−1.375 6	−0.472 5	−0.336 7
	(1.027 2)	(0.735 8)	(0.810 5)

（续）

变量名称	林下养殖	林药模式	林菌模式
竹林占比	−0.339 8	−0.483 4	−1.246 0
	(0.646 8)	(0.611 2)	(0.877 3)
地块平均质量	−0.315 0	−0.246 0	−0.346 6
	(0.244 2)	(0.178 4)	(0.219 8)
离家距离	0.031 9	0.047 5*	0.038 5
	(0.041 5)	(0.026 6)	(0.035 6)
平均坡度	−0.014 9	−0.019 8	−0.019 9
	(0.014 4)	(0.012 1)	(0.013 1)
Constant	−2.071 3	0.836 5	0.291 2
	(1.847 6)	(1.802 9)	(1.712 2)
不发展（chi2）	12.748		
林下养殖（chi2）	15.850		
林药模式（chi2）	14.813		
林菌模式（chi2）	10.575		
样本量	319	319	319

注：括号内为稳健标准误。＊、＊＊、＊＊＊表示10％、5％、1％显著性水平。

观察不同类型农户发展林下经济意愿的差别可以看出，无论在何种政策支持下，兼业户与非林户的林下养殖意愿均低于纯林户。在提供种苗购买支持政策、肥饲料购买支持政策和种养技术支持政策时，各类型农户对于林药模式的发展意愿没有显著差异。而提供信贷支持政策时，兼业户林药模式林下经济的发展意愿显著高于纯林户，且通过1％水平的显著性检验，而非林户与纯林户之间的差别不显著。在提供销售渠道支持的政策时，非林户发展林药模式的意愿显著低于纯林户，且通过5％水平的显著性检验，而兼业户与纯林户之间没有显著差异。而对于林菌模式，在提供种养技术支持政策和信贷支持政策时，各类型农户之间的发展意愿差别不显著。在提供化肥饲料购买支持政策和销售渠道支持政策时，兼业户和非林户发展林菌模式林下经济的意愿均显著低于纯林户。而在提供种苗购买支持政策时，非林户发展林菌模式林下经济的意愿显著低于纯林户，而兼业户与纯林户的发展意愿差别不显著。

（二）公益林户对林下经济支持政策的响应

与前文一致，本部分仅使用有公益林地的农户作为样本，使用 mLogit 进行回归并计算稳健标准误，探讨各种支持政策下公益林户发展林下经济的意愿。

表 10 - 8 给出了种苗购买支持下公益林户林下经济发展意愿。观察表 10 - 8 的回归结果，可以看出，在其他条件不变的情况下，种苗购买支持政策能显著提高公益林户发展林下养殖、林药模式和林菌模式的意愿。比较各类林下经济发展模式中的回归系数可以发现，种苗购买支持政策更能提高公益林户发展林药模式的意愿，其次是林下养殖，最次为林菌模式。与使用全样本不同的是，公益林户更愿意发展林药模式。可能的原因是部分公益林地区位较好，比如靠近水源地、靠近道路，这为大规模种植林下中草药提供了便利，因此在有种苗购买的支持下公益林户更愿意发展林药模式。

表 10 - 8　种苗购买支持政策对公益林户林下经济发展意愿的影响

变量名称	林下养殖	林药模式	林菌模式
是否支持	1.770 1***	2.189 7***	1.216 7*
	(0.668 8)	(0.698 9)	(0.624 5)
兼业户	−3.439 7***	−0.452 4	−2.477 7***
	(0.885 6)	(0.943 8)	(0.895 7)
非林户	−3.670 1***	−1.691 9**	−2.885 6***
	(0.806 0)	(0.851 9)	(0.824 4)
年龄	0.049 1	−0.029 7	0.060 2
	(0.045 3)	(0.053 9)	(0.043 3)
教育	−0.104 0	0.125 0	0.165 2
	(0.164 1)	(0.185 8)	(0.123 1)
党员	−1.574 3*	−0.656 7	−0.626 6
	(0.907 5)	(0.816 1)	(0.867 0)
劳动力总数	0.119 6	0.319 0	−0.366 2
	(0.255 6)	(0.311 3)	(0.260 4)
林地面积	0.000 6	0.001 3	−0.000 1
	(0.001 5)	(0.001 1)	(0.001 3)

（续）

变量名称	林下养殖	林药模式	林菌模式
林地地块数	−0.112 3	−0.596 1***	−0.213 0*
	(0.111 7)	(0.210 4)	(0.128 8)
用材林占比	−1.510 3	−1.211 5	−1.034 8
	(1.017 8)	(1.061 8)	(0.979 0)
经济林占比	−0.301 8	0.907 5	0.068 8
	(1.805 4)	(1.516 7)	(1.455 7)
竹林占比	−1.704 7	−2.286 0*	−3.295 6**
	(1.170 0)	(1.225 4)	(1.409 4)
地块平均质量	−0.192 9	0.195 4	−0.217 9
	(0.315 8)	(0.272 7)	(0.275 2)
离家距离	−0.003 1	0.024 8	−0.034 5
	(0.041 0)	(0.050 2)	(0.046 9)
平均坡度	−0.026 9	−0.074 1***	−0.028 2
	(0.022 4)	(0.023 1)	(0.019 4)
Constant	2.006 5	5.069 5	1.221 8
	(3.646 9)	(4.524 0)	(3.157 4)
样本量	136	136	136

注：括号内为稳健标准误。*、**、*** 表示 10%、5%、1% 显著性水平。

　　表 10-9 给出了化肥饲料购买支持政策下公益林户林下经济发展的意愿。可以发现，化肥饲料购买支持政策显著提高了有公益林的林户发展林下养殖和林药模式的意愿，但对有公益林户发展林菌模式没有显著影响。而且化肥饲料购买支持政策对提高公益林户发展林药模式的促进作用最强，其次为林下养殖。与种苗购买支持政策类似，化肥饲料购买支持政策更能提高农户发展林下种植意愿，原因是公益林户更具规模化发展林药模式的优势，因此在提供化肥购买支持政策时公益林户更愿意发展林药模式。

表 10-9　化肥饲料购买支持政策对公益林户林下经济发展意愿的影响

变量名称	林下养殖	林药模式	林菌模式
是否支持	1.273 8**	1.453 6**	0.450 8
	(0.600 1)	(0.599 6)	(0.623 3)

（续）

变量名称	林下养殖	林药模式	林菌模式
兼业户	−3.130 0***	−0.172 0	−2.673 8***
	(0.841 8)	(0.924 6)	(0.820 2)
非林户	−2.378 0***	−0.817 8	−3.159 8***
	(0.763 0)	(0.850 9)	(0.750 6)
年龄	0.037 3	−0.040 9	0.075 2*
	(0.041 9)	(0.047 1)	(0.043 2)
教育	0.006 5	0.142 5	0.129 7
	(0.156 8)	(0.153 3)	(0.139 0)
党员	−1.610 4*	−0.517 0	−1.040 4
	(0.861 4)	(0.744 5)	(0.879 5)
劳动力总数	0.128 8	0.215 3	−0.330 9
	(0.229 6)	(0.263 7)	(0.265 0)
林地面积	0.000 2	0.001 1	0.000 1
	(0.001 0)	(0.000 8)	(0.001 0)
林地地块数	−0.029 2	−0.419 1**	−0.139 5
	(0.120 2)	(0.178 0)	(0.118 0)
用材林占比	−2.663 5***	−1.542 6	−1.097 0
	(0.956 0)	(1.031 3)	(0.954 2)
经济林占比	−5.647 1**	−1.282 7	−2.642 8*
	(2.447 1)	(1.390 0)	(1.400 4)
竹林占比	−2.109 3**	−2.370 1**	−3.152 9**
	(1.065 3)	(1.186 0)	(1.330 3)
地块平均质量	0.058 6	0.359 6	−0.220 3
	(0.260 7)	(0.265 5)	(0.336 3)
离家距离	0.005 6	0.004 9	−0.046 4
	(0.037 8)	(0.048 9)	(0.056 7)
平均坡度	−0.025 6	−0.041 3**	−0.006 5
	(0.023 3)	(0.019 5)	(0.019 3)
Constant	1.526 2	3.828 8	−0.424 6
	(3.457 6)	(3.753 3)	(3.225 2)
样本量	136	136	136

注：括号内为稳健标准误。*、**、*** 表示10%、5%、1%显著性水平。

观察表 10-10，种养技术支持提高了公益林户发展各类林下经济意愿，而且对林下养殖的促进作用最强，其次为林药，最次为林菌模式。林下养殖尤其是林下养蜂需要一定技术才能获得更高收益，因此提供种养技术支持更能提高公益林户发展林下养殖意愿。

表 10-10　种养技术支持政策对公益林户林下经济发展意愿的影响

变量名称	林下养殖	林药模式	林菌模式
是否支持	2.205 9***	1.725 0**	1.525 9**
	(0.695 5)	(0.679 7)	(0.647 6)
兼业户	−4.119 8***	−0.863 7	−2.931 3***
	(0.860 2)	(1.042 2)	(0.783 2)
非林户	−3.735 1***	−1.498 4	−3.236 8***
	(0.823 1)	(0.964 9)	(0.702 2)
年龄	0.073 2	−0.012 2	0.059 5
	(0.046 5)	(0.055 0)	(0.042 9)
教育	0.045 2	0.134 3	0.149 0
	(0.149 0)	(0.175 3)	(0.143 1)
党员	−0.480 8	−0.783 4	−1.464 6
	(0.882 9)	(0.810 2)	(0.960 1)
劳动力总数	−0.059 9	0.223 8	−0.100 3
	(0.276 3)	(0.305 3)	(0.267 4)
林地面积	−0.000 2	0.001 0	−0.001 0
	(0.001 1)	(0.000 8)	(0.001 2)
林地地块数	−0.078 1	−0.329 9**	−0.047 7
	(0.099 4)	(0.167 8)	(0.114 2)
用材林占比	−1.909 5*	−1.307 5	−0.966 1
	(1.014 9)	(1.051 5)	(1.054 8)
经济林占比	0.923 6	−6.514 6	0.496 1
	(1.635 7)	(6.061 7)	(1.591 5)
竹林占比	−2.195 6*	−2.339 3*	−2.826 2**
	(1.245 2)	(1.269 0)	(1.223 1)
地块平均质量	−0.141 3	0.282 3	−0.532 1
	(0.282 5)	(0.262 9)	(0.350 0)
离家距离	−0.039 6	0.012 4	−0.009 4
	(0.057 6)	(0.040 2)	(0.036 3)

（续）

变量名称	林下养殖	林药模式	林菌模式
平均坡度	−0.052 1**	−0.050 8**	−0.036 1**
	(0.022 2)	(0.021 1)	(0.018 2)
Constant	1.421 7	2.912 2	0.767 3
	(3.550 8)	(4.304 2)	(3.287 6)
样本量	136	136	136

注：括号内为稳健标准误。*、**、*** 表示10%、5%、1%显著性水平。

观察表 10-11 中可以发现，提供信贷支持政策不能提高公益林户发展林下经济的意愿。可能的原因是公益林户多认为提供贷款支持政策不够实际，而且贷款手续烦琐程序复杂。因此，提供信贷支持政策对提高公益林户发展林下经济意愿作用有限。

表 10-11　信贷支持政策对公益林户林下经济发展意愿的影响

变量名称	林下养殖	林药模式	林菌模式
是否支持	0.381 0	0.624 2	−0.325 0
	(0.563 3)	(0.590 4)	(0.616 1)
兼业户	−2.531 8***	0.288 9	−1.047 3
	(0.759 2)	(0.800 8)	(0.845 5)
非林户	−2.086 6***	−0.483 6	−1.390 0*
	(0.720 3)	(0.768 7)	(0.786 7)
年龄	0.053 0	−0.047 2	0.046 2
	(0.035 6)	(0.052 4)	(0.038 6)
教育	0.093 2	0.078 7	0.077 9
	(0.169 8)	(0.176 5)	(0.149 1)
党员	−1.263 8	−0.840 1	−1.497 2*
	(1.015 2)	(0.736 5)	(0.871 9)
劳动力总数	0.197 3	0.262 3	−0.060 4
	(0.239 6)	(0.271 6)	(0.284 1)
林地面积	−0.000 3	0.001 2*	0.001 0
	(0.000 8)	(0.000 7)	(0.000 7)
林地地块数	−0.125 8	−0.405 7**	−0.256 3
	(0.093 2)	(0.179 1)	(0.156 3)

（续）

变量名称	林下养殖	林药模式	林菌模式
用材林占比	−1.502 4*	−1.270 8	−0.202 3
	(0.889 7)	(0.860 5)	(0.888 9)
经济林占比	−2.016 4	−1.384 2	−0.411 6
	(1.496 1)	(1.565 6)	(1.428 9)
竹林占比	−1.645 1	−2.969 9**	−3.146 9**
	(1.053 2)	(1.250 5)	(1.357 1)
地块平均质量	0.034 4	0.225 1	−0.471 7
	(0.258 6)	(0.263 2)	(0.364 9)
离家距离	0.016 1	0.015 7	0.008 0
	(0.041 2)	(0.042 2)	(0.044 3)
平均坡度	−0.015 4	−0.021 9	−0.003 4
	(0.020 2)	(0.018 3)	(0.018 4)
Constant	−1.219 0	3.614 2	−0.780 6
	(3.073 5)	(4.204 8)	(3.052 3)
样本量	136	136	136

注：括号内为稳健标准误。*、**、*** 表示10%、5%、1%显著性水平。

从表10-12中可以看出销售渠道支持政策对公益林户发展各类林下经济意愿都有显著的正向影响，且对林药模式促进作用最强。良好的销售渠道将提高农户林下中草药的收益，提供销售渠道支持政策更能提高公益林户发展林药模式的意愿。

表 10-12　销售渠道支持政策对公益林户林下经济发展意愿的影响

变量名称	林下养殖	林药模式	林菌模式
是否支持	1.522 3**	2.036 5***	1.292 9**
	(0.609 9)	(0.678 1)	(0.656 3)
兼业户	−2.829 8***	−2.364 9***	−3.497 9***
	(0.859 8)	(0.879 4)	(0.857 8)
非林户	−3.091 2***	−3.138 5***	−3.830 2***
	(0.860 0)	(0.857 5)	(0.810 5)
年龄	0.056 4	−0.018 2	0.065 4
	(0.042 7)	(0.052 1)	(0.040 9)

（续）

变量名称	林下养殖	林药模式	林菌模式
教育	0.038 6	0.092 9	0.155 5
	(0.138 7)	(0.186 6)	(0.139 4)
党员	−0.932 9	−1.496 3	−1.133 3
	(0.787 8)	(0.943 9)	(0.859 6)
劳动力总数	0.126 7	0.272 8	−0.449 6*
	(0.288 5)	(0.304 2)	(0.271 5)
林地面积	0.000 4	0.000 8	−0.000 6
	(0.001 2)	(0.001 0)	(0.001 3)
林地地块数	−0.078 6	−0.282 3*	−0.075 0
	(0.098 2)	(0.153 2)	(0.130 8)
用材林占比	−1.671 1*	−0.969 1	−0.796 2
	(1.001 6)	(1.085 7)	(1.038 9)
经济林占比	−4.660 4**	−3.905 6**	−3.242 8**
	(1.921 8)	(1.688 9)	(1.352 3)
竹林占比	−1.798 9*	−2.704 7**	−4.820 6***
	(1.086 1)	(1.299 1)	(1.799 9)
地块平均质量	0.020 3	0.089 0	−0.468 3
	(0.262 1)	(0.266 3)	(0.346 3)
离家距离	−0.050 9	−0.009 5	−0.024 5
	(0.061 5)	(0.049 8)	(0.035 9)
平均坡度	−0.024 9	−0.049 9**	−0.026 1
	(0.022 8)	(0.021 4)	(0.021 4)
Constant	0.426 8	4.867 8	1.722 1
	(3.533 3)	(4.308 3)	(3.219 2)
样本量	136	136	136

注：括号内为稳健标准误。＊、＊＊、＊＊＊表示 10％、5％、1％显著性水平。

观察不同类型公益林户发展林下经济意愿的差别可以看出，无论在何种政策支持下，兼业户与非林户的林下养殖意愿均低于纯林户。在化肥饲料购买支持政策、种养技术支持政策和信贷支持政策时，各类型公益林户对于林药模式的发展意愿没有显著差异。而提供种苗购买支持政策时，非林户林药模式林下经济的发展意愿显著低于纯林户，且通过 5％水平的显著性检验，而兼业户与纯林户之间的差别不显著。在提供销售渠道支持的政策时，兼业户和非林户发展林药模式意愿显著低于纯林户，且达到1%的显著性水平。而对于林菌模式，在提供种苗购买支持政策、化肥饲料购买支持政策、种养技术支持政策和销售渠道支持政策时，兼业户和非林户发展林菌模式林下经济的意愿均显著低于纯林户。而在提供信贷支持政策时，非林户发展林菌模式林下经济的意愿显著低于纯林户，而兼业户与纯林户的发展意愿差别不显著。

三、稳健性检验

为检验上述实证回归结果的稳健性，本研究使用 mProbit 对上文结果进行了重新估计。稳健性检验结果表明上文回归结果较为稳健。

表 10-13 中的结果意味着种苗购买支持政策对农户发展各类林下经济意愿均有显著的正向影响。这与前文回归结果较为一致。

表 10-13 提供种苗购买支持下的农户林下经济发展意愿（mProbit）

变量名称	林下养殖	林药模式	林菌模式
是否支持	0.632 0 **	0.434 6 *	0.566 4 **
	(0.260 8)	(0.240 6)	(0.258 0)
兼业户	−1.402 8 ***	−0.053 2	−0.526 6
	(0.341 2)	(0.301 7)	(0.357 3)
非林户	−1.494 5 ***	−0.477 6	−0.789 0 **
	(0.355 9)	(0.316 7)	(0.362 4)
年龄	−0.003 4	−0.020 4	0.002 0
	(0.015 3)	(0.015 1)	(0.014 4)
教育	−0.177 4 **	−0.033 6	−0.021 7
	(0.079 5)	(0.057 6)	(0.067 2)
党员	−0.316 0	−0.068 5	−0.174 3
	(0.361 3)	(0.335 3)	(0.400 1)
劳动力总数	0.208 0 **	0.176 3 *	−0.057 3
	(0.104 8)	(0.106 6)	(0.144 6)
林地面积	0.000 5	0.000 7 **	0.000 1
	(0.000 4)	(0.000 4)	(0.000 4)

（续）

变量名称	林下养殖	林药模式	林菌模式
林地地块数	0.104 0**	0.014 9	0.003 6
	(0.052 6)	(0.051 3)	(0.057 0)
用材林占比	0.153 6	0.334 3	0.461 5
	(0.455 3)	(0.422 2)	(0.425 9)
经济林占比	−0.525 2	−0.080 5	−0.534 3
	(0.634 7)	(0.548 7)	(0.645 3)
竹林占比	−0.046 1	−0.289 0	−0.741 8
	(0.497 0)	(0.449 9)	(0.524 6)
地块平均质量	−0.434 8**	−0.193 7	−0.302 9**
	(0.179 7)	(0.131 0)	(0.139 2)
离家距离	0.043 3*	0.043 4*	0.020 4
	(0.025 8)	(0.024 5)	(0.026 4)
平均坡度	−0.003 1	−0.017 0*	−0.013 5*
	(0.009 8)	(0.009 2)	(0.008 0)
Constant	0.007 3	0.198 8	−0.271 3
	(1.350 5)	(1.313 9)	(1.219 7)
样本量	319	319	319

注：括号内为稳健标准误。*、**、*** 表示10%、5%、1%显著性水平。

表 10-14 中的结果意味着化肥饲料购买支持政策能显著提高农户发展林下养殖和林药模式的林下经济意愿。这与前文回归结果较为一致。

表 10-14　提供化肥饲料购买支持下的农户林下经济发展意愿（mProbit）

变量名称	林下养殖	林药模式	林菌模式
是否支持	0.713 2***	0.512 1**	0.267 9
	(0.254 0)	(0.238 0)	(0.271 7)
兼业户	−1.086 0***	0.085 1	−1.088 0***
	(0.341 0)	(0.310 0)	(0.385 5)
非林户	−1.000 8***	−0.283 0	−1.205 7***
	(0.341 7)	(0.320 3)	(0.362 4)
年龄	−0.010 4	−0.009 7	0.007 5
	(0.014 7)	(0.014 3)	(0.014 8)

（续）

变量名称	林下养殖	林药模式	林菌模式
教育	−0.172 4**	0.009 9	−0.023 7
	(0.070 9)	(0.053 3)	(0.062 2)
党员	−0.353 7	−0.020 3	−0.045 6
	(0.360 8)	(0.326 8)	(0.356 0)
劳动力总数	0.236 2**	0.093 9	−0.078 8
	(0.105 8)	(0.107 0)	(0.135 0)
林地面积	0.000 2	0.000 8**	0.000 3
	(0.000 4)	(0.000 3)	(0.000 3)
林地地块数	0.106 3*	0.018 2	0.025 4
	(0.058 2)	(0.051 6)	(0.059 3)
用材林占比	−0.481 0	−0.132 4	0.366 0
	(0.413 7)	(0.423 8)	(0.472 5)
经济林占比	−1.093 0*	−0.115 0	−0.861 0
	(0.650 5)	(0.527 7)	(0.726 1)
竹林占比	−0.621 7	−0.383 1	−0.757 6
	(0.474 9)	(0.444 2)	(0.585 7)
地块平均质量	−0.180 8	−0.030 6	−0.227 2
	(0.154 6)	(0.125 2)	(0.160 2)
离家距离	0.039 6**	0.044 0*	0.017 1
	(0.024 8)	(0.022 7)	(0.028 7)
平均坡度	−0.004 5	−0.017 3*	−0.015 1*
	(0.009 4)	(0.009 1)	(0.008 5)
Constant	0.479 7	−0.513 0	−0.251 7
	(1.297 9)	(1.235 4)	(1.267 3)
样本量	319	319	319

注：括号内为稳健标准误。*、**、***表示10%、5%、1%显著性水平。

表10-15中的结果意味着种养技术支持政策能显著提高农户发展各类林下经济意愿。这与前文回归结果较为一致。

表 10-15　提供种养技术支持下的农户林下经济发展意愿（mProbit）

变量名称	林下养殖	林药模式	林菌模式
是否支持	0.620 0**	0.397 9*	0.559 4**
	(0.257 4)	(0.240 5)	(0.259 7)

（续）

变量名称	林下养殖	林药模式	林菌模式
兼业户	−1.150 5***	0.323 6	−0.371 6
	(0.324 7)	(0.332 8)	(0.360 2)
非林户	−1.143 5***	−0.002 8	−0.579 2*
	(0.363 7)	(0.333 6)	(0.347 6)
年龄	0.003 8	−0.015 8	0.005 0
	(0.014 9)	(0.015 0)	(0.014 2)
教育	−0.140 1*	−0.037 8	−0.049 5
	(0.075 3)	(0.055 4)	(0.065 5)
党员	0.295 6	0.118 7	−0.594 9
	(0.362 0)	(0.334 0)	(0.370 9)
劳动力总数	0.052 1	0.153 9	0.121 4
	(0.111 7)	(0.106 7)	(0.123 8)
林地面积	0.000 4	0.000 8**	−0.000 0
	(0.000 4)	(0.000 3)	(0.000 4)
林地地块数	0.078 3	0.070 9	0.054 7
	(0.051 9)	(0.055 1)	(0.061 1)
用材林占比	−0.101 9	−0.114 5	0.115 2
	(0.432 8)	(0.424 3)	(0.441 7)
经济林占比	−0.507 4	−0.344 0	−0.854 5
	(0.616 4)	(0.571 0)	(0.709 2)
竹林占比	−0.456 3	−0.506 5	−0.674 0
	(0.492 6)	(0.445 3)	(0.489 3)
地块平均质量	−0.313 6**	−0.097 3	−0.283 4*
	(0.153 1)	(0.128 8)	(0.154 0)
离家距离	0.041 7	0.061 1**	0.058 7**
	(0.028 5)	(0.024 8)	(0.027 2)
平均坡度	−0.022 1**	−0.008 4	−0.015 2*
	(0.010 6)	(0.008 9)	(0.008 3)
Constant	0.468 7	−0.710 1	−0.956 7
	(1.348 2)	(1.285 3)	(1.257 3)
样本量	319	319	319

注：括号内为稳健标准误。*、**、***表示10%、5%、1%显著性水平。

表 10 - 16 中的结果意味着提供信贷支持政策对农户发展各类林下经济意愿均没有显著影响。这与前文回归结果较为一致。

表 10 - 16　提供信贷支持下的农户林下经济发展意愿（mProbit）

变量名称	林下养殖	林药模式	林菌模式
是否支持	0.411 1	0.368 9	0.354 3
	(0.255 4)	(0.242 8)	(0.255 0)
兼业户	−0.882 5***	0.975 0***	−0.120 6
	(0.332 2)	(0.355 9)	(0.372 9)
非林户	−0.968 1***	0.472 3	−0.135 1
	(0.362 4)	(0.366 1)	(0.349 9)
年龄	0.010 9	0.005 2	0.004 9
	(0.014 7)	(0.015 3)	(0.013 9)
教育	−0.097 2	0.005 7	−0.058 7
	(0.072 5)	(0.054 2)	(0.064 8)
党员	−0.201 4	−0.014 2	−0.708 1**
	(0.391 5)	(0.347 0)	(0.358 4)
劳动力总数	0.105 8	0.059 0	0.159 1
	(0.114 6)	(0.108 6)	(0.122 2)
林地面积	−0.000 0	0.001 1***	0.000 8**
	(0.000 4)	(0.000 3)	(0.000 4)
林地地块数	0.057 0	−0.035 1	−0.034 4
	(0.046 8)	(0.055 4)	(0.068 7)
用材林占比	−0.220 5	0.051 2	0.467 1
	(0.430 5)	(0.407 6)	(0.450 3)
经济林占比	−1.253 9*	0.064 2	−0.410 8
	(0.701 5)	(0.563 0)	(0.711 2)
竹林占比	−0.514 0	−0.180 2	−0.064 8
	(0.499 7)	(0.431 8)	(0.482 9)
地块平均质量	−0.117 3	−0.178 6	−0.213 7
	(0.148 0)	(0.135 0)	(0.140 9)
离家距离	0.026 7	0.026 4	0.025 0
	(0.024 4)	(0.023 9)	(0.024 6)

（续）

变量名称	林下养殖	林药模式	林菌模式
平均坡度	−0.012 2	−0.008 1	−0.002 7
	(0.010 2)	(0.008 7)	(0.008 3)
Constant	−0.587 7	−2.041 6	−1.735 1
	(1.370 2)	(1.279 3)	(1.224 0)
样本量	319	319	319

注：括号内为稳健标准误。＊、＊＊、＊＊＊表示10%、5%、1%显著性水平。

表 10-17 中的结果意味着销售渠道支持政策能显著提高农户发展各类林下经济意愿。这与前文回归结果较为一致。

表 10-17 提供销售渠道支持下的农户林下经济发展意愿（mProbit）

变量名称	林下养殖	林药模式	林菌模式
是否支持	0.527 9＊＊	0.703 8＊＊＊	0.629 8＊＊
	(0.250 1)	(0.235 9)	(0.257 6)
兼业户	−0.706 8＊	−0.476 0	−1.018 4＊＊＊
	(0.361 5)	(0.299 0)	(0.342 8)
非林户	−0.759 7＊＊	−0.668 1＊＊	−0.834 2＊＊
	(0.359 0)	(0.305 1)	(0.335 4)
年龄	0.013 4	−0.018 9	0.008 2
	(0.014 8)	(0.015 0)	(0.013 3)
教育	−0.079 9	−0.040 6	−0.074 8
	(0.064 4)	(0.056 0)	(0.067 8)
党员	0.069 3	0.078 8	−0.316 5
	(0.357 2)	(0.336 5)	(0.364 6)
劳动力总数	0.148 5	0.117 6	−0.006 1
	(0.110 8)	(0.105 8)	(0.129 0)
林地面积	0.000 5	0.000 8＊＊	0.000 4
	(0.000 4)	(0.000 4)	(0.000 4)
林地地块数	0.069 8	0.065 9	0.013 8
	(0.051 0)	(0.050 5)	(0.068 5)
用材林占比	−0.071 0	0.208 8	0.241 9
	(0.416 1)	(0.415 7)	(0.434 1)

（续）

变量名称	林下养殖	林药模式	林菌模式
经济林占比	−0.917 5	−0.393 7	−0.359 5
	(0.651 0)	(0.550 7)	(0.584 4)
竹林占比	−0.281 2	−0.402 5	−0.740 1
	(0.461 0)	(0.442 6)	(0.501 6)
地块平均质量	−0.211 1	−0.208 6	−0.212 0
	(0.147 9)	(0.131 0)	(0.138 0)
离家距离	0.024 9	0.039 5*	0.029 0
	(0.027 3)	(0.021 1)	(0.025 4)
平均坡度	−0.010 8	−0.014 5*	−0.015 8*
	(0.009 5)	(0.008 7)	(0.008 8)
Constant	−1.372 2	0.402 6	−0.218 1
	(1.250 1)	(1.282 2)	(1.182 6)
样本量	319	319	319

注：括号内为稳健标准误。*、**、*** 表示10%、5%、1%显著性水平。

表10-18中的结果意味着种苗购买支持政策能显著提高公益林户发展各类林下经济意愿。这与前文回归结果较为一致。

表10-18 种苗购买支持政策对公益林户林下经济发展意愿的影响（mProbit）

变量名称	林下养殖	林药模式	林菌模式
是否支持	1.288 7***	1.538 3***	0.923 0**
	(0.428 9)	(0.457 5)	(0.412 9)
兼业户	−2.630 0***	−0.341 8	−1.817 3***
	(0.579 9)	(0.590 9)	(0.567 5)
非林户	−2.780 7***	−1.229 3**	−2.119 8***
	(0.530 8)	(0.550 5)	(0.556 2)
年龄	0.037 7	−0.017 5	0.046 4
	(0.031 6)	(0.034 9)	(0.029 5)
教育	−0.081 2	0.112 1	0.135 9
	(0.112 3)	(0.120 4)	(0.092 6)
党员	−1.081 1*	−0.433 8	−0.386 9
	(0.633 4)	(0.582 7)	(0.617 8)

（续）

变量名称	林下养殖	林药模式	林菌模式
劳动力总数	0.092 0	0.201 9	−0.272 3
	(0.180 2)	(0.207 5)	(0.181 2)
林地面积	0.000 2	0.000 7	−0.000 2
	(0.000 7)	(0.000 6)	(0.000 7)
林地地块数	−0.072 2	−0.412 0***	−0.160 5*
	(0.081 7)	(0.133 1)	(0.092 9)
用材林占比	−1.134 6*	−0.809 5	−0.690 3
	(0.686 2)	(0.694 7)	(0.669 2)
经济林占比	−0.279 6	0.605 9	0.069 9
	(1.246 1)	(1.056 4)	(1.041 0)
竹林占比	−1.263 5	−1.773 1**	−2.292 3***
	(0.779 8)	(0.821 9)	(0.853 7)
地块平均质量	−0.144 9	0.161 8	−0.153 4
	(0.216 3)	(0.205 0)	(0.198 9)
离家距离	−0.000 9	0.016 5	−0.020 8
	(0.028 9)	(0.032 7)	(0.029 7)
平均坡度	−0.020 2	−0.054 5***	−0.024 3*
	(0.014 8)	(0.014 6)	(0.013 0)
Constant	1.463 9	3.390 2	0.719 2
	(2.485 1)	(2.804 8)	(2.159 1)
样本量	136	136	136

注：括号内为稳健标准误。*、**、***表示10%、5%、1%显著性水平。

表 10-19 中的结果意味着化肥饲料购买支持政策能显著提高公益林户发展林下养殖、林药模式的意愿。这与前文回归结果较为一致。

表 10-19　化肥饲料购买支持政策对公益林户林下经济发展意愿的影响（mProbit）

变量名称	林下养殖	林药模式	林菌模式
是否支持	0.962 6**	0.998 1**	0.356 2
	(0.413 4)	(0.403 6)	(0.414 1)
兼业户	−2.411 0***	−0.359 6	−1.969 1***
	(0.571 4)	(0.610 4)	(0.548 8)

（续）

变量名称	林下养殖	林药模式	林菌模式
非林户	−1.851 7***	−0.801 9	−2.386 5***
	(0.536 4)	(0.581 9)	(0.526 3)
年龄	0.030 8	−0.025 3	0.054 5*
	(0.029 5)	(0.032 0)	(0.030 0)
教育	0.010 0	0.111 7	0.100 5
	(0.106 7)	(0.104 7)	(0.094 9)
党员	−1.184 3**	−0.473 0	−0.810 5
	(0.598 4)	(0.556 1)	(0.615 6)
劳动力总数	0.111 8	0.134 5	−0.244 2
	(0.165 3)	(0.182 6)	(0.177 9)
林地面积	0.000 0	0.000 7	−0.000 0
	(0.000 6)	(0.000 5)	(0.000 6)
林地地块数	−0.032 6	−0.290 4**	−0.114 1
	(0.091 7)	(0.117 7)	(0.086 5)
用材林占比	−1.978 4***	−1.104 9	−0.707 7
	(0.650 0)	(0.682 3)	(0.650 0)
经济林占比	−4.071 7***	−1.195 8	−1.942 3*
	(1.451 9)	(1.052 1)	(1.041 1)
竹林占比	−1.595 9**	−1.689 7**	−2.253 4***
	(0.732 9)	(0.801 0)	(0.828 5)
地块平均质量	0.049 2	0.257 3	−0.093 6
	(0.195 6)	(0.200 9)	(0.223 8)
离家距离	0.002 9	0.001 9	−0.032 8
	(0.028 3)	(0.032 4)	(0.035 4)
平均坡度	−0.019 1	−0.028 8**	−0.009 5
	(0.015 3)	(0.013 2)	(0.013 1)
Constant	0.980 6	2.723 9	−0.136 4
	(2.407 2)	(2.489 3)	(2.228 6)
样本量	136	136	136

注：括号内为稳健标准误。*、**、***表示10%、5%、1%显著性水平。

表10-20中的结果意味着提供种养技术支持政策能显著提高公益林户发展各类林下经济意愿。这与前文回归结果较为一致。

表 10 - 20　种养技术支持政策对公益林户林下经济发展意愿的影响（mProbit）

变量名称	林下养殖	林药模式	林菌模式
是否支持	1.561 0 ***	1.226 1 ***	1.131 4 ***
	(0.447 9)	(0.444 5)	(0.426 6)
兼业户	−3.226 7 ***	−0.878 8	−2.204 8 ***
	(0.591 5)	(0.656 8)	(0.547 4)
非林户	−2.930 7 ***	−1.319 0 **	−2.510 0 ***
	(0.560 6)	(0.617 0)	(0.512 0)
年龄	0.055 0 *	−0.005 1	0.044 3
	(0.031 1)	(0.035 3)	(0.029 4)
教育	0.026 7	0.099 8	0.107 9
	(0.105 7)	(0.115 3)	(0.099 6)
党员	−0.275 7	−0.590 2	−1.095 8 *
	(0.613 7)	(0.577 0)	(0.646 4)
劳动力总数	−0.044 4	0.133 8	−0.077 9
	(0.190 0)	(0.203 6)	(0.183 4)
林地面积	−0.000 2	0.000 7	−0.000 7
	(0.000 7)	(0.000 5)	(0.000 7)
林地地块数	−0.068 7	−0.243 8 **	−0.039 1
	(0.077 1)	(0.114 8)	(0.088 6)
用材林占比	−1.382 4 **	−0.879 5	−0.594 3
	(0.681 1)	(0.692 5)	(0.704 2)
经济林占比	0.883 8	−5.155 4	0.486 2
	(1.186 0)	(4.819 2)	(1.144 3)
竹林占比	−1.591 9 **	−1.807 5 **	−2.164 2 ***
	(0.804 8)	(0.844 9)	(0.788 7)
地块平均质量	−0.088 6	0.210 8	−0.340 3
	(0.207 1)	(0.199 5)	(0.230 2)
离家距离	−0.032 8	0.009 1	−0.008 2
	(0.039 7)	(0.030 0)	(0.026 9)
平均坡度	−0.041 7 ***	−0.037 0 ***	−0.028 8 **
	(0.014 8)	(0.013 9)	(0.012 9)
Constant	1.323 7	2.191 4	0.637 6
	(2.429 6)	(2.723 2)	(2.253 1)
样本量	136	136	136

注：括号内为稳健标准误。＊、＊＊、＊＊＊表示 10%、5%、1%显著性水平。

表 10-21 中的结果意味着提供信贷支持政策对公益林户发展各类林下经济意愿没有显著影响。这与前文回归结果较为一致。

表 10-21　信贷支持政策对公益林户林下经济发展意愿的影响（mProbit）

变量名称	林下养殖	林药模式	林菌模式
是否支持	0.315 5	0.384 7	−0.169 8
	(0.378 4)	(0.404 2)	(0.403 3)
兼业户	−1.927 9***	0.120 5	−0.675 5
	(0.543 0)	(0.543 1)	(0.559 7)
非林户	−1.588 2***	−0.368 8	−1.006 6*
	(0.507 5)	(0.529 5)	(0.534 7)
年龄	0.040 3	−0.033 0	0.035 8
	(0.026 5)	(0.033 9)	(0.026 6)
教育	0.070 9	0.082 9	0.085 2
	(0.107 4)	(0.113 5)	(0.095 7)
党员	−0.809 0	−0.693 8	−1.076 2*
	(0.645 6)	(0.547 9)	(0.570 5)
劳动力总数	0.139 0	0.205 4	−0.062 7
	(0.170 1)	(0.184 6)	(0.175 3)
林地面积	−0.000 3	0.000 9*	0.000 7
	(0.000 5)	(0.000 5)	(0.000 5)
林地地块数	−0.115 2	−0.290 4**	−0.200 8*
	(0.073 3)	(0.115 7)	(0.105 5)
用材林占比	−1.118 5*	−0.930 2	−0.059 9
	(0.624 6)	(0.620 7)	(0.627 7)
经济林占比	−1.512 5	−0.973 9	−0.137 4
	(1.057 7)	(1.084 1)	(1.024 7)
竹林占比	−1.246 3*	−2.168 3***	−2.205 4***
	(0.733 4)	(0.816 7)	(0.841 8)
地块平均质量	0.027 1	0.142 6	−0.301 4
	(0.192 1)	(0.198 8)	(0.229 3)
离家距离	0.009 4	0.010 4	0.009 8
	(0.030 3)	(0.031 6)	(0.029 8)

（续）

变量名称	林下养殖	林药模式	林菌模式
平均坡度	−0.012 8	−0.014 7	−0.005 2
	(0.014 0)	(0.012 8)	(0.012 6)
Constant	−0.815 5	2.380 8	−0.832 5
	(2.165 7)	(2.662 4)	(2.097 5)
样本量	136	136	136

注：括号内为稳健标准误。＊、＊＊、＊＊＊表示10％、5％、1％显著性水平。

表10-22中的结果意味着提供销售渠道支持政策能显著提高公益林户发展各类林下经济的意愿。这与前文回归结果较为一致。

表 10-22 销售渠道支持政策对公益林户林下经济发展意愿的影响（mProbit）

变量名称	林下养殖	林药模式	林菌模式
是否支持	1.144 9***	1.439 4***	0.942 1**
	(0.402 6)	(0.437 3)	(0.438 4)
兼业户	−2.218 2***	−1.835 7***	−2.563 8***
	(0.562 4)	(0.551 4)	(0.548 2)
非林户	−2.401 2***	−2.377 9***	−2.881 3***
	(0.564 5)	(0.565 5)	(0.548 7)
年龄	0.043 8	−0.009 8	0.052 4*
	(0.029 4)	(0.034 2)	(0.028 9)
教育	0.026 6	0.079 8	0.098 6
	(0.099 2)	(0.121 6)	(0.099 3)
党员	−0.648 7	−1.013 2	−0.877 6
	(0.576 3)	(0.621 5)	(0.623 4)
劳动力总数	0.081 4	0.166 7	−0.303 0*
	(0.189 8)	(0.200 4)	(0.181 4)
林地面积	0.000 1	0.000 5	−0.000 6
	(0.000 7)	(0.000 6)	(0.000 7)
林地地块数	−0.063 6	−0.194 7**	−0.068 1
	(0.074 4)	(0.095 5)	(0.097 7)
用材林占比	−1.174 3*	−0.659 5	−0.437 7
	(0.665 1)	(0.701 7)	(0.694 0)

（续）

变量名称	林下养殖	林药模式	林菌模式
经济林占比	−3.519 6***	−2.898 2**	−2.337 5**
	(1.204 2)	(1.146 6)	(0.969 5)
竹林占比	−1.371 2*	−2.009 4**	−3.251 5***
	(0.747 9)	(0.836 8)	(0.991 6)
地块平均质量	0.038 0	0.084 9	−0.325 6
	(0.190 3)	(0.200 1)	(0.243 8)
离家距离	−0.036 5	−0.009 1	−0.018 5
	(0.034 6)	(0.033 4)	(0.026 6)
平均坡度	−0.018 5	−0.036 6***	−0.023 8*
	(0.014 7)	(0.013 5)	(0.013 9)
Constant	0.308 4	3.426 0	1.215 7
	(2.374 9)	(2.740 1)	(2.231 9)
样本量	136	136	136

注：括号内为稳健标准误。*、**、*** 表示10%、5%、1%显著性水平。

四、本章结论

为探究农户对发展林下经济不同支持政策下的响应，本章通过设计选择实验收集龙泉市的农户样本数据，实证检验了各类支持政策对农户发展不同林下经济意愿的影响。根据调研实际本章设计了种苗购买补贴支持、化肥饲料购买补贴支持、种养技术支持、信贷支持和销售渠道支持五种支持政策，涵盖了农户发展林下经济的产前、产中和产后三个环节。对于林下经济的具体模式，本章分为林下养殖、林药模式和林菌模式三种模式供农户选择。

本章的实证检验结果表明：对于整体农户而言，提供种苗购买补贴支持政策能显著提高农户对各种林下经济的发展意愿，而且对农户发展林下养殖意愿的促进作用最强。提供化肥饲料购买补贴可以显著提高农户发展林下养殖和林药模式的意愿，而且对农户发展林下养殖意愿的促进作用最强。提供种养技术指导支持可以显著提高农户发展林下养殖和林菌模式的意愿，而且对农户发展林下养殖意愿的促进作用最强。提供销售渠道支持政策能显著提高农户发展林药模式和林菌模式的意愿，而且对农户发展林药模式意愿的促进作用最强。而提供信贷支持政策不能显著提高农户林下经济发展意愿。

对于公益林户而言，提供种苗购买补贴和销售渠道支持对公益林户发展各类林下经济的意愿均有显著的促进作用，而且都对发展林药模式意愿的促进作用最强。化肥饲料购买补贴能显著提高公益林户发展林下养殖、林药模式林下经济的意愿，对发展林药模式意愿的促进作用最强。提供种养技术指导支持政策对公益林户各类林下经济的发展意愿都有显著的提高作用，但对发展林下养殖意愿的促进作用最强。而信贷支持政策同样对提高公益林户发展林下经济意愿作用不显著。

第十一章　研究结论与政策建议

一、研究结论

公益林政策严格限制农户对公益林地的商业性采伐并给予农户一定的损失性补偿会对农户收入产生影响。然而，鲜有研究较好地揭示公益林政策对集体林区农户收入的影响路径及作用机理。本研究在考虑农户兼业程度异质性和农户生产要素配置决策的基础上，开展了公益林政策对农户收入影响的机理分析和实证研究。在理清公益林政策的政策效应后，本研究使用选择实验法分析了农户对公益林配套支持政策的参与意愿，最后提出了完善和优化公益林政策的建议。本研究的主要结论如下：

（1）中国公益林政策的演变经历萌芽阶段、形成阶段、补偿试点阶段和全面推广阶段。通过公益林政策的实施，中国森林资源得到保护，森林的生态功能得以强化，也结束了中国森林生态效益无偿使用的历史。中国公益林主要起源于天然林，但也存在一定量的人工林，也不乏大量的速生树种，比如杨树、杉木、马尾松等。从权属结构看，目前个人和集体部分已经占到总公益林面积的 47.38%。自第五次森林资源清查以来，中国公益林面积和蓄积量都在不断提高，目前公益林的面积和蓄积已高于商品林，而且公益林中乔木林多进入或即将进入采伐期，成熟林、过熟林已占到公益林面积的 23.87%。

（2）南方集体林区农村人均可支配收入中工资性收入和经营性收入都有大幅增长，而且随着农村劳动力转移的加快，工资性收入增长幅度要高于经营性收入。由于龙泉市位于经济较为发达的浙江省，其经济发展水平和劳动力转移程度相对高于南方集体林区的平均水平，因此龙泉市的工资性收入和经营性收入都高于南方集体林区。另外，龙泉市的公益林面积占森林面积的比例、人均森林面积、森林覆盖率、人均木材采伐量和人均林业产值也都高于集体林区的平均水平，公益林最低补偿标准位于南方集体林区前列。通过对龙泉市农户调研数据进行描述性统计分析发现，公益林政策的实施冲击了农户的收入结构，并且对农户生计调整策略也有一定影响。

（3）公益林政策对农户非农就业时间和非农就业人数均没有显著作用，但是不同兼业程度农户的政策效果存在差异。公益林政策均不会显著影响纯林户的非农就业时间和人数，但会显著提高兼业户的非农就业时间，并显著增加非林户的非农就业人数。公益林划界后会挤压农户的商品林经营面积，将原本经营商品林的配套劳动力挤到非农部门，但是纯林户劳动力非农就业的流动性较差，因此公益林政策对林业劳动力的挤出作用被削弱。商品林面积的减少降低了通过林业生产提高总收入的可能性，兼业户会通过增加劳动力的非农就业时间来增加非农收入进而提高总收入。而非林户劳动力非农就业流动性相对更高，对林业生产依赖更小，当商品林面积减少时非林户会将更多的劳动力投入非农就业中。

（4）公益林政策对农户林地流出面积有显著的正向作用，但是对不同兼业类型农户的政策效果存在差异。具体而言，公益林政策能显著提高纯林户和兼业户的林地流出面积，但只是提高了非林户流出林地的概率对其林地流出面积没有显著影响。公益林划界使得商品林地的细碎化程度增加，小块的林地难以产生规模收益，农户会流出林地以获得林地租金。而由于非林户对林业生产依赖有限，对林地管护较少，其林地在流转市场上不具备竞争优势。因此，尽管公益林政策提高了非林户流出林地的概率，但对其流出林地的面积影响不显著。

（5）公益林政策对农户林地投入自用工的概率和投入资金都有显著的负向作用，但是不同类型农户的政策效果存在差异。公益林政策能显著降低纯林户林地投入自用工的概率，减少兼业户林地资金投入额，降低非林户林地投入自用工的概率及投入自用工的数量。由于面积较小的商品林地投资收益较小，林地被划归公益林后农户可供经营的商品林地减少，农户营林抚育的积极性也随之降低。因此农户对林地投入自用工的概率下降，投入的资金也相对减少。纯林户以林业生产为主要来源，如果纯林户选择营林抚育那么一般都会按照固定规程进行，因此尽管纯林户对林地投入自用工的概率下降，但是投入自用工的数量并未减少。兼业户对林业生产的依赖相对弱于纯林户，他们会降低对林地的资金投入进一步脱离林业生产。非林户对林业生产的依赖更小，当林业生产的收益下降时他们可能干脆放弃林业生产，减少对林地的自用工投入。而非林户不以林业生产为主要生计来源，对林地投入资金原本就较少，政策对他们的林地资金投入影响作用不大。

（6）公益林政策对农户发展林下经济投入没有显著影响，但是不同类型农户的政策效果也存在差异。发展林下经济需要有一定的现实条件，比如掌握相关技术和拥有合适的林地等。由于纯林户对林业生产更为熟悉，在可经营的商品林面积减少的情况下，纯林户更会转向发展林下经济来应对政策冲击。因此公益林政策能显著提高纯林户对林下经济投入自用工的数量和投入资金。而兼业户和非林户对林业生产的依赖有限，在不具备相关条件的情况下，他们更会转向非农就业，因此公益林政策对他们发展林下经济投入的影响作用不显著。

（7）对于纯林户，公益林政策会降低纯林户的营林积极性，纯林户不会通过流入林地或追加营林投入来应对政策冲击。该政策会通过促进纯林户发展林下经济提高其收入增加，进而遮掩政策对总收入的负面影响。但总的来讲，公益林政策仍然降低了纯林户的林业收入，只有在拥有公益林补偿收入的前提下才能保证总收入不被减少。因此，该政策实际上是降低了纯林户的增收能力。

对于兼业户，公益林政策体现出强有力的增收作用。面对政策冲击，兼业户主要是通过优化劳动力配置，压缩林业生产规模提高非农就业时间来提高非农收入进而获得更高的家庭总收入。尽管该政策会降低林地自用工投入遮掩政策的增收效果，但是遮掩效应有限，总的来看该政策还是提高了兼业户的收入水平和增收能力。

对于非林户，公益林政策对收入没有显著性影响。非林户的生计来源不以林业生产为主，该政策的实施进一步加剧了非林户的离林趋势，会提高非农就业人数进而增加其收入，但是也会降低其营林投入继而降低其收入，遮掩公益林政策带来的增收效果。

（8）发展林下经济能显著促进农户增收，而提供种苗购买补贴、化肥饲料购买补贴、种养技术支持和销售渠道支持等支持政策能提高农户发展林下经济的意愿。对于整体农户而言，种苗购买补贴支持政策能提高农户对各种林下经济的发展意愿，而且对农户发展林下养殖意愿的促进作用最强。化肥饲料购买补贴支持政策可以提高农户发展林下养殖和林药模式的意愿，且对农户发展林下养殖意愿的促进作用最强。提供种养技术指导支持政策可以提高农户发展林下养殖和林菌模式的意愿，且对农户发展林下养殖意愿的促进作用最强。提供销售渠道支持政策能提高农户发展林药模式和林菌模式的意愿，且对农户发展林药模式意愿的促进作用最强。而提供信贷支持政策不能显著提高农户林下经济发展意愿。

对于有公益林户而言，提供种苗购买补贴和销售渠道支持政策对公益林户发展各类林下经济的意愿均有显著的促进作用，而且都对发展林药模式意愿的促进作用最强。化肥饲料购买补贴支持政策能显著提高公益林户发展林下养殖、林药模式林下经济的意愿，也对发展林药模式意愿的促进作用最强。提供种养技术指导支持政策对公益林户各类林下经济发展意愿也有显著地提高作用，但对发展林下养殖意愿的促进作用最强。而信贷支持政策同样对提高公益林户发展林下经济意愿作用不显著。

综上，本研究的假说 1 得到验证。兼业程度不同的农户在面对公益林政策的外生冲击时，会做出不同的生产要素结构调整行为使得政策的增收效果存在差异，而制定合理的林下经济配套支持政策将有利于提高农户发展林下经济意愿，促进农户增收，进而能保证公益林政策的可持续性。

二、政策建议

本研究对于未来公益林建设的可持续推进具有重要的现实意义，对于林业生态工程中如何平衡生态保护与农民收入的关系也有一定的参考价值。综合全文，本研究的政策涵义包括以下四个方面：

1. 公益林划界应在考虑农户生计的基础上尊重农户选择，并且放宽补进调出限制

尽管《国家级公益林管理办法》规定对集体和个人所有的公益林允许在

林权权利人要求下可以调出，但是相关规定相当严格，程序非常复杂。当前公益林中存在一定量的人工林，而且部分速生树种已进入了采伐期，若不进行采伐更新其生态效益会不断下降，甚至带来火灾、病虫害等负面效果。经过多年建设，当初公益林中幼龄林如今已成栋梁之材，当年隐藏的各种矛盾和纠纷近年来纷纷暴发，林业部门更是群众访迹不断，严重影响了公益林建设工作和社会和谐稳定。建议各地可以从实际出发，根据生态公益林所处地理位置和具有的生态价值，按照"退一补一"的管理办法放宽公益林调出程序，尊重农户选择。对于不处在生态敏感带或生态脆弱区的人工针叶林，也可允许农户经统一规划后进行阔叶化改造，提高生态公益林的质量，形成群落稳定的混交林或阔叶林，增加农民收入。

2. 完善劳动力就业市场和加快发展林地流转市场，减少农户优化林业生产要素配置的交易成本

通过参与非农就业和林地流转降低农户生计方式对林业资源的直接依赖，是实现公益林可持续发展的重要途径。本研究的经验证据表明，非农就业和林地流转对农户增收有着强有力的促进作用。通过健全劳动力就业市场可以提高兼业户和非林户脱离林业生产的速度，加快林地流转市场建设则可以减少纯林户实现林地规模化经营的交易成本，促进林地优化配置。为完善劳动力就业市场，政府可以通过加强专业技能培训提升农村劳动力人力资本，并健全就业信息获取渠道引导农户非农就业。同时，还应加强对林权流转平台的宣传力度，疏通林地供求双方获取信息的渠道，完善林地流转的市场服务体系加快发展林地流转市场。

3. 制定合理的林下经济扶持政策，支持公益林户发展林下经济

发展林下经济需要一定前提条件，对林地和林种会有一定的客观要求，因此研发部门可以加强林下经济种业创新和仿野生栽培等相关基础科学研究。在政策扶持上，政府可以提供种苗购买补贴、化肥饲料购买补贴、种养技术支持和销售渠道支持等支持政策。对于适合发展林下养殖的地区，政府可以重点提供种养技术指导支持政策；对于适合发展林药模式的地区，政府可以着重考虑提供化肥饲料购买补贴支持政策；对于适合发展林菌模式的地区，可以着重提供种苗购买补贴支持政策。如何畅通公益林林下经济产品销售渠道也是扶持政策设计时必须考虑的问题，对此可以充分利用电商平台解决林下产品销售问题。另外，在实施发展林下经济支持政策时，可以重点关照以林业生产为主的纯林户，因为公益林政策的实施对他们的负面影响最严重，他们对发展林下经济的需求也更加迫切。

4. 根据公益林质量确定补偿标准，激励农户提高公益林质量

目前"一刀切"的补偿政策难以激发农户公益林营林管护的积极性，而且实证研究表明公益林政策加大了农户的离林趋势，如何管护好公益林也是政策制定者面临的问题。首先，政府应综合考虑公益林地的多种因素，例如活立木市场价值、生态区位的重要性等，因地、因林确定补偿标准。其次，政府可对公益林管护较好的农户发放公益林管护奖金，激励农户提高公益林森林质量。此外，政府也可以招募农户，尤其是纯林户，组建起护林队，提升公益林防火、防盗、病虫害防治的群防群治能力，保证公益林质量稳步提高。

参考文献 REFERENCES

蔡昉，2017. 中国经济改革效应分析——劳动力重新配置的视角 [J]. 经济研究，52（7）：4-17.

曹昌伟，2018. 生态公益林政府补偿：现状、问题及对策 [J]. 江汉大学学报（社会科学版），35（4）：31-38，126-127.

曹畅，李兰英，童红卫，等，2019. 林地流转期限对毛竹林生产投入的影响研究 [J]. 林业资源管理（1）：25-31.

曹兰芳，王立群，曾玉林，2015. 林改配套政策对农户林业生产行为影响的定量分析——以湖南省为例 [J]. 资源科学，37（2）：391-397.

曹玉昆，雷礼纲，张瑾瑾，2014. 我国林下经济集约经营现状及建议 [J]. 世界林业研究，27（6）：60-64.

曾旭晖，郑莉，2016. 教育如何影响农村劳动力转移——基于年龄与世代效应的分析 [J]. 人口与经济（5）：35-46.

陈建铃，戴永务，刘燕娜，2015. 福建生态公益林政策绩效棱柱评价 [J]. 林业经济问题，35（5）：456-461.

陈柳钦，2007. 林业经营理论的历史演变 [J]. 中国地质大学学报（社会科学版）（2）：50-56.

陈钦，陈治淇，白斯琴，潘辉，2017. 福建省生态公益林生态补偿标准的影响因素分析——基于经济损失的补偿标准接受意愿调研数据 [J]. 林业经济，39（2）：81-86.

陈晓红，2006. 经济发达地区农户兼业及其因素分析——来自苏州农村的实证调查 [J]. 经济与管理研究（10）：90-94.

陈玉宇，邢春冰，2004. 农村工业化以及人力资本在农村劳动力市场中的角色 [J]. 经济研究（8）：105-116.

程宝栋，徐畅，秦光远，熊立春，2021. 集体林区生态公益林建设对劳动力转移的影响——以浙江省为例 [J]. 农业技术经济（2）：40-49.

程名望，潘烜，2012. 个人特征、家庭特征对农村非农就业影响的实证 [J]. 中国人口·资源与环境，22（2）：94-99.

仇晓璐，陈绍志，赵荣，2017. 集体和个人所有的公益林生态补偿研究综述［J］. 世界农业（9）：216-220，231.

丁毅，徐秀英，2016. 农村劳动力转移对竹林生产效率的影响研究［J］. 林业经济问题，36（3）：215-221.

方威，蔡旭伟，付町，2020. 湖南省林下经济影响因素及发展对策研究［J］. 经济地理，40（7）：184-189.

符椒燕，徐秀英，石道金，2018. 非农就业、养老保险对农户林地流出意愿的影响研究［J］. 资源开发与市场，34（12）：1738-1744.

盖庆恩，朱喜，史清华，2014. 劳动力转移对中国农业生产的影响［J］. 经济学（季刊）（3）：1147-1170.

高吉喜，徐梦佳，邹长新，2019. 中国自然保护地70年发展历程与成效［J］. 中国环境管理，11（4）：25-29.

郭孝玉，付爱平，柯云，等，2017. 农户对公益林差异化生态补偿的认知差异及其影响因素——基于赣江源区农户调查的实证分析［J］. 林业经济（1）：81-86.

国家林业和草原局办公室，2020. 实行分类经营管理　实现森林资源永续利用——新森林法解读（三）［J］. 浙江林业（8）：22.

韩雅清，林丽梅，魏远竹，等，2018. 劳动力转移、合作经营与林业生产效率研究［J］. 资源科学（4）：838-850.

何文剑，徐静文，张红霄，2016. 森林采伐限额管理制度能否起到保护森林资源的作用［J］. 中国人口·资源与环境，26（7）：128-136.

洪炜杰，胡新艳，2019. 地权稳定性与劳动力非农转移［J］. 经济评论（2）：34-47.

洪燕真，戴永务，2019. 福建省重点生态区位商品林赎买改革优化策略研究［J］. 林业经济，41（1）：92-97.

侯元兆，1998. 林业分工论的经济学基础［J］. 世界林业研究，11（4）：1-8.

胡初枝，黄贤金，2007. 农户土地经营规模对农业生产绩效的影响分析——基于江苏省铜山县的分析［J］. 农业技术经济（6）：81-84.

黄斌斌，郑华，肖燚，等，2019. 重点生态功能区生态资产保护成效及驱动力研究［J］. 中国环境管理，11（3）：14-23.

黄培锋，卢素兰，黄和亮，2017. 产权安全性对农户林地生产经营投入的影响研究——以福建省为例［J］. 林业经济，39（11）：101-107.

黄祖辉，胡豹，黄莉莉，2005. 谁是农业结构调整的主体？农户行为及决策分析［M］. 北京：中国农业出版社.

吉登艳，马贤磊，石晓平，2015. 林地产权对农户林地投资行为的影响研究：基于产权完整性与安全性——以江西省遂川县与丰城市为例 [J]. 农业经济问题，36（3）：54 - 61，111.

江晓敏，郑旭媛，洪燕真，刘伟平，2017. 补贴政策、家庭禀赋特征与林业经营规模效率——以 324 份油茶微观调研数据为例 [J]. 东南学术（5）：174 - 181.

蒋欣，田治威，2020. 退耕还林对农户劳动力就业的影响 [J]. 中南林业科技大学学报，40（7）：162 - 172.

靳乐山，吴乐，2018. 我国生态补偿的成就、挑战与转型 [J]. 环境保护，46（24）：7 - 13.

靳乐山，朱凯宁，2020. 从生态环境损害赔偿到生态补偿再到生态产品价值实现 [J]. 环境保护，48（17）：15 - 18.

柯水发，王亚，刘爱玉，2015. 基于 DEA 模型的农户林地经营规模效率测算——以辽宁省 4 个县 200 农户为例 [J]. 林业经济（12）：110 - 114.

孔凡斌，陈建成，2009. 完善我国重点公益林生态补偿政策研究 [J]. 北京林业大学学报（社会科学版），8（4）：32 - 39.

孔凡斌，廖文梅，2011. 基于收入结构差异化的农户林地流转行为分析——以江西省为例 [J]. 中国农村经济（8）：89 - 97.

孔凡斌，许正松，陈胜东，2019. 建立中国生态扶贫共建共享机制：理论渊源与创新方向 [J]. 现代经济探讨（4）：23 - 28.

乐章，梁航，2020. 社会资本对农村老人健康的影响 [J]. 华南农业大学学报（社会科学版），19（6）：34 - 45.

李宾，马九杰，2014. 偏远山区新生代农民工向农村家庭转移的收入较少吗——基于鄂渝两地数据的分析 [J]. 财经科学（7）：131 - 140.

李博，李桦，2012. 农户林地未流转行为影响因素分析 [J]. 林业经济问题（4）：348 - 353，376.

李博伟，朱臻，沈月琴，2020. 产业组织模式对经济林种植户生态化经营的影响 [J]. 林业科学，56（6）：152 - 164.

李朝柱，徐秀英，崔雨晴，2011. 农户林地流转影响因素研究——基于浙江省龙游县 173 户农户调查 [J]. 林业经济（9）：30 - 33.

李芬，李文华，甄霖，等，2010. 森林生态系统补偿标准的方法探讨——以海南省为例 [J]. 自然资源学报，25（5）：735 - 745.

李谷成，冯中朝，范丽霞，2009. 小农户真的更加具有效率吗？来自湖北省的经验证据 [J]. 经济学（季刊），9（1）：95 - 124.

李国志，2019. 森林生态补偿研究进展［J］. 林业经济，41（1）：32-40.

李寒滇，余文梦，苏时鹏，2018. 福建家庭林业单户与联户经营的效率差异分析——以福建省 5 地市 272 户农户数据为例［J］. 资源开发与市场（2）：230-235.

李桦，姚顺波，刘璨，等，2015. 新一轮林权改革背景下南方林区不同商品林经营农户农业生产技术效率实证分析——以福建、江西为例［J］. 农业技术经济（3）：108-120.

李洁，陈钦，王团真，等，2016. 林农森林生态效益补偿政策满意度的影响因素分析——基于福建省六县市的林农调研数据［J］. 云南农业大学学报（社会科学）10（5）：51-57.

李静，陈钦，2020. 非农就业对农户林地利用方式选择的影响研究——以福建省为例［J］. 林业经济，42（9）：36-42.

李琪，温武军，王兴杰，2016. 构建森林生态补偿机制的关键问题［J］. 生态学报，36（6）：1481-1490.

李荣玲，1999. 世界主要林业国家林业分类经营情况综述［J］. 林业资源管理（2）：3-5.

李周，2018. 用绿色理念领引山区生态经济发展［J］. 中国农村经济（1）：11-22.

梁宝君，石焱，袁卫国，2014. 我国森林生态效益补偿政策的回顾与思考［J］. 中南林业科技大学学报（社会科学版），8（5）：1-5.

梁流涛，曲福田，诸培新，等，2008. 不同兼业类型农户的土地利用行为和效率分析——基于经济发达地区的实证研究［J］. 资源科学（10）：1525-1532.

廖文梅，孔凡斌，林颖，2015. 劳动力转移程度对农户林地投入产出水平的影响——基于江西省 1178 户农户数据的实证分析［J］. 林业科学（12）：87-95.

廖文梅，廖冰，金志农，2014. 林农经济林经营效率及其影响因素分析——以赣南原中央苏区为例［J］. 农林经济管理学报（5）：490-498.

廖文梅，童婷，彭泰中，等，2019. 生态补偿政策与减贫效应研究：综述与展望［J］. 林业经济，41（6）：97-103.

廖文梅，童婷，秦克清，等，2018. 中国林地投入产出效率理论、测度与影响因素：综述与展望［J］. 农林经济管理学报，17（5）：545-552.

林丽梅，刘振滨，许佳贤，等，2016. 家庭禀赋对农户林地流转意愿及行为的影响——基于闽西北集体林区农户调查［J］. 湖南农业大学学报（社会科学版）（2）：16-21.

林修凤，刘伟平，2021. 福建省森林生态效益补偿制度的改进及其法律评价［J］. 中国林业经济（2）：73-77.

林修凤，刘伟平，2016. 森林生态效益补偿制度的改革思路［J］. 林业经济问题，36（1）：29-35.

刘滨，刘小红，雷显凯，等，2018. 林农对生态公益林政策满意度及其影响因素研究——

基于江西省 17 个县 753 份调查问卷 [J]. 农林经济管理学报, 17 (3): 309 - 318.

刘璨, 张敏新, 2019. 森林生态补偿问题研究进展 [J]. 南京林业大学学报 (自然科学版), 43 (5): 149 - 155.

刘璨, 2018. 森林生态效益补偿研究进展与我国政策实践发展 [J]. 环境保护, 46 (14): 12 - 17.

刘明明, 卢群群, 杨纪超, 2018. 论中国森林生态效益补偿制度存在的问题及完善 [J]. 林业经济问题, 38 (5): 1 - 9, 99.

刘延安, 刘芳, 何忠伟, 2013. 集体林流转行为及影响因素定量研究 [J]. 林业经济 (9): 7 - 14, 54.

刘越, 姚顺波, 2016. 不同类型国家林业重点工程实施对劳动力利用与转移的影响 [J]. 资源科学, 38 (1): 126 - 135.

刘振滨, 苏时鹏, 郑逸芳, 等, 2014. 林改后农户林业经营效率的影响因素分析——基于 DEA - Tobit 分析法的实证研究 [J]. 资源开发与市场 (12): 1420 - 1424.

陆益龙, 2011. 关系网络与农户劳动力的非农化转移——基于 2006 年中国综合社会调查的实证分析 [J]. 中国人民大学学报, 25 (1): 45 - 55.

彭秀丽, 孙铄铄, 严曙光, 2019. 林业生态补偿机制研究综述 [J]. 中南林业科技大学学报 (社会科学版), 13 (3): 45 - 51.

冉陆荣, 吕杰, 2011. 集体林权制度改革背景下农户林地流转行为选择——以辽宁省 409 户农户为例 [J]. 林业经济问题 (2): 121 - 126.

申云, 朱述斌, 邓莹, 等, 2012. 农地使用权流转价格的影响因素分析——来自于农户和区域水平的经验 [J]. 中国农村观察 (3): 2 - 17, 25, 95.

时卫平, 龙贺兴, 刘金龙, 2019. 产业准入负面清单下国家重点生态功能区问题区域识别 [J]. 经济地理, 39 (8): 12 - 20.

司亚伟, 李旻, 钟昀陶, 等, 2016. 影响农户林地流转的非价格因素: 理论与实证 [J]. 林业经济问题 (4): 302 - 308.

宋春晓, 2018. 气候变化背景下农户粮食生产适应性行为研究 [D]. 郑州: 河南农业大学.

陶然, 徐志刚, 徐晋涛, 2004. 退耕还林, 粮食政策与可持续发展 [J]. 中国社会科学 (6): 25 - 38, 204.

田国双, 邹玉友, 任月, 等, 2017. 林业补贴政策实施结构特征与微观效果评价——基于黑龙江省的跟踪调查 [J]. 资源开发与市场, 33 (9): 1090 - 1094, 1152.

王成军, 何秀荣, 徐秀英, 2010. 林地规模效率与农户间林地流转: 来自浙江省的实证 [J]. 农业技术经济 (10): 58 - 65.

王春凯，2019. 性别观念、家庭地位与农村女性外出务工［J］. 华南农业大学学报（社会科学版），18（4）：54-67.

王庶，岳希明，2017. 退耕还林、非农就业与农民增收——基于21省面板数据的双重差分分析［J］. 经济研究，52（4）：106-119.

王团真，陈钦，钱鼎炜，2016. 福建省农户分化对林地流转行为的影响研究［J］. 林业经济问题（4）：314-318.

王雅敬，谢炳庚，李晓青，等，2016. 公益林保护区生态补偿标准与补偿方式［J］. 应用生态学报，27（6）：1893-1900.

韦浩华，高岚，2016. 基于DEA模型的农户林地经营效率分析——来自广东和江西的调研数据［J］. 中南林业科技大学学报（社会科学版）（1）：88-93.

温忠麟，刘红云，侯杰泰，2012. 调节效应和中介效应分析［M］. 北京：教育科学出版社.

温忠麟，叶宝娟，2014. 中介效应分析：方法和模型发展［J］. 心理科学进展，22（5）：731-745.

吴乐，靳乐山，2018. 生态补偿扶贫背景下农户生计资本影响因素研究［J］. 华中农业大学学报（社会科学版）（6）：55-61，153-154.

吴乐，孔德帅，靳乐山，2018. 生态补偿对不同收入农户扶贫效果研究［J］. 农业技术经济（5）：134-144.

吴强，张合平，2016. 森林生态补偿研究进展［J］. 生态学杂志，35（1）：226-233.

吴水荣，顾亚丽，2009. 国际森林生态补偿实践及其效果评价［J］. 世界林业研究，22（4）：11-16.

吴伟光，沈月琴，徐志刚，2008. 林农生计、参与意愿与公益林建设的可持续性——基于浙江省林农调查的实证分析［J］. 中国农村经济（6）：55-65.

夏春萍，韩来兴，2012. 农户林地投入影响因素实证分析——以利川市为例［J］. 华中师范大学学报（自然科学版），46（4）：488-493.

夏永祥，2002. 农业效率与土地经营规模［J］. 农业经济问题（7）：43-47.

谢芳婷，朱述斌，康小兰，等，2019. 集体林地不同经营模式对林地经营投入的影响——以江西省为例［J］. 林业科学，55（6）：122-132.

谢守鑫，2005. 森林分类经营概念及成因浅析［J］. 华东森林经理，19（3）：1-7.

谢守鑫，2006. 我国森林资源分类经营管理的哲学思考与实践剖析［D］. 北京：北京林业大学.

谢屹，温亚利，2009. 农户林地林木转出行为影响因素的实证分析［J］. 北京林业大学学报（社会科学版）（4）：48-54.

熊瑞祥，李辉文，2017. 儿童照管、公共服务与农村已婚女性非农就业——来自 CFPS 数据的证据 [J]. 经济学（季刊），16（1）：393-414.

徐畅，2018. 关系网络对农户林地流入的影响研究 [D]. 杭州：浙江农林大学.

徐畅，程宝栋，李凌超，徐秀英，2019. 政治身份降低了流转租金吗——来自浙江省的实证检验 [J]. 农业技术经济（9）：73-81.

徐畅，徐秀英，2017. 社会资本对农户林地流转行为的影响分析——基于浙江省 393 户农户的调查 [J]. 林业经济，39（4）：51-57.

徐家鹏，孙养学，2017. 城市化进程对城乡居民收入差距的影响 [J]. 城市问题（1）：95-103.

徐晋涛，陶然，徐志刚，2004. 退耕还林：成本有效性、结构调整效应与经济可持续性——基于西部三省农户调查的实证分析 [J]. 经济学（季刊）（4）：139-162.

徐玮，包庆丰，2017. 国有林区职工家庭参与林下经济产业发展的意愿及其影响因素研究 [J]. 干旱区资源与环境，31（7）：38-43.

徐秀英，李朝柱，2012. 农户林地流入的行为方式与影响因素：解析浙江 12 个行政村 [J]. 改革（6）：121-126.

徐秀英，石道金，杨松坤，等，2010. 农户林地流转行为及影响因素分析——基于浙江省临安、安吉的农户调查 [J]. 林业科学（9）：149-157.

徐秀英，石道金，朱臻，等，2020. 农户非农就业对林地转出决策行为的影响分析——基于浙江山区 369 户农户的调研 [J]. 农林经济管理学报，19（3）：342-351.

徐秀英，徐畅，李朝柱，2018. 关系网络对农户林地流入行为的影响——基于浙江省的调查数据 [J]. 中国农村经济（9）：62-78.

徐永飞，2007. 国有林区森林资源管理法律制度研究 [D]. 哈尔滨：东北林业大学.

许凯，张升，2015. 集体林地流转影响因素分析——基于 7 省 3500 个样本农户数据 [J]. 林业经济（4）：12-20，46.

许庆，陆钰凤，2018. 非农就业、土地的社会保障功能与农地流转 [J]. 中国人口科学（5）：30-41，126-127.

许泽宁，高晓路，吴丹贤，等，2019. 2000—2010 年中国农村人力资源格局的重构 [J]. 地理科学进展，38（8）：1259-1270.

薛彩霞，姚顺波，于金娜，等，2013. 退耕还林农户经营非木质林产品的技术效率分析 [J]. 农业工程学报，29（16）：255-263.

薛彩霞，姚顺波，2018. 家庭劳动力配置异质性农户非木质林产品经营行为选择——来自陕西省和四川省 1131 户的调查 [J]. 林业科学，54（1）：128-140.

严峻，张敏新，2013. 农户林地转出行为分析——基于安徽休宁农户数据［J］. 林业经济（4）：32-37.

杨超，张露露，程宝栋，2020. 中国林业70年变迁及其驱动机制研究——以木材生产为基本视角［J］. 农业经济问题（6）：30-42.

杨浩，曾圣丰，曾维忠，等，2016. 基于希克斯分析法的中国森林碳汇造林生态补偿——以"放牧地-碳汇林地"土地用途转变为例［J］. 科技管理研究，36（9）：221-227.

杨金风，史江涛，2006. 人力资本对非农就业的影响：文献综述［J］. 中国农村观察（3）：74-79，81.

杨铭，朱烨，郑旭理，等，2017. 林地产权稳定性对农户造林投入的影响研究［J］. 林业资源管理（2）：1-7.

杨少瑞，2018. 发展政策评估的实验方法及其应用研究［D］. 武汉：华中科技大学.

杨仙艳，邓思宇，刘伟平，2017. 基于DEA方法的福建林业投入产出效率分析——以福建省10县210户农户调研数据为例［J］. 中国林业经济（2）：1-5.

杨志海，王雅鹏，麦尔旦·吐尔孙，2015. 农户耕地质量保护性投入行为及其影响因素分析——基于兼业分化视角［J］. 中国人口·资源与环境，25（12）：105-112.

姚顺波，2004. 森林生态补偿研究［J］. 科技导报（4）：54-56.

叶敬忠，王维，2018. 改革开放四十年来的劳动力乡城流动与农村留守人口［J］. 农业经济问题（7）：14-22.

易福金，徐晋涛，徐志刚，2006. 退耕还林经济影响再分析［J］. 中国农村经济（10）：28-36.

易红梅，2019. 减少全球贫困的实验性方法——2019年诺贝尔经济学奖得主的贡献与评析［J］. 中央财经大学学报（12）：134-140.

应宝根，袁位高，阮雁飞，等，2011. 浙江省公益林补偿资金成效与优化策略研究［J］. 林业经济（2）：64-70.

雍文涛，1992. 林业分工论：中国林业发展道路的研究［M］. 北京：中国林业出版社.

于艳丽，李桦，姚顺波，黄蕊，2018. 村域环境、家庭禀赋与农户林业再投入意愿——以全国集体林权改革试点福建省为例［J］. 西北农林科技大学学报（社会科学版），18（4）：119-126.

于艳丽，李桦，姚顺波，2017. 林权改革、市场激励与农户投入行为［J］. 农业技术经济（10）：93-105.

袁梁，张光强，霍学喜，2017. 生态补偿、生计资本对居民可持续生计影响研究——以陕西省国家重点生态功能区为例［J］. 经济地理，37（10）：188-196.

臧俊梅，郑捷航，农殷璇，等，2020. 耕地保护及其必要性：不同兼业程度农户的认知与意愿——基于珠三角的调查与实证 [J]. 中国农业资源与区划，41（2）：82-90.

张超群，王立群，薛永基，2017. 林下经济发展的驱动机制研究——来自 13 县 448 户农户调查的实证检验 [J]. 经济问题探索（7）：181-190.

张鼎华，林卿，2000. 近自然林业与林业的可持续发展 [J]. 生态经济（7）：23-26.

张海鹏，徐晋涛，2009. 集体林权制度改革的动因性质与效果评价 [J]. 林业科学，45（7）：119-126.

张寒，刘璨，刘浩，2017. 林地调整对农户营林积极性的因果效应分析——基于异质性视角的倾向值匹配估计 [J]. 农业技术经济（1）：37-51.

张红，周黎安，徐晋涛，等，2016. 林权改革、基层民主与投资激励 [J]. 经济学（季刊），15（3）：845-868.

张建华，周凤秀，温湖炜，2015. 关系网络、外出就业支持和农村劳动力转移 [J]. 中国人口·资源与环境，25（S1）：367-370.

张蕾，蔡志坚，谢煜，等，2013. 农户林地流转影响因素的实证研究——基于农户职业分化和收入分化视角 [J]. 林业经济问题（5）：397-402.

张蕾，2007. 中国林业分类经营改革研究 [D]. 北京：北京林业大学.

张连刚，陈卓，2021. 农民专业合作社提升了农户社会资本吗？——基于云南省 506 份农户调查数据的实证分析 [J]. 中国农村观察（1）：106-121.

张林秀，1996. 农户经济学基本理论概述 [J]. 农业技术经济（3）：24-30.

张炜，张兴，2018. 异质性人力资本与退耕还林政策的激励性——一个理论分析框架 [J]. 农业技术经济（2）：53-63.

张耀启，沈月琴，2020. 非农就业、雇工劳动对林农营林效益与行为异质性影响研究——兼评《南方集体林区不同规模林农营林效益与行为的异质性》 [J]. 林业经济，42（11）：18-25.

张耀启，2003. 新西兰林业分类经营的再认识 [J]. 世界林业研究（3）：52-57.

张忠明，钱文荣，2014. 不同兼业程度下的农户土地流转意愿研究——基于浙江的调查与实证 [J]. 农业经济问题，35（3）：19-24，110.

章秋林，吴智敏，殷声毅，等，2008. 龙泉市生态公益林建设与成效分析 [J]. 现代农业科技（21）：106-107.

浙江省林业局，2018. 龙泉林业：勇担当敢争先力守牢绿水青山"金饭碗" [EB/OL].［2018-11-12］. http://www.zjly.gov.cn/art/2018/11/12/art_1285514_24391017.html.

浙江省人民政府，2019. 秉承改革创新，以实干出实绩［EB/OL］. ［2019 - 04 - 24.］
　　http://www. zj. gov. cn/art/2019/4/24/art _ 1554470 _ 33696015. html.

郑旭媛，2015. 资源禀赋约束、要素替代与中国粮食生产变迁［D］. 南京：南京农业大学.

郑玉贤，陈操，2018. 龙泉以林业信息化服务"大花园"建设［J］. 浙江林业（3）：6 - 7.

支玲，高晶，支明，等，2019. 林下经济发展政府行动与天保区农户响应［J］. 林业经
　　济，41（3）：108 - 118.

中国林业发展道路课题组，1992.《中国林业发展道路的研究》课题报告摘要［J］. 林业
　　经济（1）：8 - 12.

朱文清，张莉琴，2019. 新一轮集体林地确权对农户林业长期投入的影响［J］. 改革
　　（1）：109 - 121.

朱雅丽，张增鑫，2019. 老年人口的健康状况转移与老年照料劳动力需求预测［J］. 中
　　国人口科学（2）：63 - 74，127.

朱臻，徐志刚，沈月琴，等，2019. 非农就业对南方集体林区不同规模林农营林轮伐期
　　的影响［J］. 自然资源学报，34（2）：236 - 249.

朱臻，薛家依，宁可，2021. 规模化经营背景下劳动监督对营林质量的影响研究：来自
　　南方集体林区三省规模户的实证数据［J］. 农林经济管理学报，20（1）：78 - 91.

Abadie A，2005. Semiparametric Difference - in - Differences Estimators［J］. Review of
　　Economic Studies（72）：1 - 19.

Adhikari B，Boag G，2013. Designing Payments for Ecosystem Services Schemes：Some
　　Considerations［J］. Current Opinion in Environmental Sustainability，5（1）：72 - 77.

Akaike H，1987. Information Measures and Model Selection［J］. International Statistical
　　Institute（44）：277 - 291.

Alix G J，Wolff H，2014. Payment for Ecosystem Services from Forests［J］. Annual Re-
　　view of Resource Economics（6）：361 - 380.

Amacher G，Conway M C，Sullivan J，2003. Econometric Analyses of Nonindustrial For-
　　est Landowners：Is There Anything Left to Study?［J］. Journal of Forest Economics，
　　9（2）：137 - 164.

Andam K S，Ferraro P J，Pfaff A，et al. ，2008. Measuring the Effectiveness of Protected
　　Area Networks in Reducing Deforestation［J］. Proceedings of the National Academy of
　　Sciences，105（42）：16089 - 16094.

Angrist J，Hahn J，2004. When to Control for Covariates? Panel Asymptotics for Esti-
　　mates of Treatment Effects［J］. Review of Economics and Statistics，86（1）：58 - 72.

Arano K G, Munn I A, 2006. Evaluating Forest Management Intensity: A Comparison among Major Forest Landowner Types [J]. Forest Policy and Economics, 9 (3): 237-248.

Arnot C, Luckert M K, Boxall P C, et al., 2011. What Is Tenure Security?: Conceptual Implications for Empirical Analysis [J]. Land Economics, 87 (2): 297-311.

Arriagada R A, Sills E O, Pattanayak S K, 2009. Payments for Environmental Services and Their Impact on Forest Transition in Costa Rica [J]. Working Papers (1): 457-470.

Arriagada R. A, Sills E O, Ferraro P J, et al., 2015. Do Payments Pay Off? Evidence from Participation in Costa Rica's PES Program [J]. Plos One, 10 (7): e1021455.

Assuncao J J, Braido L H B, 2007. Testing Household-Specific Explanations for the Inverse Productivity Relationship [J]. American Journal of Agricultural Economics, 89 (4): 980-990.

Awasthi, Kant M, 2014. Socioeconomic Determinants of Farmland Value In India [J]. Land Use Policy (39): 78-83.

Baron R M, Kenny D A, 1999. The Moderator-Mediator Variable Distinction in Social Psychological Research: Conceptual, Strategic, and Statistical Considerations [J]. Journal of Personality and Social Psychology, 51 (6): 1173-1182.

Becker G S, 1993. A Treatise on the Family [M]. Combrige: Harvard University Press.

Beekman G, Bulte E H, 2012. Social Norms, Tenure Security and Soil Conservation: Evidence from Burundi [J]. Agricultural Systems, 108 (4): 50-63.

Belotti F, Deb P, Manning W G, et al., 2015. Twopm: Two-Part Models [J]. Stata Journal, 15 (1): 3-20.

Besley T. Property Rights and Investment Incentives, 1993. Theory and Micro-Evidence from Ghana [J]. Papers, 103 (5): 903-937.

Binkley C S, 1981. Timber Supply from Private Nonindustrial Forests: A Microeconomic Analysis of Landowner Behavior [J]. Economic History Review, 66 (1): 365-367.

Blundocanto G, Bax V, Quintero M, et al., 2018. The Different Dimensions of Livelihood Impacts of Payments for Environmental Services (PES) Schemes: A Systematic Review [J]. Ecological Economics, 149 (7): 160-183.

Börner J, Baylis K, Corbera E, et al., 2017. The Effectiveness of Payments for Environmental Services [J]. World Development (96): 359-374.

Bozdogan H. Model Selection and Akaike's Information Criteria (Aic), 1987. The General Theory and Its Analytical Extensions [J]. Psychometrika, 52: 345-370.

Brasselle A, Gaspart F, Platteau J, et al. , 2002. Land Tenure Security and Investment Incentives: Puzzling Evidence from Burkina Faso [J]. Journal of Development Economics, 67 (2): 373 - 418.

Brouwer R, Tesfaye A, Pauw P, et al. , 2011. Meta - Analysis of Institutional - Economic Factors Explaining the Environmental Performance of Payments for Watershed Services [J]. Environmental Conservation, 38 (4): 380 - 392.

Bruno G, 2013. Implementation of a Double - Hurdle Model [J]. Stata Journal, 13 (4): 776 - 794.

Byiringiro F U, Reardon T, 1996. Farm Productivity in Rwanda: Effects of Farm Size, Erosion and Soil Conservation Investments [J]. Agricultural Economics, 15 (2): 127 - 136.

Chang H, Dong X, Macphail F, et al. , 2011. Labor Migration and Time Use Patterns of the Left - Behind Children and Elderly in Rural China [J]. World Development, 39 (12): 2199 - 2210.

Che Y, 2016. Off - farm Employments and Land Rental Behavior: Evidence from Rural China [J]. China Agricultural Economic Review, 8 (1): 37 - 54.

Cheng W, Xu Y, Zhou N, et al. , 2019. How Did Land Titling Affect China's Rural Land Rental Market? Size, Composition and Efficiency [J]. Land Use Policy (82): 609 - 619.

Chu L, Grafton R Q, Keenan R J, et al. , 2019. Increasing Conservation Efficiency While Maintaining Distributive Goals with the Payment for Environmental Services [J]. Ecological Economics, 156: 202 - 210.

Costedoat S, Corbera E, Ezzine - De - Blas D, et al. , 2015. How Effective Are Biodiversity Conservation Payments in Mexico? [J]. Plos One (10): 1 - 20.

Cragg, J G, 1971. Some Statistical Models for Limited Dependent Variables with Application to the Demand for Durable Goods [J]. Econometrica (39): 829 - 844.

Cubbage F W, Snider A G, Abt K L, et al. , 2003. Private Forests: Management and Policy in a Market Economy [M] //Sills, Erin O. , Abt, Karen Lee, eds. Forests in a Market Economy: 23 - 38.

Dai L, Zhao F, Shao G, et al. , 2009. China's Classification - Based Forest Management: Procedures, Problems, and Prospects [J]. Environmental Management, 43 (6): 1162 - 1173.

Damnyag L, Saastamoinen O, Appiah M, et al. , 2012. Role of Tenure Insecurity in Deforestation in Ghana's High Forest Zone [J]. Forest Policy and Economics, 14 (1): 90 - 98.

Dehejia R H，Wahba S，1999. Causal Effects in Non‐Experimental Studies. Re‐Evaluating the Evaluation of Training Programmes [J]. Journal of the American Statistical Association (94)：1053‐1062.

Demsetz H，1974. Toward a Theory of Property Rights [J]. The American Economic Review，57 (2)：163‐177.

Deng H B，Zheng P，Liu T X，et al.，2011. Forest Ecosystem Services and Eco‐Compensation Mechanisms in China [J]. Environmental Management，48 (6)：1079‐1085.

Du Y，Park A F，Wang S，et al.，2005. Migration and Rural Poverty in China [J]. Journal of Comparative Economics，33 (4)：688‐709.

Edmonds E V，2002. Government‐Initiated Community Resource Management and Local Resource Extraction from Nepal's Forests [J]. Journal of Development Economics，68 (1)：89‐115.

Engel S，Pagiola S，Wunder S，et al.，2008. Designing Payments for Environmental Services in Theory and Practice：An Overview of the Issues [J]. Ecological Economics，65 (4)：663‐674.

Ezzinedeblas D，Wunder S，Manuel Ruiz Pérez，et al.，2016. Global Patterns in the Implementation of Payments for Environmental Services [J]. Plos One，11 (3)：e0149847.

Fei J C H，Ranis G，1967. Development of the Labor Surplus Economy：Theory and Policy [J]. The Economic Journal，77 (306)：480‐482.

Ferraro P J，Pressey R L，2015. Measuring the Difference Made by Conservation Initiatives：Protected Areas and Their Environmental and Social Impacts [J]. Philosophical Transactions of the Royal Society B：Biological Sciences，370 (1681)：e20140270.

Ferraro P J，2008. Asymmetric Information and Contract Design for Payments for Environmental Services [J]. Ecological Economics，65 (4)：810‐821.

Fisher B，Turner R. K.，Morling P. A，2009. Systems Approach to Definitions and Principles for Ecosystem Services [J]. Ecological Economics (18)：2050‐2067.

Ghazoul J，Garcia C A，Kushalappa C，2009. Landscape Labelling：A Concept for Next‐Generation Payment for Ecosystem Service Schemes [J]. Forest Ecology and Management (8)：1889‐1895.

Godoy R，1992. Some Organizing Principles in the Valuation of Tropical Forests [J]. Forest Ecology and Management，50 (1‐2)：171‐180.

Gomezbaggethun E，De Groot R，Lomas P L，et al.，2010. The History of Ecosystem

Services in Economic Theory and Practice: From Early Notions to Markets and Payment Schemes [J]. Ecological Economics, 69 (6): 1209 - 1218.

Haines A L, Kennedy TT, Mcfarlane D L, 2011. Parcelization: Forest Change Agent in Northern Wisconsin [J]. Journal of Forestry - Washington, 109 (2): 101 - 108.

Hannan E, Quinn B, 1979. The Determination of the Order of an Autoregression [J]. Journal of the Royal Statistical Society (41): 190 - 195.

Hannes B, 2008. Accounting of Forest Carbon Sinks and Sources under a Future Climate Protocol Factoring out Past Disturbance and Management Effects on Age - Class Structure [J]. Environmental Science & Policy, 11 (8): 669 - 686.

Hao P, Tang S, 2015. Floating or Settling Down: The Effect of Rural Landholdings on the Settlement Intention of Rural Migrants in Urban China [J]. Environment and Planning A, 47 (9): 1979 - 1999.

Hatcher J E, Straka T J, Greene J L, et al., 2013. The Size of Forest Holding/Parcelization Problem in Forestry: A Literature Review [J]. Resources, 2 (2): 39 - 57.

He Q, Zeng C, Xie P, et al., 2018. An Assessment of Forest Biomass Carbon Storage and Ecological Compensation Based on Surface Area: A Case Study of Hubei Province, China [J]. Ecological Indicators, 90 (7): 392 - 400.

Heckman J, Ichimura H, Todd P E, 1997. Matching as an Econometric Evaluation Estimator: Evidence from Evaluating a Job Training Programme [J]. Review of Economic Studies (64): 605 - 654.

Heckman J, 1976. The Common Structure of Statistical Models of Truncation Sample Selection and Limited Dependent Variables [J]. Annals of Economic and Social Measurement (5): 475 - 492.

Hegde R, Bull G Q, 2011. Performance of an Agro - Forestry Based Payments - for - Environmental - Services Project in Mozambique: A Household Level Analysis [J]. Ecological Economics (7): 122 - 130.

Hirano K, Imbens G W, Ridder G, 2003. Efficient Estimation of Average Treatment Effects Using the Estimated Propensity Score [J]. Econometrica, 71 (4): 1161 - 1189.

Huang L, Shao Q, Liu J, et al., 2018. Improving Ecological Conservation and Restoration through Payment for Ecosystem Services in Northeastern Tibetan Plateau, China [J]. Ecosystem Services (4): 181 - 193.

Huang M, Upadhyaya S, Jindal R, et al., 2009. Payments for Watershed Services in

Asia: A Review of Current Initiatives [J]. Journal of Sustainable Forestry, 28 (3 -
5): 551 - 575.

Hyberg B T, Holthausen D M, 1989. The Behavior of Non - Industrial Private Forest
Landowners [J]. Canadian Journal of Forest Research, 19 (8): 1014 - 1023.

Hyde W F, Yin R, 2019. 40 Years of China's Forest Reforms: Summary and Outlook
[J]. Forest Policy and Economics, 98: 90 - 95.

Hyde W F, 2019. The Experience of China's Forest Reforms: What They Mean for China
and What They Suggest for the World [J]. Forest Policy and Economics, 98: 1 - 7.

Imbens G W, 2010. Better LATE Than Nothing: Some Comments on Deaton (2009) and
Heckman and Urzua [J]. Journal of Economic Literature, 48 (2): 399 - 423.

Izquierdotort S, Ortizrosas F, Vazquezcisneros P A, et al., 2019. "Partial" Participa-
tion in Payments for Environmental Services (PES): Land Enrolment and Forest Loss
in the Mexican Lacandona Rainforest [J]. Land Use Policy, 87: 103950.

Jack B K, Kousky C, Sims K R E, 2008. Designing Payments for Ecosystem Services:
Lessons from Previous Experience with Incentive - Based Mechanisms [J]. Proceedings
of the National Academy of Sciences, 105 (28): 9465 - 9470.

Ji L, Wang Z, Wang X, et al., 2011. Forest Insect Pest Management and Forest Man-
agement in China: An Overview [J]. Environmental Management, 48 (6): 1107 - 1121.

Jin S, Deininger K, 2009. Land Rental Markets in the Process of Rural Structural Trans-
formation: Productivity and Equity Impacts from China [J]. Journal of Comparative
Economics, 37 (4): 629 - 646.

Johannes C H, Lasse L, Thuy T P, 2019. How Fair can Incentive - Based Conservation
Get? The Interdependence of Distributional and Contextual Equity in Vietnam's Pay-
ments for Forest Environmental Services Program [J]. Ecological Economics, 160:
205 - 214.

Jorgenson D W, 1961. The Development of a Dual Economy [J]. The Economic Journal,
71 (282): 309 - 334.

Joshi S, Arano G, 2009. Determinants of Private Forest Decisions: A Study on West Vir-
ginia NIPF Landowners [J]. Forest Policy and Economics, 11 (2): 118 - 125.

Jumbe C B L, Angelsen A, 2006. Do the Poor Benefit from Devolution Policies? Evidence
from Malawi's Forest Co - Management Program [J]. Land Economics, 82 (4): 562 -
581.

Katharine N F, 2014. Intellectual Mercantilism and Franchise Equity: A Critical Study of the Ecological Political Economy of International Payments for Ecosystem Services [J]. Environmental Science & Policy, 102: 137 - 146.

Kelly P, Huo X, 2013. Land Retirement and Nonfarm Labor Market Participation: An Analysis of China's Sloping Land Conversion Program [J]. World Development, 48: 156 - 169.

Kenny D A, Korchmaros J D, Bolger N, 2003. Lower Level Mediation in Multilevel Models [J]. Psychol Methods, 8 (2): 115 - 128.

Kerr J, 2002. Watershed Development, Environmental Services, and Poverty Alleviation in India [J]. World Development, 30 (8): 1387 - 1400.

Klooster D, 2000. Beyond Deforestation: The Social Context of Forest Change in Two Indigenous Communities in Highland Mexico [J]. Conference of Latin Americanist Geographers Yearbook, 26: 47 - 59.

Kosoy N, Corbera E, Brown K, 2008. Participation in Payments for Ecosystem Services: Case Studies from the Lacandon Rainforest, Mexico [J]. Geoforum, 29 (6): 2073 - 2083.

Kremen C, Niles J O, Dalton M G, et al., 2000 Economic Incentives for Rain Forest Conservation Across Scales [J]. Science, 288 (5472): 1828 - 1832.

Lee E S, 1966. A Theory of Migration [J]. Demography, 3 (1): 47 - 57.

Lewis W A, 1954. Economic Development with Unlimited Supplies of Labour [J]. The Manchester School, 22 (2): 139 - 191.

Liu C, Liu H, Wang S, et al., 2017. Has China's New Round of Collective Forest Reforms Caused an Increase in the Use of Productive Forest Inputs? [J]. Land Use Policy, 64 (64): 492 - 510.

Liu C, Lu J, Yin R, 2010. An Estimation of the Effects of China's Priority Forestry Programs on Farmers' Income [J]. Environmental Management, 45 (3): 526 - 540.

Liu C, Mullan K, Liu H, et al., 2014. The Estimation of Long Term Impacts of China's Key Priority Forestry Programs on Rural Household Incomes [J]. Journal of Forest Economics, 20 (3): 267 - 285.

Liu C, Wang S, Liu H, et al., 2017. Why Did the 1980s' Reform of Collective Forestland Tenure in Southern China Fail? [J]. Forest Policy and Economics, 83: 131 - 141.

Liu Z, Kontoleon A, 2018. Meta - Analysis of Livelihood Impacts of Payments for Environmental Services Programmes in Developing Countries [J]. Ecological Economics,

149: 48 - 61.

Liu Z, Lan J, 2015. The Sloping Land Conversion Program in China: Effect on the Livelihood Diversification of Rural Households [J]. World Development, 70: 147 - 161.

Liu Z, Liu L, 2016. Characteristics and Driving Factors of Rural Livelihood Transition in the East Coastal Region of China: A Case Study of Suburban Shanghai [J]. Journal of Rural Studies, 43: 145 - 158.

Lu S, Chen N, Zhong X, et al. , 2018. Factors Affecting Forestland Production Efficiency in Collective Forest Areas: A Case Study of 703 Forestland Plots and 290 Rural Households in Liaoning, China [J]. Journal of Cleaner Production, 204: 573 - 585.

Mackinnon D P, Fairchild A J, 2009. Current Directions in Mediation Analysis [J]. Current Directions in Psychological Science, 18 (1): 16 - 20.

Macmillan D C, Harley D, Morrison R, 1998. Cost Effectiveness Analysis of Woodland Ecosystem Restoration [J]. Ecological Economics, 27 (3): 313 - 324.

Mahanty S, Suich H, Tacconi L, 2012. Access and Benefits in Payments for Environmental Services and Implications for REDD +: Lessons from Seven PES Schemes [J]. Land Use Policy, 31: 38 - 47.

Mantymaa E, Juutinen A, Monkkonen M, et al. , 2009. Participation and Compensation Claims in Voluntary Forest Conservation: A Case of Privately Owned Forests in Finland [J]. Forest Policy and Economics, 17 (7): 498 - 507.

Marie A, Brown B, Clarkson J, et al. , 2013. Ecological Compensation: An Evaluation of Regulatory Compliance in New Zealand [J]. Impact Assessment and Project Appraisal, 31 (1): 34 - 44.

Meineri E, Sophie D, David G, et al. , 2015. Combining Correlative and Mechanistic Habitat Suitability Models to Improve Ecological Compensation [J]. Biological Reviews, 90 (1): 279 - 291.

Mullan K, Grosjean P, Kontoleon A, et al. , 2011. Land Tenure Arrangements and Rural - Urban Migration in China [J]. World Development, 39 (1): 123 - 133.

Muradian R, Corbera E, Pascual U, et al. , 2010. Reconciling Theory and Practice: An Alternative Conceptual Framework for Understanding Payments for Environmental Services [J]. Ecological Economics, 69 (6): 1202 - 1208.

Pagiola S, Arcenas A, Platais G, et al. , 2005. Can Payments for Environmental Services Help Reduce Poverty? An Exploration of the Issues and the Evidence to Date from Latin

America [J]. World Development, 33 (2): 237 – 253.

Pattanayak S K, Wunder S, Ferraro P J, 2010. Show Me the Money: Do Payments Supply Environmental Services in Developing Countries? [J]. Review of Environmental Economics and Policy, 4 (2): 254 – 274.

Pei S, Zhang C, Liu C, et al. , 2019. Forest Ecological Compensation Standard Based on Spatial Flowing of Water Services in the Upper Reaches of Miyun Reservoir, China [J]. Ecosystem Services, 39: e100983.

Ping Q, Xu J, 2013. Forest Land Rights, Tenure Types, and Farmers' Investment Incentives in China [J]. China Agricultural Economic Review, 5 (1): 154 – 170.

Rigg J, 2006. Land, Farming, Livelihoods, and Poverty: Rethinking the Links in the Rural South [J]. World Development, 34 (1): 180 – 202.

Robison L J, Myers R J, Siles M E, 2002. Social Capital and the Terms of Trade for Farmland [J]. Review of Agricultural Economics, 24 (1): 44 – 58.

Rosenbaum P R, D B Rubin, 1983. The Central Role of the Propoensity Score in Observational Studies for Causal Effects [J]. Biometrika, 70 (1): 41 – 55.

Rubenstein H, 2010. Migration, Development and Remittances in Rural Mexico [J]. International Migration, 30 (2): 127 – 153.

Rubin D B, 1978. Bayesian Inference for Causal Effects: The Role of Randomization [J]. The Annals of Statistics, 6 (1): 34 – 58.

Sánchez – Azofeifa G A, Pfaff A, Robalino J A, et al. , 2007. Costa Rica's Payment for Environmental Services Program: Intention, Implementation, and Impact [J]. Conservation Biology, 21 (5): 1165 – 1173.

Sattler C, Matzdorf B, 2013. PES in a Nutshell: From Definitions and Origins to PES in Practice – Approaches, Design Process and Innovative Aspects [J]. Ecosystem Services, 6: 2 – 11.

Schwarz G, 1978. Estimating the Dimensions of a Model [J]. Annals of Statistics, 6 (2): 461 – 464.

Shrout P E, Bolger N, 2002. Mediation in Experimental and Nonexperimental Studies: New Procedures and Recommendations [J]. Psychological Methods, 7 (4): 422 – 445.

Siikamaki J, Ji Y, Xu J, et al. , 2015. Post – Reform Forestland Markets in China [J]. Land Economics, 91 (2): 211 – 234.

Simon B, Martin S, Felix H, et al. , 2007. The Swiss Agri – Environment Scheme Promotes

Farmland Birds: But Only Moderately [J]. Journal of Ornithology, 148: 295 - 303.

Sims K R, Alixgarcia J, 2017. Parks versus PES: Evaluating Direct and Incentive - Based Land Conservation in Mexico [J]. Journal of Environmental Economics and Management, 86: 8 - 28.

Somanathan E, Prabhakar R, Mehta B S, 2009. Decentralization for Cost - Effective Conservation [J]. Proceedings of the National Academy of Sciences, 106 (11): 4143 - 4147.

Song C, Bilsborrow R E, Jagger P, et al., 2018. Rural Household Energy Use and Its Determinants in China: How Important Are Influences of Payment for Ecosystem Services vs. Other Factors? [J]. Ecological Economics, 45: 148 - 159.

Stark O, Bloom D E. 1985. The New Economics of Labor Migration [J]. American Economic Review, 75 (2): 173 - 178.

Stark O, 1991. Migration Incentives, Migration Types: The Role of Relative Deprivation [J]. The Economic Journal, 101 (408): 1163 - 1178.

Taylor J E, Rozelle S, De Brauw A, et al., 2003. Migration and Incomes in Source Communities: A New Economics of Migration Perspective from China [J]. Economic Development and Cultural Change, 52 (1): 75 - 101.

To P X, Dressler W, 2019. Rethinking "Success": The Politics of Payment for Forest Ecosystem Services in Vietnam [J]. Land Use Policy, 81: 582 - 593.

Tobin J, 1958. Estimation of Relationships for Limited Dependent Variables [J]. Econometrica, 26 (1): 24 - 36.

Todaro M P, 1969. A Model of Labor Migration and Urban Unemployment in Less Developed Countries [J]. American Economic Review, 59 (1): 138 - 148.

Treacy P, Jagger P, Song C, et al., 2018. Impacts of China's Grain for Green Program on Migration and Household Income [J]. Environmental Management, 62 (3): 489 - 499.

Uchida E, Xu J, Xu Z, et al., 2007. Are the Poor Benefiting from China's Land Conservation Program? [J]. Environment and Development Economics, 12 (4): 593 - 620.

Wang J R, Liu M C, 2018. Study on the Influencing Factors of Compensation Intention of Chinese Chestnut Agroforestry Complex System in Qianxi, Hebei Province [J]. Journal of Resources and Ecology, 9 (4): 407 - 415.

Wang Y, Qi ZB, et al., 2020. Effects of Payments for Ecosystem Services Programs in China on Rural Household Labor Allocation and Land Use: Identifying Complex Pathways [J]. Land Use Policy, 99: e105024.

Wang Y, Richard E. B, Zhong Q, et al. , 2019. Effects of Payment for Ecosystem Serv-
ices and Agricultural Subsidy Programs on Rural Household Land Use Decisions in Chi-
na: Synergy or Trade-off? [J]. Land Use Policy, 81: 785-801.

Wu X, Wang S, Fu B, et al. , 2019. Pathways from Payments for Ecosystem Services
Program to Socioeconomic Outcomes [J]. Ecosystem Services, 39: e101005.

Wunder S, Brouwer R, Engel S, et al. , 2018. From Principles to Practice in Paying for
Nature's Services [J]. Nature Sustainability, 1 (3): 145-150.

Wunder S, 2008. Payments for Environmental Services and the Poor: Concepts and Pre-
liminary Evidence [J]. Environment and Development Economics, 13 (3): 279-297.

Wunder S, 2013. When Payments for Environmental Services will Work for Conservation
[J]. Conservation Letters, 6 (4): 230-237.

Xie L, Berck P, Xu J, 2016. The Effect on Forestation of the Collective Forest Tenure
Reform in China [J]. China Economic Review, 38: 116-129.

Xie Y, Gong P, Han X, et al. , 2014. The Effect of Collective Forestland Tenure Reform
in China: Does Land Parcelization Reduce Forest Management Intensity? [J]. Journal
of Forest Economics, 20 (2): 126-140.

Xu C, Li L, Cheng B, 2021. The Impact of Institutions on Forestland Transfer Rents: The
Case of Zhejiang Province in China [J]. Forest Policy and Economics, 123: e102354.

Xu J, Hyde W F, 2019. China's Second Round of Forest Reforms: Observations for Chi-
na and Implications Globally [J]. Forest Policy and Economics, 98: 19-29.

Xu X, Zhang Y, Li L, et al. , 2013. Markets for Forestland Use Rights: A Case Study
in Southern China [J]. Land Use Policy, 30 (1): 560-569.

Yi Y, Kohlin G, Xu J, et al. , 2014. Property Rights, Tenure Security and Forest In-
vestment Incentives: Evidence from China's Collective Forest Tenure Reform [J]. En-
vironment and Development Economics, 19 (1): 48-73.

Yin R, Liu C, Zhao M, et al. , 2014. The Implementation and Impacts of China's Largest
Payment for Ecosystem Services Program as Revealed by Longitudinal Household Data
[J]. Land Use Policy, 40: 45-55.

Yin R, Liu H, Liu C, et al. , 2018. Households' Decisions to Participate in China's Slop-
ing Land Conversion Program and Reallocate Their Labour Times: Is There Endogeneity
Bias? [J]. Ecological Economics, 145: 380-390.

Yin R, Newman D H, 1997. Impacts of Rural Reforms: The Case of the Chinese Forest

Sector [J]. Environment and Development Economics, 2 (3): 291 - 305.

Yin R, Yao S, Huo X, et al., 2013. China's Forest Tenure Reform and Institutional Change in the New Century: What Has Been Implemented and What Remains to Be Pursued? [J]. Land Use Policy, 30 (1): 825 - 833.

Zbindenm S R, Lee D, 2005. Paying for Environmental Services: An Analysis of Participation in Costa Rica's PSA Program [J]. World Development, 33 (2): 255 - 272.

Zhang D, Flick WA, 2001. Sticks, Carrots, and Reforestation Investment [J]. Land Economics, 77 (3): 443 - 456.

Zhang D, Owiredu E A, 2007. Land Tenure, Market, and the Establishment of Forest Plantations in Ghana [J]. Forest Policy and Economics, 9 (6): 602 - 610.

Zhang H, Kuuluvainen J, Yang H, et al., 2017. The Effect of Off - Farm Employment on Forestland Transfers in China: A Simultaneous - Equation Tobit Model Estimation [J]. Sustainability, 9 (9): 1 - 14.

Zhang Q, Bilsborrow R E, Song C, et al., 2019. Rural Household Income Distribution and Inequality in China: Effects of Payments for Ecosystem Services Policies and Other Factors [J]. Ecological Economics, 160: 114 - 127.

Zhang Q, Song C, Chen X, 2018. Effects of China's Payment for Ecosystem Services Programs on Cropland Abandonment: A Case Study in Tiantangzhai Township, Anhui, China [J]. Land Use Policy, 73: 239 - 248.

Zhang Q, Wang Y, Tao S, et al., 2020. Divergent Socioeconomic - Ecological Outcomes of China's Conversion of Cropland to Forest Program in the Subtropical Mountainous Area and the Semi - Arid Loess Plateau [J]. Ecosystem Services, 45: e101167.

ZhangY, Zhou X, Lei W, 2017. Social Capital and Its Contingent Value in Poverty Reduction: Evidence from Western China [J]. World Development, 93: 350 - 361.

Zhao, Yaohui, 1999. Labor Migration and Earnings Differences: The Case of Rural China [J]. Economic Development and Cultural Change, 47 (4): 767 - 782.

Zhu Z, Xu Z, Shen Y, et al., 2019. How Off - Farm Work Drives the Intensity of Rural Households' Investment in Forest Management: The Case from Zhejiang, China [J]. Forest Policy and Economics, 98: 30 - 43.

Zilberman D, Lipper L, Mccarthy N, et al., 2008. When could Payments for Environmental Services Benefit the Poor [J]. Environment and Development Economics, 13 (3): 255 - 278.

Zimmerer K S, 1993. Soil Erosion and Labor Shortages in the Andes with Special Refer-
ence to Bolivia, 1953 - 91: Implications for "Conservation - with - Development" [J].
World Development, 21 (10): 1659 - 1675.

Zinda J A, Trac C J, Zhai D, et al., 2017. Dual - Function Forests in the Returning
Farmland to Forest Program and the Flexibility of Environmental Policy in China [J].
Geoforum, 178: 119 - 132.

图书在版编目（CIP）数据

南方集体林区公益林政策对农户收入的影响及配套机制优化研究 / 徐畅，程宝栋著. —北京：中国农业出版社，2023.11
ISBN 978-7-109-31548-8

Ⅰ.①南… Ⅱ.①徐… ②程… Ⅲ.①农村—集体所有制—公益林—影响—农民收入—研究—南方地区 Ⅳ.①S727.9②F323.8

中国国家版本馆 CIP 数据核字（2023）第 234190 号

中国农业出版社出版

地址：北京市朝阳区麦子店街 18 号楼
邮编：100125
责任编辑：闫保荣
版式设计：王 晨　责任校对：周丽芳
印刷：北京中兴印刷有限公司
版次：2023 年 11 月第 1 版
印次：2023 年 11 月北京第 1 次印刷
发行：新华书店北京发行所
开本：700mm×1000mm　1/16
印张：20.75
字数：325 千字
定价：78.00 元
